高等院校信息技术规划教材

Oracle数据库技术与实验指导

钱雪忠 林挺 张平 编著

清华大学出版社
北京

内容简介

本书是作者在长期从事数据库课程教学和科研的基础上,为满足"数据库原理及应用"课程的教学需要而编写的配套实验指导书。

全书由实用 Oracle 数据库技术的概要介绍、14 个实验和两个附录组成。实验内容系统全面,并与"数据库原理及应用"课程的内容基本对应。实验内容主要包括:数据库系统基本操作,数据库基本操作,表与视图的基本操作,SQL 语言,嵌入式 SQL 应用,索引、存储过程和触发器的基本操作,数据库安全性,数据库完整性,数据库并发控制,数据库备份与恢复,数据库应用系统设计与实现等。

本书实验内容循序渐进、深入浅出,可作为本科和专科相关专业"数据库原理及应用"课程的配套实验教材,同时也可以供参加自学考试的人员及数据库应用系统开发设计人员等阅读参考。

本书封面贴有清华大学出版社防伪标签,无标签者不得销售。
版权所有,侵权必究。侵权举报电话: 010-62782989 13701121933

图书在版编目(CIP)数据

Oracle 数据库技术与实验指导/钱雪忠,林挺,张平编著. —北京: 清华大学出版社,2012.3(2020.7 重印)
(高等院校信息技术规划教材)
ISBN 978-7-302-27816-0

Ⅰ. ①O… Ⅱ. ①钱… ②林… ③张… Ⅲ. ①关系数据库—数据库管理系统,Oracle—高等学校—教学参考资料 Ⅳ. ①TP311.138

中国版本图书馆 CIP 数据核字(2012)第 001556 号

责任编辑: 袁勤勇　战晓雷
封面设计: 常雪影
责任校对: 胡伟民
责任印制: 杨　艳

出版发行: 清华大学出版社
　　　网　　址: http://www.tup.com.cn, http://www.wqbook.com
　　　地　　址: 北京清华大学学研大厦 A 座　　　邮　编: 100084
　　　社 总 机: 010-62770175　　　　　　　　　　邮　购: 010-62786544
　　　投稿与读者服务: 010-62776969, c-service@tup.tsinghua.edu.cn
　　　质量反馈: 010-62772015, zhiliang@tup.tsinghua.edu.cn
印 装 者: 北京九州迅驰传媒文化有限公司
经　　销: 全国新华书店
开　　本: 185mm×260mm　　　印　张: 23.5　　　字　数: 590 千字
版　　次: 2012 年 3 月第 1 版　　　　　　　　　印　次: 2020 年 7 月第 6 次印刷
定　　价: 49.00 元

产品编号: 042051-03

前言

数据库技术是计算机科学技术中发展最快的领域之一,也是应用范围最广、实用性很强的技术之一,已成为信息社会的核心技术和重要基础。"数据库原理及应用"是计算机科学与技术专业学生的专业必修课程,其主要目的是使学生在较好地掌握数据库系统原理的基础上,熟练掌握较新的主流数据库管理系统(如 Oracle、SQL Server 或 MySQL 等)的应用技术,并利用常用的数据库应用系统开发工具(如 Java、.NET 平台、Visual Basic、Delphi、PowerBuilder、C、Visual C++等)进行数据库应用系统的设计与开发。

在 Internet 高速发展的信息化时代,信息资源的经济价值和社会价值越来越明显,建设以数据库为核心的各类信息系统,对提高企业的竞争力与效益、改善部门的管理能力与管理水平均具有实实在在的重要意义。本实验指导书力求合理安排课程实验,引导读者逐步掌握数据库应用的各种技术,为数据库应用系统的设计与开发打好基础。

目前在高校教学中介绍数据库原理与技术知识的教材比较多,但与之相适应的实验指导书却非常少,本书是作者在长期从事数据库课程教学和科研的基础上,为满足"数据库原理及应用"课程的教学需要,配合《数据库原理及技术》(第 1 版)(钱雪忠等编著,清华大学出版社 2011 年出版)教材而编写的系列实验指导书之一。由于本实验内容全面,并紧扣课程理论教学内容,使它同样能适用于在本课程教学中选用其他教材的教学实验所需。

本书内容循序渐进,深入浅出,系统全面,通过实验使读者可以充分利用较新的 Oracle 平台来深刻理解并掌握数据库概念与原理,能充分掌握数据库应用技术,能利用 Java、C#等开发工具进行数据库应用系统的初步设计与开发,达到理论联系实践、学以致用的教学目的与教学效果。本书共有 14 个实验(根据实验要求与课时而选做),具体如下:

实验 1 数据库系统基本操作　　实验 2 数据库基本操作

实验3　表与视图的基本操作	实验4　SQL语言——SELECT查询操作
实验5　SQL语言——数据更新操作	实验6　嵌入式SQL应用
实验7　索引的基本操作及存储效率的体验	实验8　存储过程的基本操作
实验9　触发器的基本操作	实验10　数据库安全性
实验11　数据库完整性	实验12　数据库并发控制
实验13　数据库备份与恢复	实验14　数据库应用系统设计与实现

本书各实验内容翔实,可边学习、边操作实践、边思考与扩展延伸实验,教学中可按需选做实验,而且各实验内容也可按课时与课程要求的不同而做取舍,其中标题上标有星号(＊)的内容为选做内容。本书配套教学资源可在清华大学出版社网站www.tup.com.cn的本书页面中下载。

本书可作为本科和专科相关专业"数据库原理及应用"、"数据库系统原理"、"数据库系统概论"、"数据库系统导论"、"数据库系统技术"等课程的配套实验教材,同时也可以供参加自学考试的人员和数据库应用系统开发设计人员等作为应用参考。

本书由钱雪忠主编,全书由钱雪忠(江南大学)、林挺(天津科技大学经济与管理学院)、张平(江南大学)、陈国俊(无锡太湖学院)、李京、程建敏、马晓梅等编写,研究生盛开元、李玉以及信管专业的殷振华等参与了书稿编辑、实验等工作。在本书编写过程中编者得到了江南大学物联网工程学院数据库课程组全体教师的大力协助与支持,使编者获益良多,在此谨表衷心感谢。

由于时间仓促,编者水平有限,书中难免有错误、疏漏和欠妥之处,敬请广大读者与同行专家批评指正。

编者联系方式 Email:qxzvb@163.com 或 xzqian@jiangnan.edu.cn。

编　者
于江南大学蠡湖校区
2011年10月

目录

预备知识　实用 Oracle 数据库技术 …………………………………… 1

　0.1　Oracle 数据库管理系统概述 …………………………………… 1
　0.2　Oracle 企业管理器的基本介绍 ………………………………… 6
　0.3　Oracle SQL Developer 基本操作 ……………………………… 9
　0.4　SQL Plus 的基本操作 …………………………………………… 12
　0.5　Oracle 的命名规则和数据类型 ………………………………… 20
　　　0.5.1　命名规则 ………………………………………………… 20
　　　0.5.2　数据类型 ………………………………………………… 21

实验 1　数据库系统基本操作 ………………………………………… 22

　实验目的 ………………………………………………………………… 22
　背景知识 ………………………………………………………………… 22
　实验示例 ………………………………………………………………… 22
　　　例 1.1　Oracle Database 11g 第 2 版的安装 …………………… 22
　　　例 1.2　Oracle 服务管理 ………………………………………… 28
　　　例 1.3　Oracle 配置管理工具简介 ……………………………… 33
　　　例 1.4　企业管理器（OEM）…………………………………… 45
　　　例 1.5　企业管理器（OEM）运行异常的解决 ………………… 58
　*实验内容与要求 ……………………………………………………… 62

实验 2　数据库基本操作 ……………………………………………… 63

　实验目的 ………………………………………………………………… 63
　背景知识 ………………………………………………………………… 63
　实验示例 ………………………………………………………………… 63
　　　例 2.1　创建数据库 ……………………………………………… 63
　　　例 2.2　查看数据库 ……………………………………………… 70
　　　例 2.3　维护数据库 ……………………………………………… 72

例 2.4　数据库的启动与关闭 ··· 76
　　　例 2.5　OEM 数据库操作 ·· 79
　　　例 2.6　删除数据库 ·· 81
　*实验内容与要求 ··· 82

实验 3　表与视图的基本操作 ··· 83

　实验目的 ··· 83
　背景知识 ··· 83
　实验示例 ··· 85
　　　例 3.1　创建基本表 ·· 85
　　　例 3.2　修改表 ·· 87
　　　例 3.3　删除表 ·· 89
　　　例 3.4　OEM 实现表操作 ·· 89
　　　例 3.5　创建和管理视图 ·· 91
　　　例 3.6　表或视图的导入与导出操作 ··· 93
　*实验内容与要求 ·· 100

实验 4　SQL 语言——SELECT 查询操作 ··· 102

　实验目的 ·· 102
　背景知识 ·· 102
　实验示例 ·· 103
　　　例 4.1　表数据的查询与统计 ··· 103
　*实验内容与要求 ·· 113

实验 5　SQL 语言——数据更新操作 ··· 117

　实验目的 ·· 117
　背景知识 ·· 117
　实验示例 ·· 117
　　　例 5.1　INSERT 命令 ·· 117
　　　例 5.2　UPDATE 命令 ··· 120
　　　例 5.3　DELETE 命令 ··· 121
　*实验内容与要求 ·· 122

实验 6　嵌入式 SQL 应用 ·· 124

　实验目的 ·· 124
　背景知识 ·· 124
　实验示例 ·· 124

例 6.1　应用系统背景情况 …………………………………………………… 126
　　　例 6.2　系统的需求与总体功能要求 ………………………………………… 127
　　　例 6.3　系统概念结构设计与逻辑结构设计 ………………………………… 128
　　　例 6.4　典型功能模块介绍 …………………………………………………… 129
　　　例 6.5　系统运行情况 ………………………………………………………… 137
　* 实验内容与要求 ……………………………………………………………………… 140

实验 7　索引的基本操作与存储效率的体验 ………………………………………… 141

　实验目的 ………………………………………………………………………………… 141
　背景知识 ………………………………………………………………………………… 141
　实验示例 ………………………………………………………………………………… 143
　　　例 7.1　Oracle 的索引的应用 ………………………………………………… 143
　　　例 7.2　创建 Oracle 聚簇索引 ………………………………………………… 147
　　　例 7.3　删除索引 ……………………………………………………………… 148
　　　例 7.4　OEM 实现索引操作 …………………………………………………… 148
　　　例 7.5　Oracle 索引与性能实践 ……………………………………………… 150
　* 实验内容与要求 ……………………………………………………………………… 156

实验 8　存储过程的基本操作 ………………………………………………………… 157

　实验目的 ………………………………………………………………………………… 157
　背景知识 ………………………………………………………………………………… 157
　实验示例 ………………………………………………………………………………… 157
　　　例 8.1　存储过程的基本操作 ………………………………………………… 158
　* 实验内容与要求 ……………………………………………………………………… 167

实验 9　触发器的基本操作 …………………………………………………………… 168

　实验目的 ………………………………………………………………………………… 168
　背景知识 ………………………………………………………………………………… 168
　实验示例 ………………………………………………………………………………… 169
　　　例 9.1　触发器的基本操作 …………………………………………………… 169
　* 实验内容与要求 ……………………………………………………………………… 178

实验 10　数据库安全性 ………………………………………………………………… 181

　实验目的 ………………………………………………………………………………… 181
　背景知识 ………………………………………………………………………………… 181
　实验示例 ………………………………………………………………………………… 182
　　　例 10.1　用户 ………………………………………………………………… 182

例10.2　权限和角色 ··· 194
　　　例10.3　概要文件和数据字典视图 ·· 203
　　　例10.4　审计 ··· 210
　*实验内容与要求 ··· 215

实验11　数据完整性 ·· 217

　实验目的 ·· 217
　背景知识 ·· 217
　实验示例 ·· 217
　　　例11.1　实体完整性 ··· 217
　　　例11.2　域完整性 ··· 219
　　　例11.3　引用完整性 ··· 222
　　　例11.4　用户定义完整性 ··· 223
　　　例11.5　触发器 ·· 223
　　　例11.6　存储过程 ··· 223
　　　例11.7　客户端程序 ··· 224
　　　例11.8　并发控制 ··· 224
　*实验内容与要求 ··· 225

实验12　数据库并发控制 ··· 228

　实验目的 ·· 228
　背景知识 ·· 228
　实验示例 ·· 233
　*实验内容与要求 ··· 246

实验13　数据库备份与恢复 ·· 248

　实验目的 ·· 248
　背景知识 ·· 248
　实验示例 ·· 249
　　　例13.1　导入/导出 ··· 249
　　　例13.2　脱机备份 ··· 254
　　　例13.3　联机备份 ··· 256
　　　例13.4　恢复 ··· 260
　　　例13.5　数据泵 ·· 264
　*实验内容与要求 ··· 280
　　实验总体要求 ··· 280
　　实验内容 ·· 281

实验 14　数据库应用系统设计与实现 …… 285

实验目的 …… 285
背景知识 …… 285
实验示例 …… 287
　　例 14.1　企业员工管理系统 …… 287
　　例 14.2　企业库存管理及 Web 网上订购系统 …… 310
*实验内容与要求 …… 339
　　实验总体内容 …… 339
　　实验具体要求 …… 339
　　实验报告主要内容 …… 339
　　实验系统(或课程设计)参考题目(时间约两周) …… 339

参考文献 …… 344

附录 A　PL/SQL 编程简介 …… 345

A.1　编程基础知识 …… 345
A.2　基本语法要素 …… 348
A.3　流程控制 …… 355
A.4　过程与函数 …… 359
A.5　游标 …… 359
A.6　其他概念 …… 361
A.7　操作示例 …… 361

附录 B　数据库常用系统信息与基本操作 …… 365

预备知识

实用 Oracle 数据库技术

Oracle 是甲骨文公司的软件产品,是全球最优秀的数据库产品。甲骨文公司掌控着全球企业数据库技术和应用的黄金标准,甲骨文公司是世界领先的信息管理软件供应商和世界第二大独立软件公司。Oracle 的技术几乎遍及各个行业,财富 100 强企业中有 98 家企业的数据中心都在采用 Oracle 技术。甲骨文公司是第一家跨整个产品线(数据库、业务管理软件和管理软件开发与决策的支持工具)开发和部署 100%基于互联网的企业软件的公司。

0.1 Oracle 数据库管理系统概述

创新推动甲骨文公司走向成功。甲骨文公司是最初几家通过互联网使用其业务管理软件的公司之一,今天这一观念已成为人们的共识。随着 Oracle 融合中间件的发布,甲骨文公司开始推出体现其企业目标的新产品和功能:连接各个层次的企业技术,从而帮助客户访问其快速、敏捷地响应市场变化所必需的知识。今天,Oracle 真正应用集群、Oracle 电子商务套件、Oracle 网格计算、对企业 Linux 的支持以及 Oracle 融合——所有这些加强了甲骨文公司 30 年所坚持的对创新与成就的承诺。

甲骨文公司如今在 145 个国家和地区开展业务,全球客户达 275 000 家,合作伙伴达 19 500 家。公司总部设在美国加利福尼亚州的红木城(Redwood Shores),全球员工达 74 000 名,包括 16 000 名开发人员、7500 多名技术支持人员和 8000 名实施顾问。甲骨文公司在 2007 年(2007 年 5 月 31 日结束)的销售收入达 180 亿美元。

甲骨文公司在多个产品领域和行业领域占据全球第一的位置,其中包括数据库、数据仓库、基于 Linux 系统的数据库、中间件、商业分析软件、商业分析工具、供应链管理、人力资源管理、客户关系管理、应用平台套件,以及零售行业、金融服务行业、通信行业、公共事业行业和专业服务行业。

甲骨文公司的业务就是信息化,即如何管理信息、使用信息、共享信息和保护信息,这就是为什么甲骨文公司是一家信息公司。30 年来,甲骨文公司向企业客户提供领先的软件与服务,帮助客户以最低的总体拥有成本获得更新、更准确的信息,从而改善决策,最终取得更好的业绩。从数据库和中间件到应用产品和行业解决方案,甲骨文公司拥有业内最广泛的企业软件。

以下是甲骨文公司 Oracle 数据库管理系统的演变历程。

1977 年 Oracle 公司成立,推出 Oracle 第 1 版。

1979 年的夏季,RSI(Relational Software,Inc.)发布了 Oracle 第 2 版。

1983 年 3 月,RSI 发布了 Oracle 第 3 版,从现在起 Oracle 产品有了一个关键的特性——可移植性。

1984 年 10 月,Oracle 发布了第 4 版,这一版增加了读一致性这个重要特性。

1985 年,Oracle 发布了 5.0 版,这个版本算得上是 Oracle 数据库的稳定版本。这也是首批可以在 Client/Server 模式下运行的关系数据库管理系统(Relational DataBase Management System,RDBMS)产品。

1986 年,Oracle 发布了 5.1 版,该版本还支持分布式查询,允许通过一次性查询访问存储在多个位置的数据。

1988 年,Oracle 发布了第 6 版,该版本引入了行级锁这个重要的特性,同时还引入了联机热备份功能。

1992 年 6 月,Oracle 发布了第 7 版,该版本增加了许多新的特性:分布式事务处理功能、增强的管理功能、用于应用程序开发的新工具以及安全性方法。

1997 年 6 月,Oracle 第 8 版发布,Oracle 8 支持面向对象的开发及新的多媒体应用,这个版本也为支持 Internet 和网络计算等奠定了基础。

1998 年 9 月,Oracle 公司正式发布 Oracle 8i,这一版本中添加了大量为支持 Internet 而设计的特性,同时这一版本为数据库用户提供了全方位的 Java 支持。

2001 年 6 月,Oracle 发布了 Oracle 9i,在 Oracle 9i 的诸多新特性中,最重要的就是 Real Application Clusters(RAC)。

2003 年 9 月,Oracle 发布了 Oracle 10g,这一版的最大的特性就是加入了网格计算的功能。

2007 年 7 月 12 日,Oracle 发布了 Oracle 11g,它是甲骨文公司 30 年来发布的最重要的数据库版本,根据用户的需求实现了信息生命周期管理等多项创新。Oracle 11g 有 400 多项功能,经过了 1500 万个小时的测试,开发工作量达到 3.6 万人月。

以下简单介绍 Oracle 9i、Oracle 10g 和 Oracle 11g。

1. Oracle 9i

Oracle 9i(其中"i"代表 Internet)包括 3 部分。

(1) Oracle 9i 数据库。又分为企业版(Enterprise Edition)、标准版(Standard Edition)和个人版(Personal Edition)。

(2) Oracle 9i 应用服务器。有两种版本:企业版(Enterprise Edition)主要用于构建互联网应用,面向企业级应用;标准版(Standard Edition)用于建立面向部门级的 Web 应用。

(3) Oracle 9i 开发工具套件。它是一整套的 Oracle 9i 应用程序开发工具。

Oracle 9i 有两种工作模式:客户机/服务器模式和浏览器/服务器模式。

Oracle 9i 的特点是:这一版本添加了大量为支持 Internet 而设计的特性;为数据库

用户提供了全方位的 Java 支持；在集群技术、高可用性、商业智能、安全性及系统管理等方面都实现了新的突破。

2. Oracle 10g

Oracle 10g(其中"g"代表 grid(网格)，是网格计算的意思，网格计算是 Oracle 10g 的主要技术之一)数据库在市场推广中重点宣传的 5 项产品功能和价值主张(网格计算、真实应用程序集群（RAC）、管理性、商务智能和所有权总体成本)之一。

3. Oracle 11g

2007 年 7 月 12 日，甲骨文公司在美国纽约宣布推出数据库 Oracle 11g，这是 Oracle 数据库的最新版本。

Oracle 11g 能方便地在低成本服务器和存储设备组成的网格上运行。而网格计算将多个服务器和存储器当作一台大型电脑协调使用，使它们在高速网络上动态地共享计算机资源，以满足不断变化的计算需求。简而言之，即将多个服务器和存储器当作一台主机协调使用。网格计算被广泛视为未来的计算方式。

Oracle 11g 扩展了 Oracle 特有的网格计算提供能力。Oracle 11g 在以下方面包含大量新特性和功能增强：基础架构网格，包括可管理性、高可用性和性能等功能；信息管理，包括内容管理、信息集成、安全性、信息生命周期管理以及数据仓库/商务智能等功能；应用程序开发，PL/SQL、Java、.NET 和 Windows、PHP、SQL Developer、Application Express 和 BI Publisher 等功能。

Oracle 的官方网站为 www.oracle.com，这里有 Oracle 各种版本的数据库、应用工具和权威的官方文档；其次，http://metalink.oracle.com/提供了很多权威的解决方案和补丁；另外还有一些著名网站，如 asktom.oracle.com、www.orafaq.net 和 www.dbazine.com 等，这里有很多经验之谈。遇到问题了还可以第一时间找 tahiti.oracle.com，这里会给你最详细的解释。

Oracle 10g/11g 数据库都分为标准版(Standard Edition)、标准版 1(Standard Edition One)以及企业版(Enterprise Edition)，可从如下网址下载、学习或试用 Oracle：

http://www.oracle.com/technology/global/cn/software/products/database/oracle10g/index.html

http://www.oracle.com/technology/global/cn/software/products/database/index.html

http://www.oracle.com/technology/software/index.html

http://www.oracle.com/technology/software/products/database/index.html

4. Oracle 的框架

学习 oracle，要先了解 Oracle 的框架。Oracle 的数据库服务器总体结构如图 0-1 所示。

1) 物理结构

Oracle 在物理结构上由控制文件、数据文件、重做(Redo)日志文件、参数文件、归档

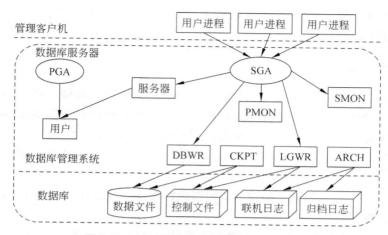

图 0-1　Oracle 的数据库服务器总体结构图

文件和口令文件等组成。一个数据库中的数据存储为磁盘上的物理文件,被使用时调入内存。其中控制文件、数据文件、重做日志文件、跟踪文件(Trace Files,Alert Log)及警告日志属于数据库文件;参数文件(Parameter File)和口令文件(Password File)为非数据库文件。

(1) 数据文件:是存储数据的文件,数据文件典型地代表了根据其使用的磁盘空间和数量所决定的一个 Oracle 数据库的容积。由于性能原因,每一种类型的数据放在相应的一个或一系列文件中,将这些文件放在不同的磁盘中。

(2) 控制文件:包含维护和验证数据库完整性的必要信息。例如,控制文件用于识别数据文件和重做日志文件。一个数据库至少需要一个控制文件。

控制文件内容包括数据库名、表空间信息、所有数据文件的名字和位置、所有重做日志文件的名字和位置、当前的日志序列号、检查点信息、关于重做日志和归档的当前状态信息等。

控制文件的使用过程如下:控制文件把 Oracle 引导到数据库文件的其他部分。启动一个实例时,Oracle 从参数文件中读取控制文件的名字和位置。安装数据库时,Oracle 打开控制文件。最终打开数据库时,Oracle 从控制文件中读取数据文件的列表并打开其中的每个文件。

(3) 重做日志文件:包含对数据库所做的更改记录,这样万一出现故障可以启用数据恢复。一个数据库至少需要两个重做日志文件。

(4) 跟踪文件及警告日志(Trace Files and Alert Log):在 Instance 中运行的每一个后台进程都有一个跟踪文件(Trace File)与之相连。Trace File 记载后台进程所遇到的重大事件的信息。警告日志(Alert Log)是一种特殊的跟踪文件,每个数据库都有一个跟踪文件,同步记载数据库的消息和错误。

(5) 参数文件:包括大量影响 Oracle 数据库实例功能的设定,例如,数据库控制文件的定位、Oracle 用来缓存从磁盘上读取的数据的内存数量、默认的优化程序的选择等。参数文件和数据库文件相关,执行两个重要的功能为数据库指出控制文件,以及为数据库指出归档日志的目标。

（6）归档文件：是重做日志文件的脱机副本，这些副本可能对于从介质失败中进行恢复很重要。

（7）口令文件：认证哪些用户有权限启动和关闭 Oracle 例程。

2）逻辑结构（表空间、段、区和块）

Oracle 在逻辑结构上有表空间、段、区和块等概念及组成关系。

（1）表空间：是数据库中的基本逻辑结构，是一系列数据文件的集合。表空间由类似于数据文件这样的物理结构组成。每个表空间包括一个或多个数据文件，但每个数据文件只能属于一个表空间。创建一个表时，必须说明是在哪个表空间内创建的。这样，Oracle 才能在组成该表空间的数据文件中为它找到空间。表空间是 Oracle 数据库信息物理存储的一个逻辑视图。

（2）段：是对象在数据库中占用的空间。

（3）区：是为数据一次性预留的一个较大的存储空间。

（4）块：是 Oracle 最基本的存储单位，在建立数据库时指定。

3）内存分配（SGA 和 PGA）

（1）SGA：是用于存储数据库信息的内存区，该信息为数据库进程所共享。它包含 Oracle 服务器的数据和控制信息，是在 Oracle 服务器所驻留的计算机的实际内存中得以分配，如果实际内存不够再往虚拟内存中写。

（2）PGA：包含单个服务器进程或单个后台进程的数据和控制信息。与几个进程共享的 SGA 正好相反，PGA 是只被一个进程使用的区域，PGA 在创建进程时分配，在终止进程时回收。

4）后台进程

包括数据写进程（DataBase Writer,DBWR）、日志写进程（Log Writer,LGWR）、系统监控（System Monitor,SMON）、进程监控（Process Monitor,PMON）、检查点进程（Checkpoint Process,CKPT）、归档进程、服务进程和用户进程。

（1）数据写进程：负责将更改的数据从数据库缓冲区高速缓存写入数据文件。

（2）日志写进程：将重做日志缓冲区中的更改写入在线重做日志文件。

（3）系统监控：检查数据库的一致性，如有必要还会在数据库打开时启动数据库的恢复。

（4）进程监控：负责在一个 Oracle 进程失败时清理资源。

（5）检查点进程：负责在每当缓冲区高速缓存中的更改永久地记录在数据库中时，更新控制文件和数据文件中的数据库状态信息。该进程在检查点出现时对全部数据文件的标题进行修改，指示该检查点。在通常的情况下，该任务由 LGWR 执行。然而，如果检查点明显地降低系统性能时，可使 CKPT 进程运行，将原来由 LGWR 进程执行的检查点的工作分离出来，由 CKPT 进程实现。对于许多应用情况，CKPT 进程是不必要的。只有当数据库有许多数据文件，LGWR 在检查点时明显地降低性能才使 CKPT 运行。CKPT 进程不将块写入磁盘，该工作是由 DBWR 完成的。init.ora 文件中 CHECKPOINT_PROCESS 参数控制 CKPT 进程的使能或使不能。缺省时为 FALSE，即为使不能。

(6) 归档进程：在每次日志切换时把已满的日志组进行备份或归档。

(7) 服务进程：负责用户进程服务。

(8) 用户进程：在客户端负责将用户的 SQL 语句传递给服务进程，并从服务器端取回查询数据。

0.2 Oracle 企业管理器的基本介绍

Oracle 企业管理器通过一种独特的应用软件到磁盘的系统管理方法，使客户能够降低应用环境的复杂性并提高效率。Oracle 企业管理器是市场上唯一具有整合的管理功能的解决方案，该功能涵盖了多种管理软件，并对物理、虚拟和私有云计算环境基础架构提供支持。

Oracle 的不同版本都提供了主要对数据库实现全面管理的相应软件，一般称之为 Oracle 企业管理器。随着 Oracle 版本的发展，Oracle 企业管理器也在不断发展，呈现出不同的运行方式与功能特点。例如，较新的 Oracle 企业管理器 4.0 通过一个单一的控制器来管理和监测 Oracle 数据库以及 Oracle 9i AS 及其组件等。Oracle 企业管理器 4.0 的管理功能涵盖了 Oracle 11g 第二版提供的许多新功能。Oracle 企业管理器 11g 的控制台与 Oracle 支持服务的集成为主动管理关键业务系统提供了方便。

下面简单介绍 Oracle 企业管理器的使用概况。

1. Oracle 11g 企业管理器

Oracle 10g 及以后版本的企业管理器的使用方法和以前的版本有所不同，以前版本的企业管理器类似于 SQL Server 中的企业管理器，是可视化的树形管理方式，而 Oracle 10g 等较新版本的数据库系统含有的企业管理器采用的是基于 Web 的数据库管理工具，它通过在客户端的浏览器中访问 OEM 控制台来实现管理功能。

Oracle 企业管理器的数据库控制器 (Oracle Enterprise Manager DataBase Control, OEM)，可称为 Oracle 企业管理器，它是管理 Oracle 数据库的主要工具，它随着 Oracle 11g 数据库系统一起被安装。

使用 Oracle 企业管理器的数据库控制器能至少实现如下管理任务：

(1) 创建各类对象，如表、视图和索引等。

(2) 用户安全性管理。

(3) 数据库内容与存储空间管理。

(4) 数据库备份与恢复，数据的导入与导出。

(5) 监控数据库的执行性能与运行状态。

具体的使用方法如下。

按照规定的步骤安装好 Oracle 的基本组件和建立好全局数据库后（要保证 OracleDBConsolexxxx 服务已启动，xxxx 一般为数据库实例名，可见实验 1 中的图 1-11 Oracle 11g 功能服务项中的第 3 项），在客户端浏览器中输入 OEMDC URL。设全局数据库名为 orcl，服务器的主机名为 localhost，默认端口为 1158，则要启动及使用 OEM 的方法如下。

（1）在浏览器地址栏中输入 OEMDC URL 地址，如 http://localhost:1158/em。

（2）在进入主页面前要求先输入相应的用户名、密码和连接身份等信息（如图 0-2 所示）。要以 SYSDBA 的身份连接数据库，这里选择 sys 或 system 用户登录。通过身份验证后进入 OEM 监控与管理主操作 Web 界面，如图 0-3 所示。

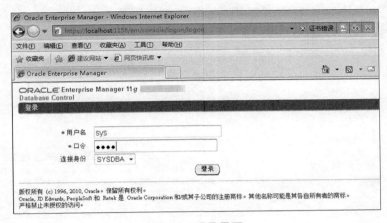

图 0-2　登录界面

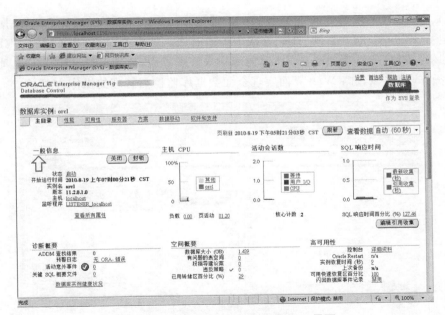

图 0-3　OEM 监控与管理主操作 Web 界面

依次点击性能、可用性、服务器、方案、数据移动、软件和支持等一级超链接，可浏览到各二级相应管理界面。

（3）在图中按"相关链接"区域的"SQL 工作表"链接，可转到 SQL 命令操作界面，在此能实现类似于窗口式 SQL Plus 的操作功能,如图 0-4 所示。这里既能执行 SELECT 查询操作,又能执行 INSERT、UPDATE 和 DELETE 等更新命令。

图 0-4　SQL 工作表操作界面

(4) 在图 0-3 所示的界面上单击"方案"链接,在出现的方案二级界面上单击"表"链接,选定"HR"方案,能查看到"HR"方案中的所有表。选定某个表,如 EMPLOYEES,再单击"编辑"按钮,就呈现如图 0-5 所示的编辑表管理界面,读者可尝试操作下拉列表框中的各种操作功能,以领略 Web 界面实现全面数据库监控与管理的操作方式。

图 0-5　编辑表管理界面

0.3 Oracle SQL Developer 基本操作

1. 什么是 SQL Developer

Oracle SQL Developer 是一个图形化的数据库开发工具。使用 SQL Developer, 可以浏览数据库对象、运行 SQL 语句和 SQL 脚本,并且还可以编辑和调试 PL/SQL 语句。还可以运行所提供的任何数量的报表,以及创建和保存自己的报表。SQL Developer 可以提高工作效率并简化数据库开发任务。

SQL Developer 可以连接到任何 9.2.0.1 版和更高版本的 Oracle 数据库,并且可以在 Windows、Linux 和 Mac OSX 上运行。

SQL Developer 包括了移植工作台,它是一个重新开发并集成的工具,扩展了原有 Oracle 移植工作台的功能和可用性。通过与 SQL Developer 紧密集成,用户在一个地方就可以浏览第三方数据库中的数据库对象和数据,以及将这些数据库移植到 Oracle。

Oracle SQL Developer 与 Oracle APEX 集成,使用户可以浏览应用程序和执行其他 Application Express 活动。通过 Oracle SQL Developer,可以浏览、导出和导入、删除或部署应用程序。有许多 Application Express 报表可供选择,用户可以创建自己的定制报表。

安装 Oracle 11g 数据库服务器就含有 SQL Developer,但 SQL Developer 也可以单独免费下载安装,下载地址为:http://www.oracle.com/technology/global/cn/software/products/sql/index.html。

2. SQL Developer 的启动

要启动 SQL Developer,可选择菜单"开始"→"所有程序"→"Oracle-OraDb11g_home1"→"应用程序开发"→"SQL Developer"。其 logo 窗口如图 0-6 所示。

等待片刻,出现如图 0-7 所示的 SQL Developer 操作主界面。SQL Developer 操作主界面有菜单和工具栏,窗体主区域分为左右两部分,左部分将连接列出操作连接点,右部分是数据库相关对象的操作区域。

图 0-6 SQL Developer 的 logo 窗口

先要新建一个连接,方法如下:

(1) 在连接节点上右击,在弹出的快捷菜单中选择"新建连接"菜单项;

(2) 直接单击"新建连接"按钮 。

在出现的新建数据库连接对话框中(如图 0-8 所示)填上连接名(自己取名)、用户名、口令、主机名、端口号(一般为 1521)、SID(安装的数据库实例名)或服务器名等信息,单击"测试"按钮测试连接,成功后单击"连接"按钮来建立连接。

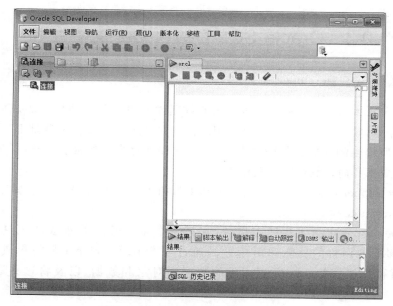

图 0-7　SQL Developer 操作主界面

图 0-8　新建连接对话框图

建立连接后,展开连接后的 SQL Developer 操作主界面如图 0-9 所示,这里每个数据库分类节点(或称目录)都可单击"＋"或双击节点名来展开,从而能方便地找到连接用户有权查看或管理的全部各种对象。

图 0-10 是编辑 HELP 表数据的操作界面,从中可以领略到在该界面中实施对各种对象操作的便捷性。

当要执行 SQL 命令时,单击" "工具按钮,在选择连接后,SQL Developer 界面右

图 0-9　建立连接后的 SQL Developer 操作主界面

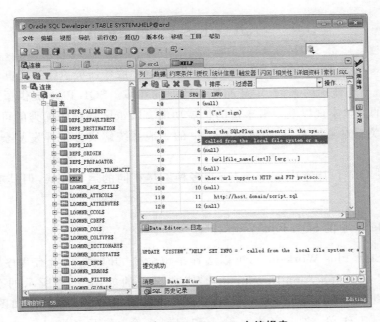

图 0-10　在 SQL Developer 中编辑表

边出现交互式 SQL 命令输入区(如图 0-11 所示),在其中输入若干命令后,单击执行语句(F9 键)"▷"按钮或运行脚本(F5 键)"▣"按钮来运行,结果在 SQL 命令输入区下方呈现。在 SQL Developer 操作遇到问题时,可打开帮助对话框(单击"帮助"菜单→"目录"菜单项)寻求解答。

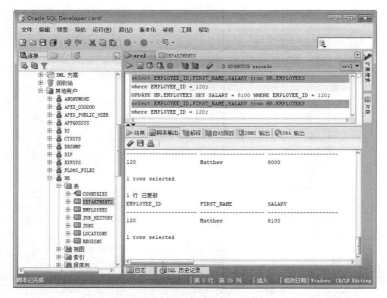

图 0-11 交互式执行 SQL 命令

0.4 SQL Plus 的基本操作

SQL Plus(也可写为 SQL * Plus)是 Oracle 数据库服务器最主要的接口,它提供了一个功能强大且易于使用的查询、定义和控制数据的环境。SQL Plus 提供了 Oracle SQL 和 PL/SQL 的完整实现以及一组丰富的扩展功能。Oracle 数据库优秀的可伸缩性结合 SQL Plus 的关系对象技术,允许使用 Oracle 的集成系统解决方案开发复杂的数据类型和对象。

在不同的 Oracle 版本中,SQL Plus 有多种不尽相同的运行模式,但其功能相似,并不断增强。

1. Oracle 9i 中的 SQL Plus Worksheet

要启动 SQL Plus Worksheet,可以选择菜单命令"开始"→"所有程序"→"Oracle-OraHome90"→"Application Development"。在出现的如图 0-12 所示的登录窗口中输入预设用户"scott"及其密码"tiger",单击"确定"按钮登录,将出现如图 0-13 所示的 SQL * Plus 工作单,在上窗格可输入和编辑命令,在下窗格显示命令执行后的输出。

2. Oracle 10g 中的 SQL Plus

启动组件 SQL Plus 的方法如图 0-14 所示。在紧接着出现的登录窗口中输入用户名、口令和主机字符串即可登录到系统中。

图 0-12　SQL Plus Worksheet 登录窗口

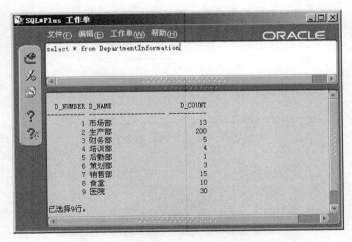

图 0-13　SQL Plus Worksheet 使用界面

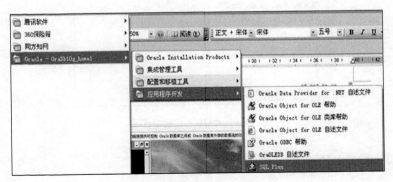

图 0-14　启动 SQL Plus 程序项

注意：以此种方式登录时不能使用 SYSDBA 或 SYSOPER 的身份进入，而应选择普通用户身份进入，如 SCOTT 或 HR 等。

通过 web 页面进入 iSQL * Plus 来完成建立表空间和表及其他对象的操作。输入网址 http://abc:5560/isqlplus，进入 iSQL*Plus 登录界面，如图 0-15 所示，输入相应的用户名和密码，在出现的如图 0-16 所示的界面中可输入及执行 SQL、PL/SQL 或 SQL Plus 语句。

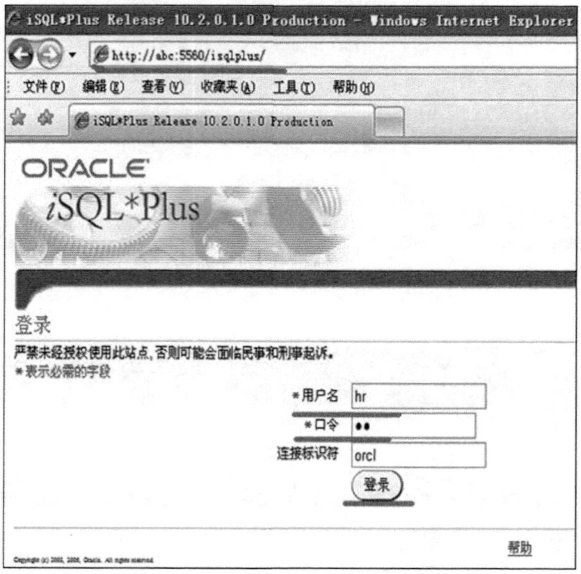

图 0-15　iSQL*Plus 登录窗口

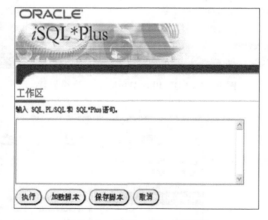

图 0-16　iSQL*Plus 工作区

3. Oracle 11g 中的 SQL*Plus

（1）在 DOS 环境下启动 SQL*Plus，可以以管理员的身份登录，也可以以普通用户的身份登录。不同版本的 Oracle 都支持本运行方式。先启动 MS-DOS 窗口，在 DOS 提示符（">"）后输入"sqlplus"命令，然后按照提示输入用户名和口令进行登录后，即可输入各种 SQL 命令来运行，如图 0-17 所示。

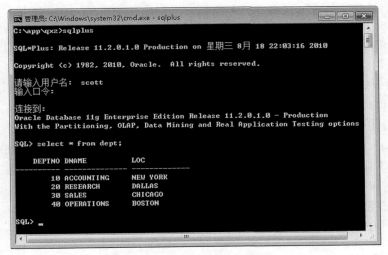

图 0-17　DOS 环境下启动 SQL * Plus

DOS 下能运行 SQL Plus，是因为 Oracle 主目录下的 BIN 子目录中有 sqlplus.exe 文件存在。

（2）Oracle 11g SQL Plus 的启动可通过选择菜单命令"开始"→"所有程序"→"Oracle-OraDb11g_home1"→"应用程序开发"→"SQL Plus"来完成，如图 0-18 所示，其方式与在 DOS 方式下启动 SQL Plus 基本相同。

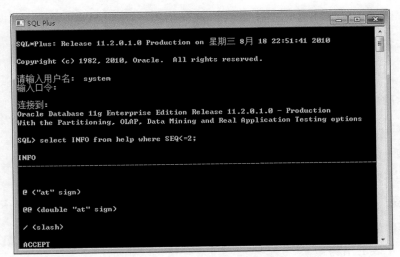

图 0-18　Oracle 11g SQL Plus 的启动

（3）SQL * Plus Instant Client（SQL * Plus 即时客户端）可从以下网址下载：http://www.oracle.com/technology/global/cn/software/tech/oci/instantclient/index.html。SQL * Plus Instant Client 使用户无需安装标准 Oracle 客户端或拥有 ORACLE_HOME 即可运行 SQL * Plus。SQL * Plus Instant Client 使用的磁盘空间很少。

4. SQL*Plus 的基本使用

Oracle 的 SQL*Plus 是与 Oracle 进行交互的客户端工具。在 SQL*Plus 中，可以运行 SQL*Plus 命令与 SQL*Plus 语句。

SQL 命令（包括 DML、DDL 和 DCL）及 PL/SQL 语句都是 SQL*Plus 语句，它们执行完后，都可以保存在一个被称为 SQL buffer 的内存区域中，可以对保存在 SQL buffer 中的 SQL 语句进行修改，然后再次执行。

除了 SQL*Plus 语句，在 SQL*Plus 中执行的其他语句称为 SQL*Plus 命令。它们执行完后不保存在 SQL buffer 的内存区域中，它们一般用来对输出的结果进行格式化显示，以便制作报表。

下面就介绍一些常用的 SQL*Plus 命令。

执行一个 SQL 脚本文件：

START file_name

或

@ file_name

可以将多条 SQL 语句保存在一个文本文件中，这样当要执行这个文件中的所有的 SQL 语句时，用上面的任一命令即可，这类似于 DOS 中的批处理。

对当前的输入进行编辑：

EDIT

重新运行上一次运行的 sql 语句：

/

将显示的内容输出到指定文件：

SPOOL file_name

在屏幕上的所有内容都包含在该文件中，包括用户输入的 SQL 语句。

关闭 SPOOL 输出：

SPOOL OFF

只有关闭 SPOOL 输出，才会在输出文件中看到输出的内容。

显示一个表的结构：

DESC table_name

COL 命令格式化列的显示形式（命令格式略）。

屏蔽一个列中显示的相同的值：

BREAK ON break_column
SQL> BREAK ON DEPTNO

SQL> SELECT DEPTNO, ENAME, SAL

Set 命令：

SET system_variable value

该命令包含许多子命令，该命令允许的系统变量及其值请通过"HELP SET"帮助获得。以下举例说明 SET 命令的使用。

（1）设置当前 session 是否对修改的数据进行自动提交。

SET AUTO[COMMIT] {ON|OFF|IMM[EDIATE]|n}

（2）在用 START 命令执行一个 SQL 脚本时，是否显示脚本中正在执行的 SQL 语句。

SET ECHO {ON|OFF}

（3）是否显示列标题。

SET HEA[DING] {ON|OFF}

当 SET HEADING OFF 时，在每页的上面不显示列标题，而是以空白行代替。

（4）设置一行可以容纳的字符数。

SET LIN[ESIZE] {80|n}

如果一行的输出内容大于设置的一行可容纳的字符数，则折行显示。

（5）设置页与页之间的分隔。

SET NEWP[AGE] {1|n|NONE}

（6）显示时用 text 值代替 NULL 值。

SET NULL text

（7）设置一页有多少行数。

SET PAGES[IZE] {24|n}

如果设为 0，则所有的输出内容为一页，并且不显示列标题。

（8）是否显示用 DBMS_OUTPUT.PUT_LINE 包进行输出的信息。

SET SERVEROUT[PUT] {ON|OFF}

在编写存储过程时，有时会用 DBMS_OUTPUT.PUT_LINE 将必要的信息输出，以便对存储过程进行调试，只有将 SERVEROUTPUT 变量设为 ON 后，信息才能显示在屏幕上。

（9）当 SQL 语句的长度大于 LINESIZE 时，是否在显示时截去超长部分。

SET WRA[P] {ON|OFF}

当输出的行长度大于设置的行长度时（用 SET LINESIZE n 命令设置），当 SET WRAP ON 时，输出行的超出长度的字符会另起一行显示；设为 OFF，会将输出行的超出设定长度的字符截去,不予显示。

(10) 是否在屏幕上显示输出的内容,主要用于与 SPOOL 结合使用。

SET TERM[SPOOL] {ON|OFF}

在用 SPOOL 命令将一个大表中的内容输出到一个文件中时,将内容输出在屏幕上会耗费大量的时间,设置 SET TERMSPOOL OFF 后,则输出的内容只会保存在输出文件中,不会显示在屏幕上,极大地提高了 SPOOL 的速度。

(11) 将 SPOOL 输出中每行后面多余的空格去掉。

SET TRIMS[OUT] {ON|OFF}

(12) 显示每个 SQL 语句花费的执行时间。

SET TIMING {ON|OFF}

修改 SQL buffer 中的当前行中第一个出现的字符串。

C[HANGE]/old_value/new_value
SQL> l
　　1* select * from dept
SQL> c/dept/emp
　　1* select * from emp

编辑 SQL buffer 中的 SQL 语句:

EDI[T]

显示 SQL buffer 中的 SQL 语句,或显示 SQL buffer 中的第 n 行,并使第 n 行成为当前行:

L[IST] [n]

在 SQL buffer 的当前行下面加一行或多行:

I[NPUT]

将指定的文本加到 SQL buffer 的当前行后面:

A[PPEND]

将 SQL buffer 中的 SQL 语句保存到一个文件中:

SAVE file_name

将一个文件中的 SQL 语句导入到 SQL buffer 中:

GET file_name

再次执行刚才已经执行的 SQL 语句:

RUN 或 **/**

执行一个存储过程:

EXECUTE procedure_name

在 SQL * Plus 中连接到指定的数据库:

CONNECT user_name/passwd@db_alias

写一个注释:

REMARK [text]

将指定的信息或一个空行输出到屏幕上:

PROMPT [text]

将执行的过程暂停,等待用户响应后继续执行:

PAUSE [text]
SQL> PAUSE Adjust paper and press RETURN to continue.

将一个数据库中的一些数据复制到另外一个数据库(如将一个表的数据复制到另一个数据库)

COPY {**FROM** database|**TO** database|**FROM** database **TO** database} {**APPEND**|**CREATE**|**INSERT**|**REPLACE**} destination_table [(column, column, column, …)] **USING** query
  SQL> COPY FROM SCOTT/TIGER@orcl TO JOHN/CHROME@orcl
  create emp_temp USING SELECT * FROM EMP;

不退出 SQL * Plus,在 SQL * Plus 中执行一个操作系统命令:

HOST

Sql>HOST hostname(说明:该命令在 Windows 下可能被支持。)

显示 SQL * Plus 命令的帮助:

HELP

显示 SQL * Plus 系统变量的值或 SQL * Plus 环境变量的值:

SHO[W] option

可通过 HELP SHOW 来获取 option 的值。下面举几个 SHOW 命令的例子。
(1)显示当前环境变量的值。

SHOW ALL

(2)显示当前在创建函数、存储过程、触发器和包等对象时的错误信息。

SHOW ERROR

当创建一个函数和存储过程等出错时,可以用该命令查看在哪个地方出错及相应的出错信息,进行修改后再次进行编译。

(3) 显示初始化参数的值。

SHOW PARAMETERS[parameter_name]

(4) 显示数据库的版本。

SHOW REL[EASE]

(5) 显示 SGA 的大小。

show SGA

(6) 显示当前的用户名。

SHOW USER

0.5 Oracle 的命名规则和数据类型

0.5.1 命名规则

Oracle 中的各种数据对象,包括表和视图等的命名都需要遵循 Oracle 的命名规则。Oracle 的命名规则分为标准命名方式和非标准命名方式两种。

1. 标准命名方式

标准命名方式需要满足以下的条件:
(1) 命名以字符打头;
(2) 除数据库名称长度为 1~8 个字符外,其余为 30 个字符以内;
(3) 对象名中只能包含 a-z、A-z、0-9、_、$ 和 #;
(4) 不能和同一个用户下的其他对象重名;
(5) 不能以 Oracle 服务器的保留字命名。
例如:

`Create Table Emp-Bonus(Empid Number(10),Bonus Number(10));`

此 SQL 语句是错误的。因为表名中使用了"—",这在标准命名中是不允许的。对于某些特定对象,往往采取惯例命名方式,即采用缩写作为前缀,便于见名知义。

2. 非标准命名

非标准命名方式可以使用任何字符,包括中文、Oracle 中的保留字和空格等,但是需要将对象名用双引号括起来。例如:

`Create Table "Table"(Test1 Varchar2(10));`

该命令建立一个表名为 Table 的表,没有语法错误。但这样命名就需要以后在使用该对象时必须用双引号将对象括起来。例如,对于刚才建立的表使用 select * From Table;是错误的,应使用 select * From "Table";。

0.5.2 数据类型

Oracle 数据库的数据类型可分为 4 类：字符数据类型、数字数据类型、日期数据类型和其他数据类型。主要数据类型的说明及其域的取值范围参见表 0-1～表 0-4。

表 0-1 字符数据类型

数据类型	说　　明	域取值
Char	定长字符串	[0,2000b]
Varchar2	变长字符串	[0,4000b]
Nchar	根据字符集而定的定长字符串	[0,2000b]
Nvarchar2	根据字符集而定的变长字符串	[0,4000b]
Long	超长字符串	[0,2gb]
Clob	字符数据	[0,4gb]
Nclob	根据字符集而定的字符数据	[0,4gb]

表 0-2 数字数据类型

数据类型	说　　明	域　取　值
Number	格式为 number(P,S)，P 为整数位，s 为小数位	P Default 38,S$\in$[$-$84,127]
Binary_Float	32 位的双精度浮点型数值	[1.17549E$-$38F,3.40282E$+$38F]
Binary_Double	64 位的双精度浮点型数值	[1.79769313486231E$+$308, 2.22507485850720E$-$308]

表 0-3 日期数据类型

数据类型	说　　明	域　取　值
DATE	有效的日期类型	从 January 1,4712 BC 到 December 31,9999 AD
TIMESTAMP（fractional_seconds_precision）	时间戳类型(含秒的精度位数)	秒的精度位数为 0～9(默认为 6)
TIMESTAMP（fractional_seconds_precision）WITH {LOCAL} TIMEZONE	带{局部}时区的时间戳类型(含秒的精度位数)	秒的精度位数为 0～9(默认为 6)

表 0-4 其他数据类型

数据类型	说　　明	域取值
Raw	定长的二进制数据	[0,2000b]
Long Raw	变长的二进制数据	[0,2gb]
Rowid	数据表中记录的唯一行号	10b
Blob	二进制数据	[0,4gb]
Bfile	存放在数据库外的二进制数据	[0,4gb]
Urowid	二进制数据表中记录的唯一行号	[0,4000b]

实验 1 数据库系统基本操作

实验目的

安装某个数据库系统,了解数据库系统的组织结构和操作环境,熟悉数据库系统的基本使用方法。

背景知识

学习与使用数据库,首先要选择并安装某个数据库系统产品(或称某个数据库管理系统,简称为 DBMS)。目前,主流大中型数据库系统有 Oracle、MS SQL Server、Informix、Sybase、INGRES、DB2、INTERBASE、MySQL 等;桌面或小型数据库系统有 dBASE、FoxBase、FoxPro、Visual FoxPro 系列、Access 系列等。

而国产数据库产品或原型系统也有中国人民大学、北京大学、中软公司和华中合作研发的 COBASE 数据库管理系统、人大金仓信息技术有限公司研制的通用并行数据库管理系统 Kingbase ES 和小金灵嵌入式数据库系统、中国人民大学数据与知识工程研究所研发的 PBASE 并行数据库管理系统、EASYBASE 桌面数据库管理系统和 PBASE 并行数据库安全版等。此外,还有东软集团的 Openbase 数据库管理系统和武汉达梦的 DM 系列等。但这些产品在商品化和成熟度方面存在不足,在应用方面缺乏规模,没有能够真正地占领一定的国内市场。

下面以 Oracle Database 11g 第 2 版(11.2.0.1.0)为例介绍数据库系统的基本操作,这些基本操作对其他相近版本的 Oracle 数据库管理系统也基本能适用。

实验示例

例 1.1 Oracle Database 11g 第 2 版的安装

Oracle Database 11g 第 2 版(11.2.0.1.0)为 IT 提供了基础,使其能够以高质量的服务成功地提供更多信息,降低 IT 内部变更的风险,并且更高效地利用 IT 预算。通过将 Oracle Database 11g 第 2 版部署为数据管理基础，企业可以充分利用世界领先的数据库的强大功能。Oracle Database 11g 第 2 版(11.2.0.1.0)的下载地址如下：

http://www.oracle.com/technology/global/cn/software/products/database/index.html

适用于 Microsoft Windows(32 位)的 Oracle Database 11g 第 2 版(11.2.0.1.0)的下载地址如下：

http://www.oracle.com/technology/global/cn/software/products/database/oracle11g/112010_win32soft.html

1. Oracle Database 11g 的安装

Oracle Database 11g(发行版)按如上地址下载，可免费应用于非商业用途或应用于学习。下载 Oracle Database 11g 的两个压缩文件后，先解压，再运行 setup.exe 文件开始安装。安装过程如下。

先出现加载程序的 DOS 窗口，接着出现如图 1-1 所示的 Oracle 11g 的安装 logo 窗口，开始安装了。

图 1-1　Oracle 11g 开始安装 logo 窗口

（1）配置安全更新，可输入自己的电子邮件信箱。单击"下一步"按钮(如图 1-2 所示)。

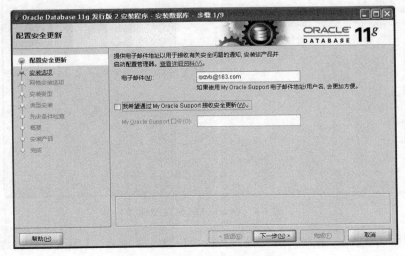

图 1-2　Oracle 11g 配置安全更新

（2）如图 1-3 所示，选择安装选项。首次安装一般选"创建和配置数据库"。单击"下一步"按钮。

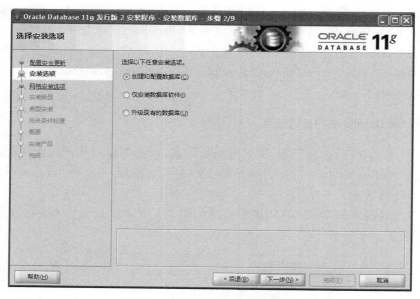

图 1-3　Oracle 11g 选择安装选项

（3）如图 1-4 所示，选择系统类。一般学习或应用开发时选"桌面类"。单击"下一步"按钮。

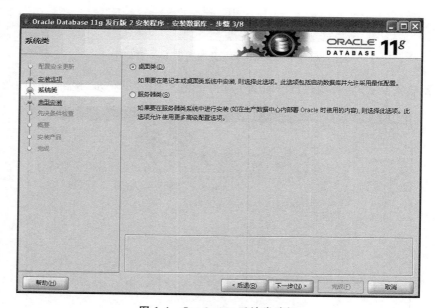

图 1-4　Oracle 11g 系统类选择

（4）如图 1-5 所示，典型安装配置。其设置信息非常重要，其中全局数据库名及管理口令在输入后一定要记录下来。管理口令指对 sys、system、sysman、dbsnmp 等系统管理类账号通用的初始口令,系统安装完成后,出于安全管理的需要应及时更新口令。单击"下一步"按钮继续。

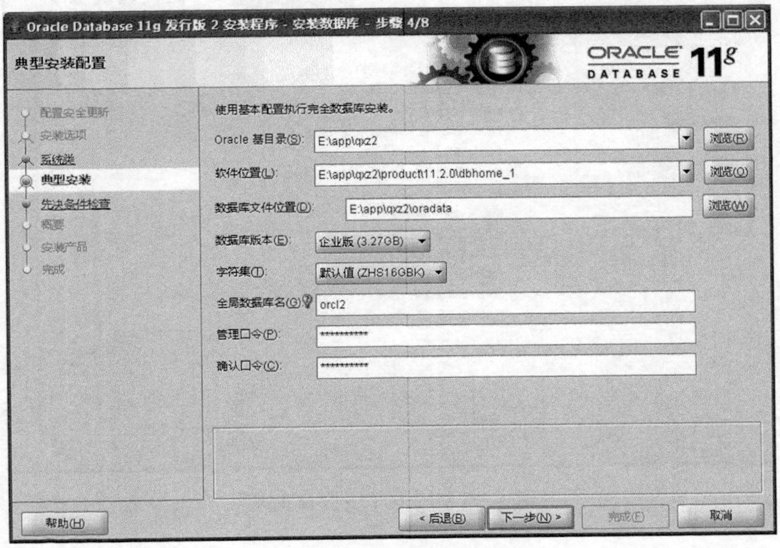

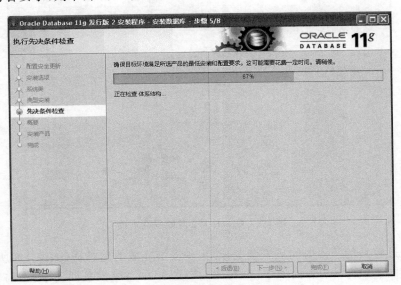

图 1-5 Oracle 11g 典型安装配置

(5) 如图 1-6 所示,执行先决条件检查。这是看是否满足安装所需的软硬件条件要求。如果符合要求,则单击"下一步"按钮。

图 1-6 Oracle 11g 执行先决条件检查

(6) 如图 1-7 所示,显示安装概要,以便对情况进行确认。单击"完成"按钮。

(7) 如图 1-8 所示,真正开始安装 Oracle 11g 数据库产品,正常结束后单击"完成"按钮。

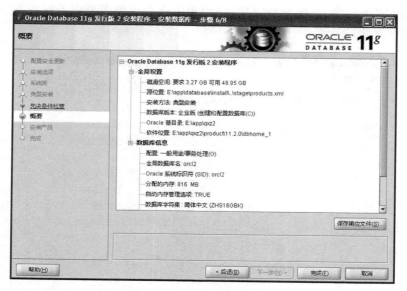

图 1-7　Oracle 11g 安装概要

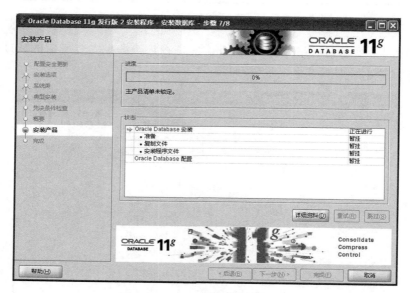

图 1-8　Oracle 11g 开始安装产品

（8）经过较长的一段时间后安装完成，出现安装完成的信息框（如图 1-9 所示）。

（9）在图 1-9 所示的界面中单击"关闭"按钮后，在完成信息框上单击"口令管理"按钮，可查看或管理锁定账户，主要是账户解锁并设定账户口令等（操作图略）。

2. 认识安装后的 Oracle 11g

在 Windows 7 操作系统上安装 Oracle 11g 后，选择"开始"→"所有程序"→"Oracle-OraDb11g_home1"，并逐个展开各程序组后，各程序项如图 1-10 所示。

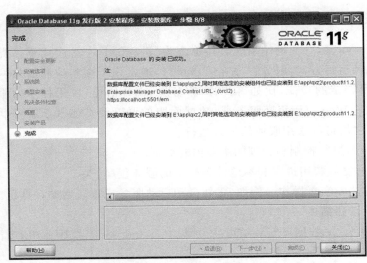

图 1-9　Oracle 11g 安装完成　　　　　图 1-10　11g 安装后各程序项

　　选择"开始"→"控制面板"→"系统与安全"→"管理工具"→"服务",可查看到 Oracle 11g 数据库服务器安装后各功能相关的服务项,如图 1-11 所示。其中至少要启动数据库服务器和数据库监听器(分别是倒数第 4、6 两项服务),才能进行 Oracle 11g 的基本操作,其中的第 3 项服务"OracleDBConsoleorcl"是涉及本机安装 orcl 数据库后是否支持 Web 方式数据库管理的,只有启动了该项,才能以 Web 方式在 IE 浏览器中实现数据库的全面管理(具体下文会介绍)。需要说明的是,这里的 Oracle 服务项名称不是固定的,服务项名称会随着用户安装时指定不同的 Oracle 数据库实例名或数据库等有所不同。

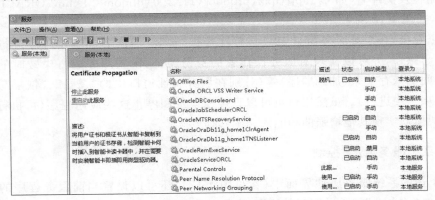

图 1-11　Oracle 11g 功能服务项

　　Oracle 11g 包括一组完整的图形工具和命令行实用工具,有助于用户、程序员和管理员提高工作效率。下面就 Oracle 11g 的主要组件及其使用再做一些介绍。

例 1.2 Oracle 服务管理

1. Oracle 系统服务及配置

在操作系统中,服务(Services,有的操作系统直接称之为"进程")是一种应用程序类型,或者说是应用程序的一种运行方式,服务程序在后台运行,通常用于在本地和通过网络为其他机器上的用户提供特定的功能,比如客户端/服务器(C/S 结构)应用程序的服务器端、浏览器/服务器(B/S)Web 应用程序服务器、数据库服务器以及其他基于服务器的应用程序,其服务器端程序均可以采用服务的方式运行。

在操作系统层面对服务器进行控制和管理的主要内容如下。

(1)启动、停止、暂停、恢复或禁用进程和本地计算机上的服务程序。

(2)设置服务失败时的故障恢复操作。例如,重新自动启动服务或重新启动计算机。

(3)查看每个服务的状态和描述。

在 Windows 平台上的 Oracle 数据库安装结束后,可以在 Windows 系统服务中查看到相关的系统服务程序项目,具体操作步骤如下。

在 Windows 桌面上选择"开始"→"设置"→"控制面板"命令,在弹出的控制面板窗口中双击"管理工具",再在出现的管理工具窗口中双击"服务",即可打开系统服务窗口。

也可以在 Windows 桌面上选择"开始"→"运行"命令,在弹出的运行窗口中输入"services.msc"然后单击"确定"按钮,即可直接打开系统服务窗口。

此时在系统服务窗口中可以看到多项与 Oracle 数据库相关的服务程序,这些服务程序名均以"Oracle"开头,如图 1-11 所示。

鼠标右击某项服务名称(如 OracleServiceORCL),再在弹出的快捷菜单中单击"属性"菜单项,则会看到本服务的属性窗口,其中"常规"项目中可以看到本服务所对应可执行文件路径及文件名(如 c:\app\qxz\product\11.2.0\dbhome_1\bin\ORACLE.EXE ORCL),如图 1-12 所示。

可以看出,在系统服务窗口中只是对这些被"包装"为服务的应用程序进行集中管理,以便于操作,并可以实现对服务操作者的身份验证、设置服务运行失败时的处理措施、服务间的依存关系(加载顺序)等(分别在服务属性窗口中的"登录"、"恢复"及"依存关系"选项卡中进行)。虽然用户也可以直接地运行和停止这些应用程序(可执行文件),但无法便捷地实现其他增强的功能。

2. 系统服务启/停控制

在上述的系统服务属性界面中(参见图 1-12),还可以设置当前服务程序的启动方式,具体包括"自动"、"手动"和"禁用"3 种类型:

(1)自动。当操作系统启动(每次开机)时,服务程序自动开始运行,对于经常使用的服务程序,可以设置为自动启动方式。

(2)手动。当操作系统启动时,服务程序不会自动运行,需手工启动它,操作步骤如下:在服务窗口中用鼠标右击某项服务条目(如 OracleServiceORCL),再在弹出的快捷

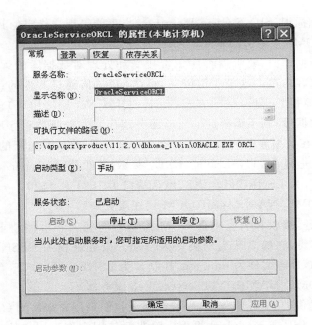

图 1-12 Windows 系统服务属性窗口

菜单中单击"启动"菜单项;或者在上述服务属性窗口的"常规"选项卡的"服务状态"栏中单击"启动"按钮。

不经常使用的系统服务项目可以设置为手动启动方式,只在要使用时才启动它,以节省不必要的运行开销,这里的开销是指对内存空间的占用和对 CPU 处理能力的消耗。

停止服务的操作与手动启动操作相对应,对于不再使用的服务程序,可以及时手动停止其运行以节省系统开销。

(3) 禁用。服务被禁止使用,禁用状态的服务程序无法启动。对于长期不用的服务项目可以设置为禁用。

3. 常用 Oracle 系统服务

在应用软件开发层面对 Oracle 数据库的使用中,至少用到上述系统服务中的两项:OracleServiceORCL 和 OracleOraDb11g_home1TNSListener。下面介绍常用的 Oracle 系统服务。(注:SID 是数据库标识,这里为 ORCL;HOME_NAME 是 Oracle Home 的名称,这里为 OraDb11g_home1。)

(1) OracleServiceSID(数据库服务)

数据库服务的功能是启动和停止数据库。在数据库安装之初,其默认启动类型为自动。服务进程(服务所对应的应用程序文件)为"$ORACLE_HOME\bin\ORACLE.EXE ORCL"。参数文件为 initSID.ora,日志文件为 SIDALRT.log,控制台为 SVRMGRL.EXE 和 SQLPLUS.EXE。

说明:"$ORACLE_HOME"是指安装时由用户指定的 Oracle 工作主目录,如"c:\app\qxz\product\11.2.0\dbhome_1";服务名中的"ORCL"是在数据库安装过程中指定的数据库系统标识（SID，System Identity），也可能是用户指定的其他值，下同。

（2）**Oracle**HOME_NAME**TNSListener**（监听器服务）

在远程访问数据库时，监听器程序负责接受和处理对数据库的远程访问请求，并发送处理结果给请求客户端。这里所谓的"远程访问"是指通过其他的计算机或者在本机（服务器所在的计算机）上以网络的方式（基于 SQL * Net 网络协议）访问数据库。如果是直接访问本地数据库，则不需要此监听器服务程序。本监听器程序所使用的默认端口号为 1521，也可以在数据库安装后单独创建新的监听器，修改其监听的端口号，删除现有监听器等。服务进程为 TNSLSNR.EXE，参数文件为 Listener.ora，日志文件为 listener.log，控制台为 LSNRCTL.EXE，默认端口为 1521 和 1526。

（3）**Oracle**HOME_NAME**Agent**（OEM 代理服务）

OEM 代理服务，接收和响应来自 OEM 控制台的任务和事件请求，只有使用 OEM 管理数据库时才需要，它的默认启动类型为自动。服务进程为 DBSNMP.EXE，参数文件为 snmp_rw.ora，日志文件为 nmi.log，控制台为 LSNRCTL.EXE，默认端口为 1748。

（4）**Oracle**HOME_NAME**HTTPServer**（Web 服务器）

它是 Oracle 提供的 Web 服务器，一般情况下我们只用它来访问 Oracle Apache 目录下的 Web 页面，如 JSP 或 modplsql 页面。除非要使用它作为用户的 HTTP 服务，否则不需要启动（若启动它会接管 IIS 的服务），它的默认启动类型是手动。服务进程为 APACHE.EXE，参数文件为 httpd.conf，默认端口为 80。

（5）**Oracle**HOME_NAME**ManagementServer**（OEM 管理服务）

使用 OEM 时需要 OEM 管理服务，它的默认启动类型是手动。服务进程为 OMSNTSVR.EXE，日志文件为 oms.nohup。

（6）**Oracle**MTSRecoveryService

该服务是可选的，允许数据库充当一个微软事务服务器、COM/COM＋对象和分布式环境下的事务的资源管理器。

小技巧：如果不是专门的 Oracle 服务器，建议将计算机中的 Oracle 系统服务全部改为手动启动，在使用后即手动停止其运行，以节省运行开销。

4. 卸载 Oracle 数据库

使用 Oracle 自身的"Universal Installer"工具不能完全卸载 Oracle 数据库，再次安装 Oracle 数据库时则会出错，这是现有多个版本中都存在的问题。要彻底卸载 Oracle 数据库，则需要手工操作，其具体步骤如下。

（1）停止所有 Oracle 系统服务。

打开系统服务窗口（如图 1-11 所示），用鼠标右击运行中的 Oracle 系统服务项目，并在弹出的快捷菜单中单击"停止"菜单项；或者打开该服务的属性窗口，在其"常规"选项卡的"服务状态"栏中单击"停止"按钮。

（2）运行 Oracle Universal Installer 卸载 Oracle。

在 Windows 桌面上选择"开始"→"程序"→"Oracle Installation Products"→"Universal Installer"菜单命令，会显示"Oracle Universal Installer：欢迎使用"窗口，在该

窗口中单击"卸装产品"按钮,在接下来的窗口中展开已安装的产品项列表(单击产品项左侧的"+"按钮),选中要删除的已安装项目,这里选中 OraDb11g_home2,如图 1-13 所示。

图 1-13 选择要删除的 Oracle 产品项目

然后单击窗口中的"删除"按钮执行卸载操作,直至完成卸载,退出 Oracle Universal Installer。

说明:有时可能要直接运行 deinstall 子目录(绝对路径如 C:\app\qxz\product\11.2.0\dbhome_2\deinstall)下的卸载批处理文件 deinstall.bat 来完成卸载。

(3) 修改注册表,删除 Oracle 相关内容。

可以在 Windows 桌面上单击"开始"→"运行"命令,在弹出的运行窗口中输入"regedit",然后单击"确定"按钮,即可打开"注册表编辑器"窗口,如图 1-14 所示。

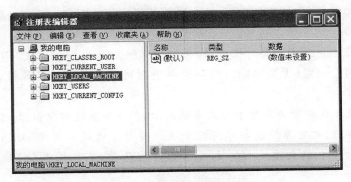

图 1-14 注册表编辑器界面

在注册表中要手工修改的内容包括如下 3 项。

① 删除 Oracle 软件的有关键-值信息。

删除 HKEY_LOCAL_MACHINE\SOFTWARE\Oracle 文件夹。具体操作如下：在注册表编辑器窗口左侧的导航栏中单击 HKEY_LOCAL_MACHINE 项目/文件夹左侧的"＋"符号展开该文件夹，再单击展开其下的 SOFTWARE 文件夹，然后右击其下的 Oracle 文件夹，在弹出的快捷菜单中单击"删除"按钮，删除该文件夹。

② 删除 Oracle 系统服务的有关键-值信息。

删除 HKEY_LOCAL_MACHINE\SYSTEM\CurrentControlSet\Services 文件夹下的所有以"Oracle"开头的子文件夹。

③ 删除 Oracle 事件日志的有关键-值信息。

HKEY_LOCAL_MACHINE\SYSTEM\CurrentControlSet\Service\Eventlog\Application 文件夹下保存了应用程序的事件日志相关键-值信息，删除其中所有以"Oracle"开头的子文件夹。

选择注册表编辑器窗口中的菜单命令"文件"→"退出"，或者直接单击关闭窗口按钮☒，退出注册表编辑程序，程序退出时会自动保存所作的修改。

（4）删除 Oracle 系统目录。

通常为 C:\program files\oracle 或 C:\ app，直接删除该目录/文件夹即可。

（5）删除 Oracle 相关环境变量。

在 Windows 桌面上右击"我的电脑"，在弹出的快捷菜单中选择"属性"项目，然后在弹出的系统属性窗口中选择"高级"→"环境变量"选项，打开"环境变量"设置窗口。

Windows XP 与 Windows 200x 系统中，上述操作会有细微差别，但影响不大。

检查环境变量中的系统变量 Path、JSERV 和 WV_GATEWAY_CFG 这几项，删除 Path 变量值中与 Oracle 有关的内容，后两个环境变量如果存在的话可直接删除。

如果前述第（2）步能够正常进行，则 Oracle 相关环境变量应已被自动删除。

（6）删除程序菜单项中的 Oracle 菜单。

在 Windows 桌面上选择菜单命令"开始"→"程序"，如果发现还存在 Oracle 相关的菜单项（如"Oracle－OraDb11g_home1"），则右击该菜单项，然后在弹出的快捷菜单中再单击"删除"即可。

如果前述第（2）步能够正常进行，Oracle 相关程序菜单项应已被自动删除。

（7）删除 Oracle 工作主目录。

Oracle 工作主目录为安装时指定，如"C:\program files\oracle"或"C:\ app"，通常直接删除该目录时会出错（无法删除），遇到这种情况可以重新启动计算机，然后再执行删除操作就可以了。

注意：如果卸载前数据库处于非正常状态（比如在安装过程中出错，于是中途结束安装并转入卸载操作，此时系统服务以及程序菜单项中可能尚未创建 Oracle 相关项目，本卸载操作的前两步也就无法进行），也可以跳过前两步，直接从第（3）步开始进行卸载操作。

说明：本卸载过程也是一些复杂系统彻底卸载操作的过程。

例 1.3 Oracle 配置管理工具简介

Oracle 的强大功能带来了一定的复杂性，Oracle 公司相应地提供了较多配置管理工具，以方便用户的使用。Oracle 常用的配置管理工具如下：

(1) Administration Assistant for Windows；
(2) Database Configuration Assistant(数据库配置助手)；
(3) Net Configuration Assistant(网络配置助手)；
(4) Oracle Net Manager(网络管理器)。

1. Administration Assistant for Windows

Oracle 的 Administration Assistant for Windows 是一种图形用户界面(GUI)工具，利用它可以轻松配置要由 Windows 操作系统验证的 Oracle 数据库管理员、操作者、用户和角色。

利用 Oracle 的 Administration Assistant for Windows 可以完成以下任务。

(1) 配置常规 Windows 域用户和全局组，使其不需输入口令即可访问 Oracle 数据库。

(2) 配置 Windows 数据库管理员(具有 SYSDBA 权限)，使其不需口令即可访问 Oracle 数据库。

(3) 配置 Windows 数据库操作者(具有 SYSOPER 权限)，使其不需口令即可访问 Oracle 数据库。

(4) 创建本地和外部操作系统数据库角色，并将其授予 Windows 域用户和全局组。

采用 Oracle 的 Administration Assistant for Windows 后，不再需要手动完成如下工作。

(1) 创建与数据库系统标识符(SID)和角色匹配的本地组。
(2) 将域用户分配给这些本地组。
(3) 按照语法 CREATE USER username IDENTIFIED EXTERNALLY 使用 SQL * Plus行模式对用户进行验证。

Oracle 的 Administration Assistant for Windows 可自动为用户执行上述任务。另外，使用 Oracle 的 Administration Assistant for Windows 还可以完成以下任务。

(1) 启动和停止 Oracle 数据库服务 OracleServiceSID。
(2) 配置 Oracle 数据库随服务 OracleServiceSID 启动或停止。
(3) 选择服务 OracleServiceSID 的启动类型。
(4) 修改 Oracle 主目录注册表参数。

在 Oracle 安装后的程序组(如图 1-10 所示)"配置和移植工具"中单击"Administration Assistant for Windows"，出现"Oracle Administration Assistant for Windows"窗口操作界面，如图 1-15 所示。

Oracle Administration Assistant for Windows 的具体使用略。

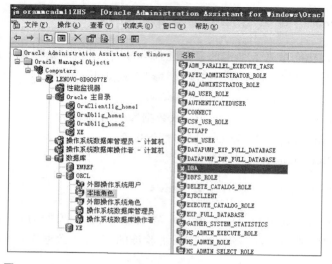

图 1-15　Oracle Administration Assistant for Windows 操作界面

2. Database Configuration Assistant（数据库配置助手）

使用 Database Configuration Assistant 可以创建数据库，配置现有数据库中的数据库组件，删除数据库，以及管理数据库模板等。

在 Oracle 安装后的程序组（如图 1-10）"配置和移植工具"中单击"Database Configuration Assistant"，出现"Database Configuration Assistant：欢迎使用"操作界面，如图 1-16 所示。

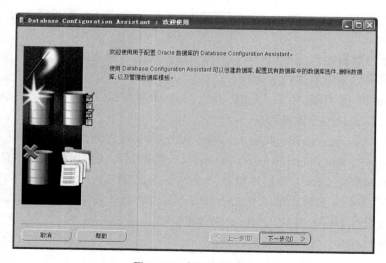

图 1-16　欢迎使用界面

单击"下一步"按钮，进入如图 1-17 所示的选择操作界面。这里有 4 种操作可选：创建数据库、配置数据库选件、删除数据库、管理模板。

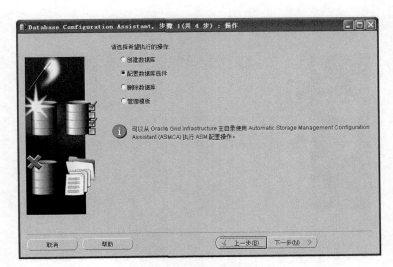

图 1-17　选择操作界面

这里选"配置数据库选件",再单击"下一步"按钮,进入图 1-18 选择要配置数据库。

图 1-18　选择要配置数据库

指定数据库后,单击"下一步"按钮。在数据库组件选定界面,可以选择要配置的组件(如图 1-19 所示),然后单击"下一步"按钮。

在出现的图 1-20 所示连接模式选择界面可指定数据库运行的默认模式。然后单击"完成"按钮来结束对数据库的配置工作。

3. Net Configuration Assistant(网络配置助手)

网络配置助手主要为用户提供 Oracle 数据库的监听程序配置、命名方法配置、本地 NET 服务名配置和目录使用配置。网络配置助手以向导的形式出现,使配制过程更加简单。

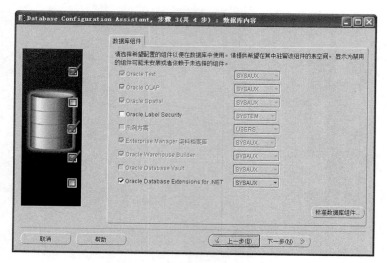

图 1-19　数据库组件选定界面

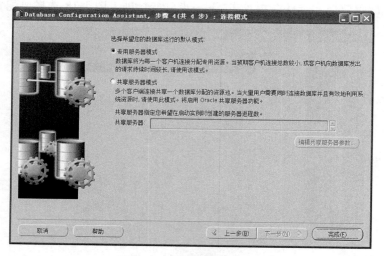

图 1-20　连接模式选择界面

在 Oracle 安装后的程序组（如图 1-10 所示）"配置和移植工具"中单击"Net Configuration Assistant"，出现"Oracle Net Configuration Assistant 欢迎使用"界面，如图 1-21 所示。

1）监听程序配置

监听器是 Oracle 基于服务器端的一种网络服务。监听器创建在数据库服务器上，主要作用是监视客户端的连接请求，并将请求转发给服务器。Oracle 监听器总是存在于数据库服务器端，因此在客户端创建监听器毫无意义。Oracle 监听器是基于端口的，即每个监听器占用一个端口，不可共用端口。

在图 1-21 中选择"监听程序配置"，单击"下一步"按钮，开始监听程序的添加、重新配

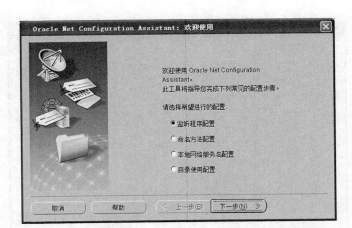

图 1-21 Oracle Net Configuration Assistant 欢迎使用界面

置、删除及重命名等配置工作。下面以添加监听程序为例,用图示的方式介绍简单的操作过程(不再用文字说明),如图 1-22～图 1-28 所示。

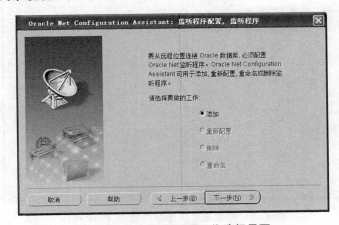

图 1-22 监听程序配置工作选择界面

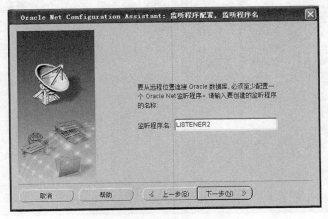

图 1-23 指定监听程序名

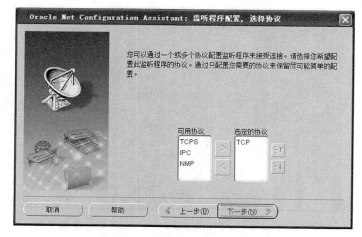

图 1-24　指定监听程序的协议

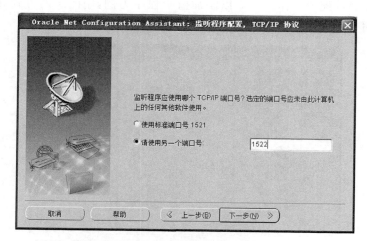

图 1-25　指定监听程序使用的 TCP/IP 端口

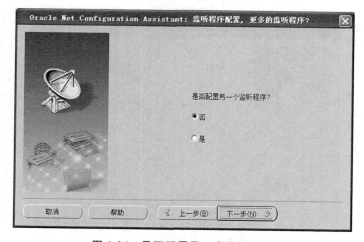

图 1-26　是否配置另一个监听程序

图 1-27　监听程序配置完成

图 1-28　配置后新加的服务

2) 命名方法配置

Oracle 客户端在连接数据库服务时,并不会直接使用数据库名等信息,而是使用连接标识符。连接标识符一般存储了连接的详细信息。定义连接标识符的方法主要有 5 种。

(1) 主机命名(Host Naming):客户端利用 TCP/IP 协议、Oracle Net Services 和

TCP/IP 协议适配器,仅凭主机地址即可建立与数据库的连接。

(2) 本地命名:使用在每个 Oracle 客户端的 tnsnames.ora 文件中配置和存储的信息来获得数据库的连接描述符,从而实现与数据库的连接。

(3) 目录命名:将数据库服务或网络服务名解析为连接描述符,该描述符存储在中央目录服务器中。

(4) Oracle Names:这是由 Oracle Names 服务器系统构成的 Oracle 目录服务,这些服务器可以为网络上的每个服务提供由名称到地址的解析。

(5) 外部命名:使用受支持的第三方命名服务。

在如图 1-21 所示的界面中选择"命名方法配置",单击"下一步"按钮,开始命名方法配置工作,如图 1-29 所示,这里有 4 种定义连接标识符的方法。其中已选定两种命名方法:本地命名和轻松连接命名,可用命名方法有两种:NIS 外部命名和目录命名。

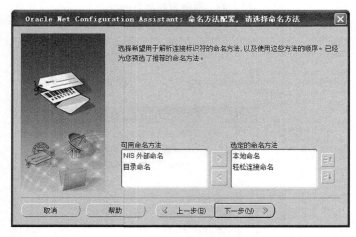

图 1-29 选择命名方法

命名方法配置一般比较简单,选定后单击"下一步"按钮进行具体配置(略)。

本配置操作会改变配置文本文件 sqlnet.ora,该文件位于"%ORACLE_HOME%\…\dbhome_1\network\ADMIN\sqlnet.ora"(%ORACLE_HOME%为 Oracle 安装主目录)。

3) 本地网络服务名配置

关于本地网络服务名配置,要让客户端能够正常地根据配置信息找到服务器以及服务器上的数据库,配置的核心内容为:服务器的 IP 地址、端口、SID 或 serviceName 等,这个配置使用"本地网络服务名配置"工具进行配置,实质上是对配置文件的操作,配置文件的位置是%ORACLE_HOME%\…\dbhome_1\network\ADMIN\tnsnames.ora,该文件是一个文本文件,格式如下:

```
ORCL2=
    (DESCRIPTION=
```

```
    (ADDRESS_LIST=
       (ADDRESS= (PROTOCOL=TCP)(HOST=LENOVO-8D90977E)(PORT=1521))
    )
    (CONNECT_DATA= (SERVICE_NAME=orcl)
  )
)
```

在"Oracle Net Configuration Assistant 欢迎使用"界面中选择"本地网络服务名配置",然后单击"下一步"按钮,展开具体的配置过程。下面以重新配置网络服务名为例,用图示的方式简单说明操作过程(不再用文字说明),如图 1-30～图 1-39 所示。

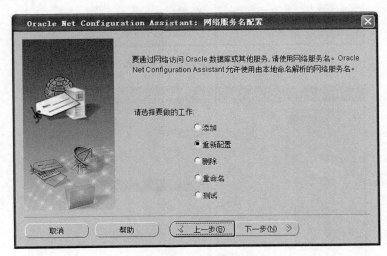

图 1-30 选择重新配置

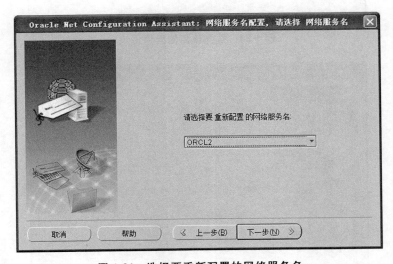

图 1-31 选择要重新配置的网络服务名

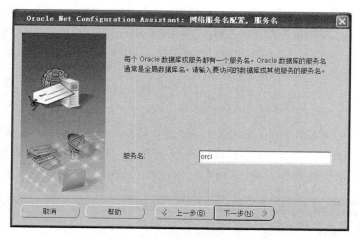

图 1-32　指定全局数据库名

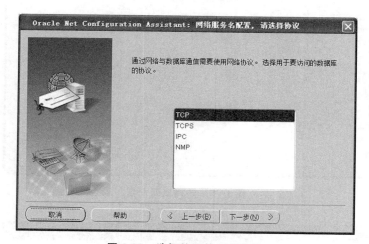

图 1-33　选择使用的网络协议

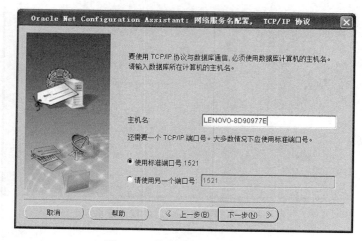

图 1-34　指定主机名与端口号

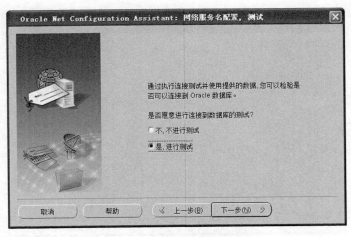

图 1-35　选择是否进行测试

图 1-36　连接测试情况

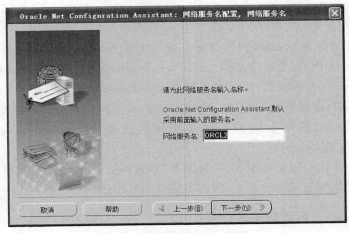

图 1-37　输入网络服务名称

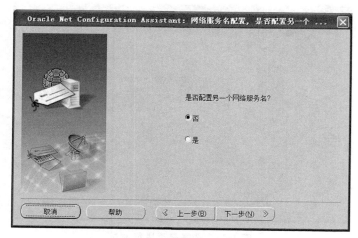

图 1-38　选择是否配置另一网络服务名

图 1-39　网络服务名配置完成

4）目录使用配置

本配置用于安装 Windows 的目录服务或 Oracle Internet Directory(OID)服务的情况。如果有许多台 PC 需要连接 Oracle Server，可以借助于 OID 简化名称服务的管理。例如，要修改 Oracle Server 的端口，如果用普通方式需要更改每台 PC 上的设置，用 OID 则只需要更改 OID 服务器上的配置；而在 Windows 的网内可以用组策略代替，不一定要配置 OID。为此，目前有两种目录类型可供选择：Oracle Internet Directory 和 Microsoft Active Directory。

一般情况下不用目录使用配置，直接配置"本地网络服务名配置"就可以了。

由于目录使用配置用得比较少，因此不再介绍其用法。

4. Net Manager(网络管理员)

Net Manager 具有和 Net Configuration Assistant 相似的功能。Net Configuration

Assistant 总是以向导的模式出现,可以引导初学者进行配置;而 Net Manager 则将所有配置步骤合到同一界面,更适合熟练用户进行操作。操作界面如图 1-40 所示。具体设置略。

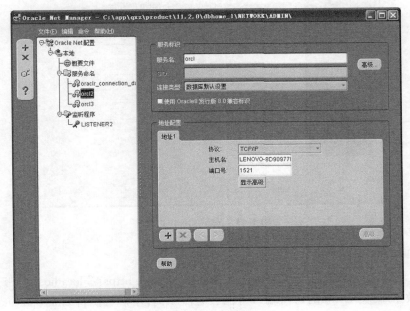

图 1-40　Net 配置界面

需要注意的是,监听程序是属于服务器端的概念,即监听永远处于服务器端。它负责将客户端的请求转发到相应的数据库实例。而 Net 服务名(即网络服务名)是客户端的概念,Net 服务名是客户端自定义的,只为本机服务。因此,会出现连接同一个数据库实例,但不同的客户机有不同的 Net 服务名的情况。当然,这些 Net 服务名的连接描述信息是相同的。

例 1.4　企业管理器(OEM)

有关 OEM 的介绍及其初步应用见第 0 章 0.2 节的内容,此略。

Oracle 企业管理器(Oracle Enterprise Manager,OEM)是 Oracle 提供的一个基于 Web 功能强大的图形化的数据库管理工具。通过 OEM,用户可以完成几乎所有原来只能通过命令行方式完成的工作,包括数据库对象、用户权限、数据文件和定时任务的管理,数据库参数的配置,备份与恢复,性能的检查与调优等。

如果想要使用 Oracle 企业管理器,在创建数据库时需要选择"Enterprise Manager 资料档案库"复选框,如图 1-41 所示。

可执行如下命令查看 OEM 进程的状态:

```
$ emctl status dbconsole              //查看 OEM 进程的状态
```

如果没有启动,则执行如下命令启动 OEM 进程:

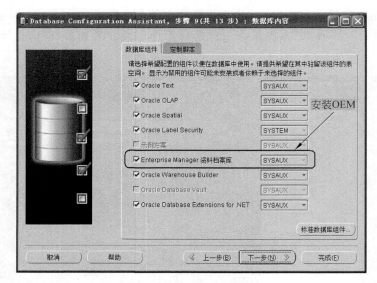

图 1-41 安装 OEM 组件

```
$emctl start dbconsole                    //启动 OEM 进程
```

确定 OEM 已经启动后，打开浏览器，在地址栏中输入 https://localhost:1158/em（不同主机上的数据库，其 OEM 的访问端口可能会有所不同，用户可执行 emctl status dbconsole 命令获取实际的访问地址和端口）并回车，打开如图 1-42 所示的 OEM 登录页面。

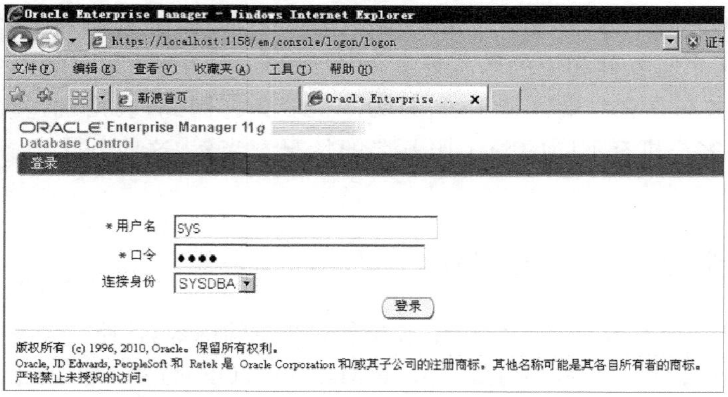

图 1-42 OEM 登录页面

在登录页面中输入用户名和口令，如果输入的用户是 SYS，则需要在连接身份中选择 SYSDBA，然后单击"登录"按钮，进入如图 1-43 所示的"主目录"页面。

在该页面中可以查看数据库状态、实例名、开始运行时间、当前的 CPU 使用情况、活动会话数、SQL 响应时间、诊断概要、空间概要和预警等信息。单击"查看数据"的上、下三角按钮可以更改页面的自动刷新时间，要手动刷新页面数据可单击"刷新"按钮。如果要进行其他的操作，可以单击页面上的"性能"、"可用性"、"服务器"、"方案"、"数据移动"以及"软件和支持"链接，进入相应的操作页面。

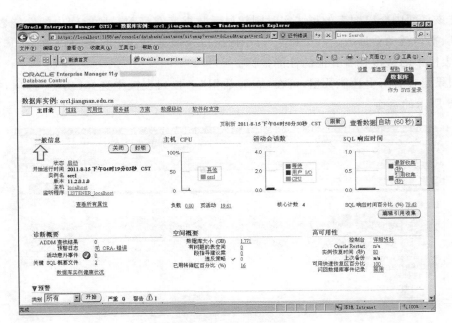

图 1-43　OEM"主目录"页面

1．数据库性能

在 Oracle 企业管理器中可以查看 Oracle 数据库的实时或历史性能信息，从图 1-43 的页面中单击"性能"链接，可进入如图 1-44 所示的性能查看页面。

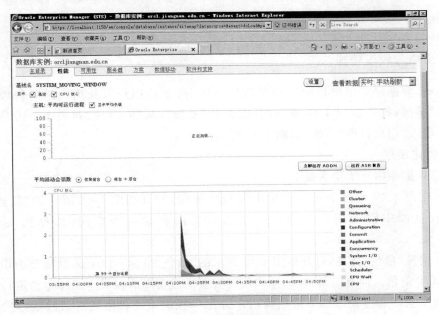

图 1-44　性能查看页面

在该页面中会以图表的形式实时刷新显示数据库在当前一段时间内的性能数据,包括主机、平均活动会话数、吞吐量、I/O、并行执行及服务等。用户也可以单击"其他监视链接"表格中的链接查看其他的性能指标。

如果要查看历史性能数据,可在"查看数据"下拉列表框中选择"历史"选项,打开如图 1-45 所示的页面。

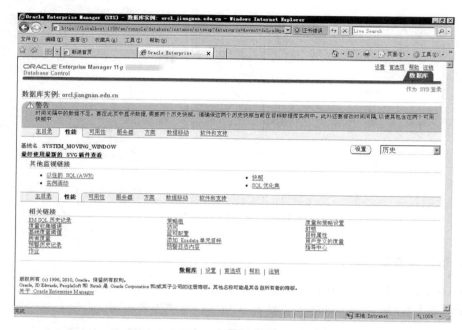

图 1-45　查看历史性能

2. 用户与权限管理

Oracle 数据库对用户权限进行了严格的区分,支持用户以及用户组的管理。单击"服务器"链接,打开如图 1-46 所示的"服务器"页面。从"安全性"列表中单击"用户"链接,即可进入"用户管理"页面,如图 1-47 所示。

1) 创建用户

创建数据库用户的步骤如下。

(1) 在图 1-47 所示的页面中单击"创建"按钮,打开如图 1-48 所示的"创建用户"页面。在页面中输入用户名、口令、默认表空间和临时表空间,选择概要文件等信息。

(2) 选择"角色"标签,打开如图 1-49 所示的"角色"页面。Oracle 默认会为用户授予 CONNECT 角色。拥有该角色后,用户便拥有登录数据库的权限。通过角色进行权限的授予将更加灵活和方便。如果希望为用户分配单独的系统权限或对象权限,可选择"系统权限"和"对象权限"标签进行授权。

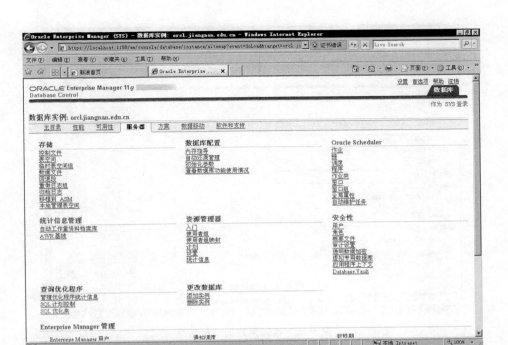

图 1-46 "服务器"页面

图 1-47 用户管理

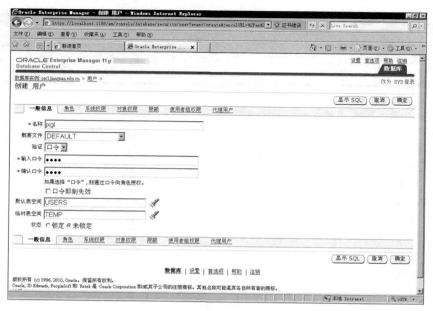

图 1-48　输入用户的一般信息

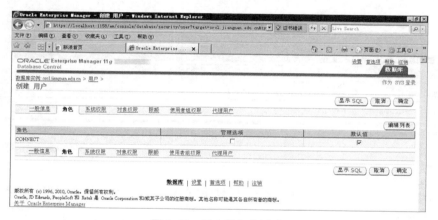

图 1-49　用户的角色列表

注意：Oracle 的用户权限分为系统权限和对象权限，其中系统权限是针对系统管理，如创建数据文件和管理用户等。而对象权限则是针对数据库中的对象操作，如表数据的插入和删除等权限。Oracle 还支持以角色的形式进行授权，所谓角色其实就是一个权限组，管理员可以把一批权限授予该角色，然后把角色授予用户，这样用户就可以拥有角色中的所有权限。

（3）单击"编辑列表"按钮，打开如图 1-50 所示的"修改角色"页面。在"可用角色"列表框中列出了可以授予该用户的角色列表，"所选角色"列表框中列出的是已经授予用户的角色列表。通过两个列表框之间的方向按钮可以对用户的角色进行授予和回收。完成后单击"确定"按钮，返回图 1-49 所示的页面。

（4）最后，在图 1-49 的页面中单击"确定"按钮，完成用户的创建。

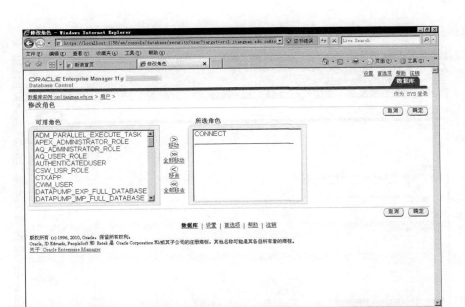

图 1-50 "修改角色"页面

2）编辑和删除用户

如果要编辑或删除用户，可以在如图 1-47 所示的"用户"页面中选中需要操作的用户，然后单击"编辑"或"删除"按钮进行操作。

3. 数据表管理

在图 1-43 的"主目录"页面中单击"方案"链接，打开如图 1-51 所示的"方案"页面。

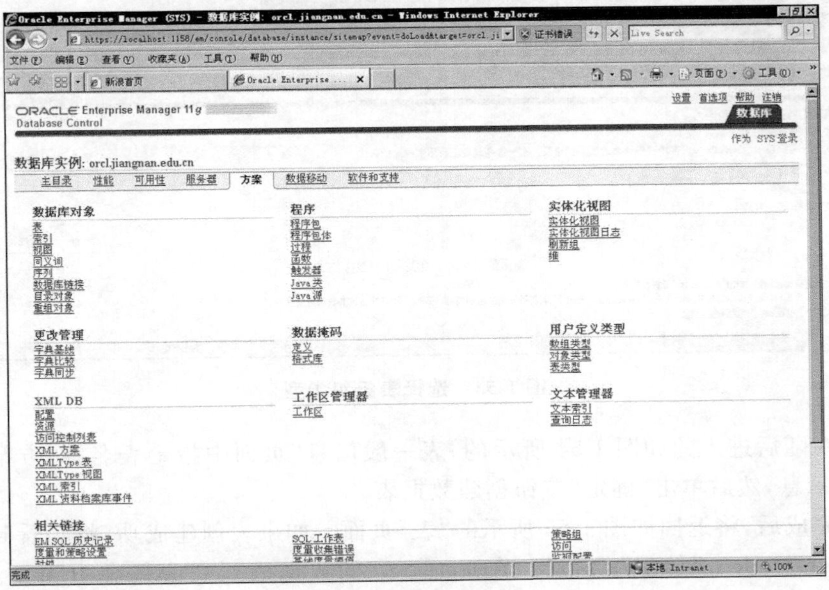

图 1-51 "方案"页面

从"数据库对象"列表中单击"表"链接,即可进入"表管理"页面,如图 1-52 所示。

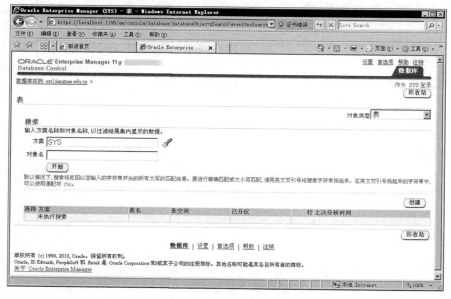

图 1-52 "表管理"页面

1) 创建数据表

在 OEM 中创建数据表的步骤如下。

(1) 在图 1-52 的页面中单击"创建"按钮,打开如图 1-53 所示的"创建表:表组织"页面。选择"标准(按堆组织)"单选按钮,然后单击"继续"按钮。

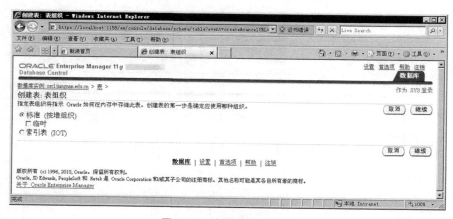

图 1-53 选择表组织类型

(2) 在随后进入的如图 1-54 所示的"表一般信息"页面中指定表名称、方案、表空间和表列等信息,然后单击"确定"按钮创建数据表。

(3) 完成后,将返回如图 1-55 所示的"表"页面。如果表创建成功,将会看到"已成功创建表 jxgl. student"的提示信息。在页面下方的数据表列表中将会看到新添加的数据表。

实验 1　数据库系统基本操作　53

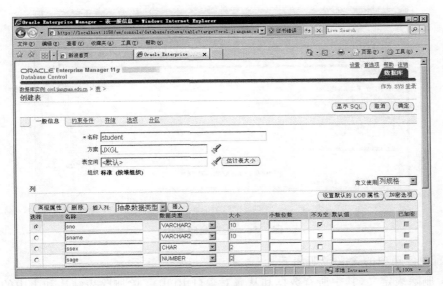

图 1-54　指定表信息

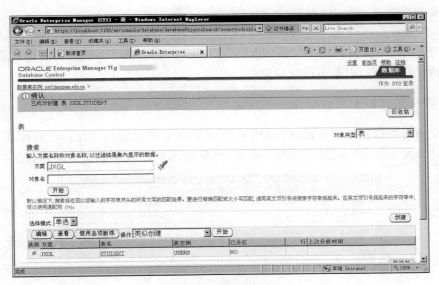

图 1-55　表创建成功

2) 编辑数据表

如果要对数据表进行编辑,可在图 1-55 所示的页面中选中需要编辑的表,然后单击"编辑"按钮进行操作。

3) 删除数据表

如果要删除数据表,可在图 1-55 所示的页面中选中需要删除的表,然后单击"使用选项删除"按钮,打开如图 1-56 所示的"确认"页面。在其中单击"删除表定义,其中所有数据和从属对象(DROP)"单选按钮,然后单击"是"按钮。

图 1-56 选择删除类型

页面中各选项的含义说明如下。

(1) 删除表定义,其中所有数据和从属对象(DROP):除删除表结构和表中的所有数据外,还会删除从属于该表的索引和触发器。而与之相关的视图、PL/SQL 程序和同义词将会变为无效。

(2) 仅删除数据(DELETE):使用 DELETE 语句删除表中的数据,数据可以回退。

(3) 仅删除不支持回退的数据(TRUNCATE):使用 TRUNCATE 语句删除表中的数据,执行效率更高,但是不可回退数据。

4. 表空间与数据文件操作

表空间与数据文件能方便地在 OEM 管理页面中加以管理与操作。在图 1-46 所示"服务器"页面上单击"表空间"链接式菜单,出现如图 1-57 所示的表空间管理页面。在该

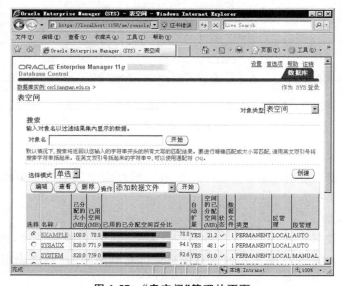

图 1-57 "表空间"管理的页面

页面中输入表空间对象名能查找定位到具体表空间,在选定某个表空间和操作类型后单击"开始"按钮能启动相应操作;单击"编辑"、"查看"或"删除"按钮,能完成对选定表空间的相应操作;页面右上角"对象类型"下拉列表框能选定包括表空间在内的对象类型来加以操作。

在图 1-57 中单击某具体表空间名(如 EXAMPLE),能查看到该表空间的信息,包括表空间的数据文件等信息,如图 1-58 所示;在图 1-57 中将操作选定为"添加数据文件"或

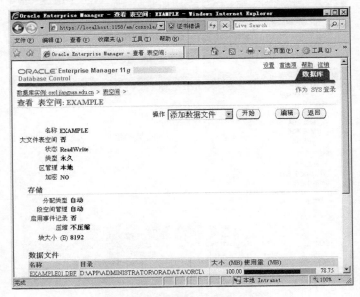

图 1-58　查看某表空间属性的页面

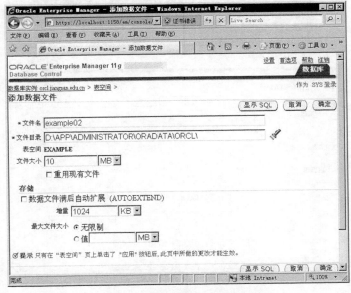

图 1-59　对某表空间添加数据文件

在图 1-58 中将操作选定为"添加数据文件"后,单击"开始"按钮,可打开添加数据文件页面,如图 1-59 所示,其中输入各有效参数后单击"确定"按钮,即完成某个表空间数据文件的添加工作。图 1-60 为添加数据文件后的表空间属性的页面,在图 1-57 中选定某表空间后,单击"编辑"按钮,分别显示该表空间的一般信息、存储信息和阈值信息等,如图 1-61~图 1-63 所示。

图 1-60　添加数据文件后表空间属性的页面

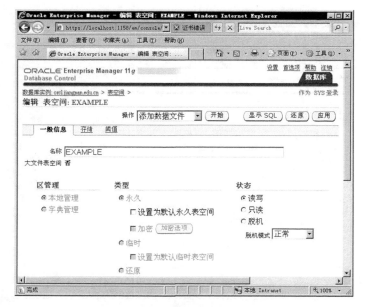

图 1-61　编辑表空间属性的一般信息

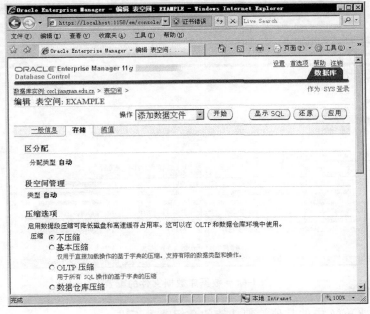

图 1-62　编辑表空间属性的存储

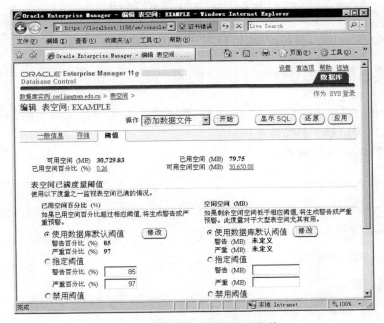

图 1-63　编辑表空间属性的阈值

在图 1-46 所示的"服务器"页面上单击"数据文件"链接式菜单,出现如图 1-64 所示的数据文件管理页面。在图 1-64 中可实现对数据文件进行编辑、信息查看、删除和数据文件创建等操作,具体说明略。对表空间的命令式操作请参见实验 3。

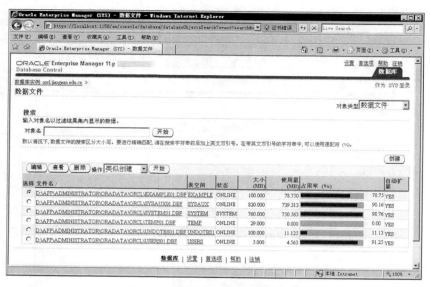

图 1-64　数据库数据文件的配置

限于篇幅，OEM 中的其他管理功能的介绍略去不讲。

例 1.5　企业管理器（OEM）运行异常的解决

1. http://localhost:1158/em 运行不正常的问题解决办法

可用如下两种方法尝试解决 https://localhost:1158/em 运行不正常的问题。
1）方法 1

登录 https://localhost:1158/em 之后，看到数据库实例都是关闭的，不能启动。可在进入 DOS 后尝试如下解决的办法。

（1）查看 dbconsole 状态：

emctl status dbconsole

显示：Environment variable ORACLE_SID not defined. Please define it.
（2）重新设置环境变量：

set oracle_sid=数据库的 sid

（3）重新配置 em：

emca -config dbcontrol db

操作与显示如下：

C:\Documents and Settings\whtai>emca -config dbcontrol db
EMCA 开始于 2011-8-21 16:48:45
EM Configuration Assistant, 11.1.0.5.0 正式版

版权所有 (c) 2003, 2005, Oracle。保留所有权利。
输入以下信息：
数据库 SID: orcl
已为数据库 orcl 配置了 Database Control
您已选择配置 Database Control，以便管理数据库 orcl
此操作将移去现有配置和默认设置，并重新执行配置
是否继续？[是(Y)/否(N)]: y
监听程序端口号: 1521
SYS 用户的口令: ******
DBSNMP 用户的口令: ******
SYSMAN 用户的口令: ******
通知的电子邮件地址 (可选):
通知的发件 (SMTP) 服务器 (可选):

已指定以下设置
数据库 ORACLE_HOME .... c:\app\qxz\product\11.2.0\dbhome_1
本地主机名 192.168.11.74
监听程序端口号 1521
数据库 SID .... orcl
通知的电子邮件地址 ....
通知的发件 (SMTP) 服务器 ....

是否继续？[是(Y)/否(N)]: y
2011-8-21 16:51:07 oracle.sysman.emcp.EMConfig perform
信息: 正在将此操作记录到
c:\app\qxz\cfgtoollogs\emca\orcl\emca_2011_08_21_16_48_44.log。
2011-8-21 16:51:36 oracle.sysman.emcp.util.DBControlUtil stopOMS
信息: 正在停止 Database Control (此操作可能需要一段时间)
2011-8-21 16:53:34 oracle.sysman.emcp.EMReposConfig uploadConfigDataToRepository
信息: 正在将配置数据上载到 EM 资料档案库 (此操作可能需要一段时间)…
2011-8-21 16:56:44 oracle.sysman.emcp.EMReposConfig invoke
信息: 已成功上载配置数据
2011-8-21 16:56:58 oracle.sysman.emcp.util.DBControlUtil configureSoftwareLib
信息: 软件库已配置。
2011-8-21 16:56:58 oracle.sysman.emcp.util.DBControlUtil configureSoftwareLib
信息: 将忽略 EM_SWLIB_STAGE_LOC (值)。
2011-8-21 16:56:59 oracle.sysman.emcp.util.DBControlUtil secureDBConsole
信息: 正在保护 Database Control (此操作可能需要一段时间)
2011-8-21 16:57:15 oracle.sysman.emcp.util.DBControlUtil secureDBConsole
信息: 已成功保护 Database Control。
2011-8-21 16:57:15 oracle.sysman.emcp.util.DBControlUtil startOMS
信息: 正在启动 Database Control (此操作可能需要一段时间)…
2011-8-21 16:59:16 oracle.sysman.emcp.EMDBPostConfig performConfiguration
信息: 已成功启动 Database Control。

```
2011-8-21 16:59:18 oracle.sysman.emcp.EMDBPostConfig performConfiguration
信息:>>>Database Control URL 为 https://192.168.11.74:1158/em<<<<
2011-8-21 16:59:29 oracle.sysman.emcp.EMDBPostConfig invoke
警告:
****************************WARNING****************************
```
管理资料档案库已置于安全模式下,在此模式下将对 Enterprise Manager 数据进行加密。加密密钥已放置在文件 c:\app\qxz\product\11.2.0\dbhome_1\192.168.11.74_orcl\sysman\config\emkey.ora 中。请务必备份此文件,因为如果此文件丢失,则加密数据将不可用。
```
****************************************************************
```
已成功完成 Enterprise Manager 的配置
EMCA 结束于 2011-8-21 16:59:29

2) 方法 2

这是一种常规的操作方法,步骤如下。

(1) 删除当前的 Database Control 资料档案库:

```
emca-repos drop
```

(2) 创建新的 Database Control 资料库:

```
emca-repos create
```

(3) 配置部署 Database Control 资料库:

```
emca-config dbcontrol db
```

只有在此步完成之后,才能在"控制面板"—"管理工具"—"服务"中看到,本例中为 OracleDBConsoleORCL。

(4) 查看 em 的状态:

```
emctl status dbconsole
```

启动 Oracle Enterprise Manager 服务的命令为:

```
emctl start dbconsole
```

注意:在启动的过程中可以看到要访问的地址。停止 Oracle Enterprise Manager 服务的命令为:

```
emctl stop dbconsole
```

处理过程如下:

```
C:\Documents and Settings\Administrator>emctl start dbconsole
Environment variable ORACLE_UNQNAME not defined. Please set ORACLE_UNQNAME to database unique name.
C:\Documents and Settings\Administrator>set oracle_sid=orcl
C:\Documents and Settings\Administrator>set ORACLE_UNQNAME=orcl
C:\Documents and Settings\Administrator>emctl start dbconsole
```

Oracle Enterprise Manager 11g Database Control Release 11.2.0.1.0
Copyright (c) 1996, 2010 Oracle Corporation. All rights reserved.
https://localhost:1158/em/console/aboutApplication
Starting Oracle Enterprise Manager 11g Database Control 请求的服务已经启动。然后在浏览器中输入 https://hostname:1158/em (如 https://localhost:1158/em) 就可以了。

2. 常用命令

创建一个 EM 资料库：

emca - repos create

重建一个 EM 资料库：

emca - repos recreate

删除一个 EM 资料库：

emca - repos drop

配置数据库的 Database Control：

emca - config dbcontrol db

删除数据库的 Database Control 配置：

emca - deconfig dbcontrol db

重新配置 db control 的端口，默认端口在 1158：

emca - reconfig ports|emca - reconfig ports - dbcontrol_http_port 1160|emca - reconfig ports - agent_port 3940

设置 ORACLE_SID 环境变量后，启动 EM console 服务：

emctl start dbconsole

设置 ORACLE_SID 环境变量后，停止 EM console 服务：

emctl stop dbconsole

设置 ORACLE_SID 环境变量后，查看 EM console 服务的状态：

emctl status dbconsole

配置 dbconsole 的步骤：

(1) emca -repos create

(2) emca -config dbcontrol db

(3) emctl start dbconsole

重新配置 dbconsole 的步骤：

(1) emca -repos drop

(2) emca -repos create

(3) emca -config dbcontrol db

(4) emctl start dbconsole

若 IP 地址改变了,可试执行如下命令:

C:\> set ORACLE_SID=ORCL

C:\> emca - repos recreate

C:\> emca - deconfig dbcontrol db

* 实验内容与要求

1. 选择一个常用的数据库产品,如 Oracle、MS SQL Server、DB2、Visual FoxPro、Sybase 或 Informix 等,进行实际的安装操作,并记录安装过程。可参照实验示例,在安装了某 Windows 操作系统的计算机上亲自安装 SQL Server 2005 的某一版本,并记录安装机器的软件、硬件平台和网络状况等。

2. 运行选定的数据库产品,了解数据库的启动与停止、运行与关闭等情况。了解数据库系统可能有的运行参数、启动程序所在目录以及其他数据库文件所在目录等情况。可参照实验示例,重点对 Oracle 11g 数据库管理系统实施基本操作。

3. 熟悉数据库产品安装后的程序组与程序项,了解其能完成的不同管理功能与作用。熟悉数据库产品的主要管理与配置工作,熟悉数据库产品基本功能的操作方法。

4. 利用 SQL Plus 等实践连接数据库、查询数据、创建表和更新表数据等基本操作。

5. 登录 Oracle 的官方网站,了解 Oracle 产品的发展变化情况、Oracle 数据库帮助系统以及其他软件产品等。

6. 了解数据库系统提供的其他辅助工具,并初步了解其功能,初步掌握其使用方法。

7. 选择若干典型的数据库管理系统产品,如 SQL Server 系列、Visual FoxPro 系列、Access 系列或 DB2 等,了解它们包含哪些主要模块及各模块主要功能;初步比较各数据库管理系统在功能上的异同和强弱。

8. 根据以上的实验示例和实验内容与要求,在上机操作后编写实验报告。

实验 2

数据库基本操作

实验目的

掌握数据库的基础知识,了解数据库的物理组织与逻辑组成情况,学习创建、修改、查看和删除等数据库的基本操作方法。

背景知识

数据库管理系统是操作与管理数据的系统软件,它一般都提供两种操作与管理数据的手段:一种是相对简单易学的交互式界面操作方法;另一种是通过命令或代码(如在 Oracle 中称为 PL/SQL)的方式来操作与管理数据的使用方法。前一种方法无须掌握命令,初学者能较快地掌握,是本次实验重点要介绍和安排的实验内容。

中大型数据库系统的数据组织方式一般是:数据库是一个逻辑总体,它由表、视图、存储过程、索引和用户等其他众多的逻辑单位组成。数据库作为一个整体对应于磁盘中的一个或多个磁盘文件,其中一般一类文件用于存放数据,另一类文件用于存放日志信息。Oracle 即是这种组织方式。

默认情况下,数据和事务日志被放在同一个驱动器的同一个路径下,这是为处理单磁盘系统而采用的方法。但是,在实际企业应用环境中,这可能不是最佳的方法。建议将数据和日志文件放在不同的磁盘上。

实验示例

创建数据库是实施数据库应用系统的第一步,创建结构合理的数据库需要合理地规划与设计,需要了解数据库的物理存储结构与逻辑结构。数据库是表的集合,数据库中包含的各类对象,如视图、索引、存储过程、同义词、可编程性对象和安全性对象等,都是以表的形式存储在数据库中的。

例 2.1 创建数据库

组织和管理数据库系统时,必须首先建立数据库。在 Oracle 中建立数据库通常有两种方法。

一种方法是使用 Oracle 的建库工具 DBCA(Database Configuration Assistant)，它是一个图形界面工具，使用起来方便，且很容易理解，这是因为它的界面友好、美观，而且提示也比较齐全。在 Windows 系统中，这个工具可以在 Oracle 程序组中打开(选择"开始"→"程序"→"Oracle-OraDb11g_home1"→"配置和移植工具"→"Database Configuration Assistant")，也可以在命令行(选择"开始"→"运行"→"cmd")工具中直接输入 DBCA 来打开。

另一种方法就是手工建库。

下面简单介绍这两种不同的创建数据库的方法。

1. 使用 Oracle Database Configuration Assistant 建立数据库

使用 DBCA 建立数据库要经历如下的步骤。

(1) DBCA 欢迎页(首页)；
(2) DBCA 操作选择(选择创建数据库)；
(3) 数据库模板选择(选择一般用途或事务处理)；
(4) 指定数据库标识(指定全局数据库名与唯一系统标识符 SID)；
(5) 管理选项指定(选择 EM、配置 Database Control 以进行本地管理)；
(6) 管理员口令指定(指定系统管理员口令)；
(7) 网络配置(指定或注册监听程序)；
(8) 数据库存储类型与存储位置指定(指定数据库存储类型与存储位置)；
(9) 恢复配置(指定快速恢复区的位置与大小)；
(10) 数据库内容配置(选定数据库示例方案)；
(11) 数据库初始化参数指定(选定数据库初始化参数)；
(12) 数据文件位置指定(指定数据文件位置)；
(13) 创建数据库(完成数据库设置、开始数据库创建)。经历 13 步设置正确的话即创建了一个新数据库。

具体的操作见图 2-1 到图 2-13 所示。

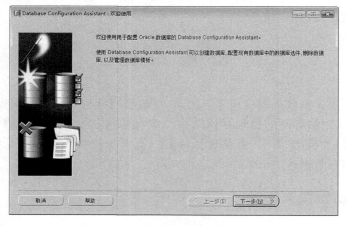

图 2-1　DBCA 欢迎页

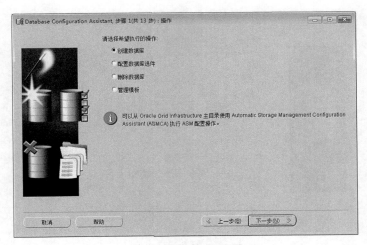

图 2-2　DBCA 操作选择

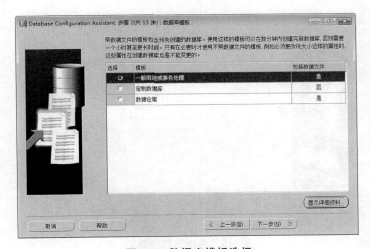

图 2-3　数据库模板选择

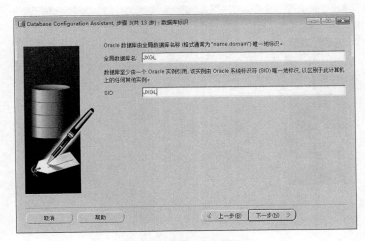

图 2-4　指定数据库标识

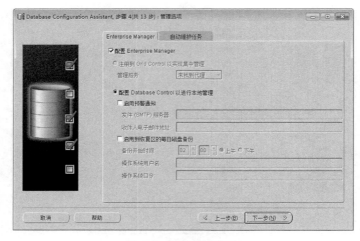

图 2-5 管理选项指定

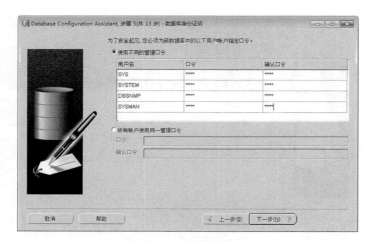

图 2-6 管理员口令指定

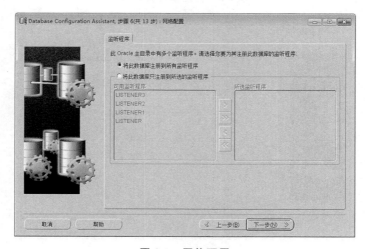

图 2-7 网络配置

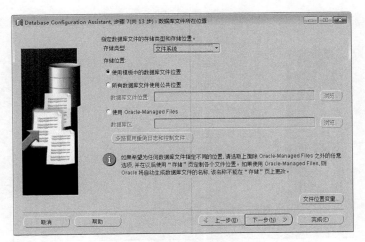

图 2-8 数据库文件位置指定

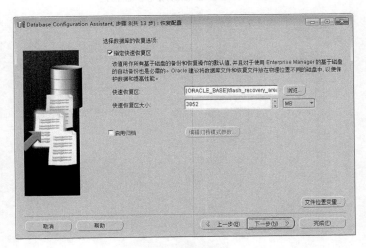

图 2-9 恢复配置

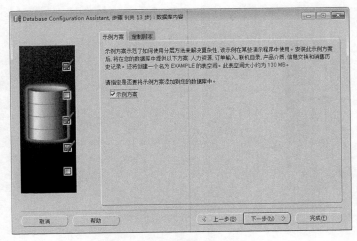

图 2-10 数据库内容配置

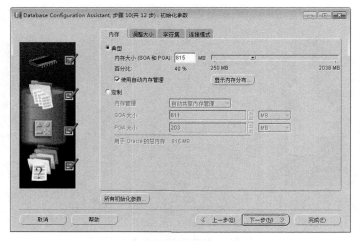

图 2-11　数据库初始化参数指定

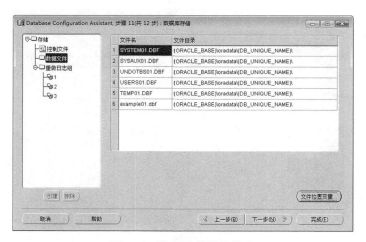

图 2-12　数据文件位置指定

图 2-13　创建数据库

2. 手工建库

手工建库与使用 DBCA 建库相比,是比较麻烦的,但是如果掌握了手工建库,就可以更好地理解 Oracle 数据库的体系结构。手工建库需要经过以下步骤,每一个步骤都非常关键。

(1) 创建相关目录(数据文件和跟踪文件)(假设要创建 KCGL 数据库,Oracle 已安装在"C:\app\qxz"目录下)

在 C:\app\qxz\admin 目录下创建 KCGL 文件夹;
在 C:\app\qxz\admin\KCGL 目录下创建 adump 文件夹;
在 C:\app\qxz\admin\KCGL 目录下创建 dpdump 文件夹;
在 C:\app\qxz\admin\KCGL 目录下创建 pfile 文件夹;
在 C:\app\qxz\oradata 目录下创建 KCGL 文件夹。

(2) 创建初始化参数文件。

首先复制 C:\app\qxz\admin\orcl\pfile 目录下的参数文件 init.ora.*(*为数字扩展名)到 C:\app\qxz\product\11.2.0\dbhome_1\database 目录下,将文件名修改为 initKCGL.ora,最后用记事本打开这个参数文件,修改如下几个参数的值:

```
audit_file_dest=C:\app\qxz\admin\KCGL\adump
db_name=KCGL
control_files= ("C:\app\qxz\oradata\KCGL\control01.ctl","C:\app\qxz\oradata\KCGL\control02.ctl")
```

(3) 打开 DOS 窗口,设置环境变量:

```
Set oracle_sid=KCGL
```

(4) 创建服务:

```
Oradim-new-sid KCGL
```

(5) 创建口令文件

```
Orapwd file=C:\app\qxz\product\11.2.0\dbhome_1\database\pwdKCGL.ora
Password=12345
```

(6) 启动服务器:

```
Sqlplus/nolog
Conn/as sysdba
Startup nomount
```

(7) 执行建库脚本:

```
CREATE DATABASE KCGL
datafile 'c:\app\qxz\oradata\KCGL\system01.dbf' size 300m
autoextend on next 10m extent management local
Sysaux datafile 'c:\app\qxz\oradata\KCGL\sysaux01.dbf' size 120m
```

```
undo tablespace undotbs1
datafile 'c:\app\qxz\oradata\KCGL\undotbs01.dbf' size 100m
        default temporary tablespace temptbs1
tempfile 'c:\app\qxz\oradata\KCGL\temp01.dbf' size 50m
logfile group 1 ('c:\app\qxz\oradata\KCGL\redo01.log') size 50m,
        group 2 ('c:\app\qxz\oradata\KCGL\redo02.log') size 50m,
        group 3 ('c:\app\qxz\oradata\KCGL\redo03.log') size 50m;
```

用记事本编辑以上内容，假定保存为 C:\CREATEKCGL.sql 文件，然后执行这个脚本。

```
Start C:\CREATEKCGL.sql
```

不管出现哪种错误，都要删除 C:\app\qxz\oradata\KCGL 目录下创建的所有文件，改正错误后，重新启动实例，再执行建库脚本。

（8）创建数据字典和包：

```
Start C:\app\qxz\product\11.2.0\dbhome_1\RDBMS\ADMIN\catalog
Start C:\app\qxz\product\11.2.0\dbhome_1\RDBMS\ADMIN\catproc
```

（9）执行 pupbld.sql 脚本文件：

切换成 system 用户执行如下命令：

```
Conn system/manager
Start C:\app\qxz\product\11.2.0\dbhome_1\sqlplus\admin\pupbld
```

（10）执行 scott 脚本创建 scott 方案：

```
Start C:\app\qxz\product\11.2.0\dbhome_1\RDBMS\ADMIN\scott.sql
```

这时需要修改密码：

```
Conn/as sysdba
Alter user scott identified by tiger;
```

再连接 scott：

```
Conn scott/tiger
```

（11）执行以下命令：

```
select * from dept;
```

能显示出 dept 表的结果，表示新数据库 KCGL 已安装成功了。

例 2.2　查看数据库

1. 查看表空间的名称及大小

```
select tablespace_name,min_extents,max_extents,pct_increase,status from dba_tablespaces;
```

```
select tablespace_name,initial_extent,next_extent,contents,logging,
extent_management,allocation_type from dba_tablespaces order by tablespace_name;
select t.tablespace_name, round(sum(bytes/(1024*1024)),0) ts_size from dba_
tablespaces t, dba_data_files d where t.tablespace_name=d.tablespace_name
group by t.tablespace_name;
```

2. 查看表空间物理文件的名称及大小

```
column db_block_size new_value blksz noprint;
select value db_block_size from v$parameter where name='db_block_size';
column tablespace_name format a16;
column file_name format a60;
set linesize 160;                --为 sqlplus 命令
select file_name,round(bytes/(1024*1024),0) total_space,autoextensible,increment_by
*&blksz/(1024*1024) as incement,maxbytes/(1024*1024) as maxsize from dba_data_files
order by tablespace_name;        --blksz 一般为 8192
select tablespace_name, file_id, file_name,round(bytes/(1024*1024),0) total_space
from dba_data_files order by tablespace_name;
```

3. 查看回滚段名称及大小

```
select a.owner||'.'||a.segment_name roll_name , a.tablespace_name tablespace , to_
char(a.initial_extent)||'/'||to_char(a.next_extent) in_extents , to_char(a.min_
extents)||'/'||to_char(a.max_extents) m_extents , a.status status , b.bytes bytes , b.
extents extents , d.shrinks shrinks , d.wraps wraps , d.optsize opt from dba_rollback_
segs a , dba_segments b , v$rollname c , v$rollstat d where a.segment_name=b.segment_
name and a.segment_name=c.name (+) and c.usn=d.usn (+) order by a.segment_name;
select segment_name, tablespace_name, r.status, (initial_extent/1024) InitialExtent,
(next_extent/1024) NextExtent, max_extents, v.curext CurExtent From dba_rollback_segs
r, v$rollstat v Where r.segment_id=v.usn(+) order by segment_name ;
```

4. 查看控制文件

```
select name from v$controlfile;
```

5. 查看日志文件

```
select member from v$logfile;
```

6. 查看表空间的使用情况

```
select * from (select sum(bytes)/(1024*1024) as "free_space(m)",tablespace_name from
dba_free_space group by tablespace_name) order by "free_space(m)";
select a.tablespace_name,a.bytes total,b.bytes used, c.bytes free, (b.bytes*100)/a.
bytes "%used",(c.bytes*100)/a.bytes "%free" from sys.sm$ts_avail a,sys.sm$ts_used b,
```

sys.sm$ts_free c where a.tablespace_name=b.tablespace_name and a.tablespace_name=c.tablespace_name;

7. 查看数据库对象

select owner,object_type,status,count(*) count# from all_objects group by owner,object_type,status;

8. 查看数据库的版本

select * from v$version;
Select version FROM Product_component_version Where SUBSTR(PRODUCT,1,6)='Oracle';

9. 查看数据库的创建日期和归档方式

select created,log_mode,log_mode from v$database;

10. 查看临时数据库文件

select status,enabled,name from v$tempfile;

例 2.3 维护数据库

Oracle 10g 以后可以用数据库自带的管理软件维护,有网页版本的 EM(企业管理器)和 C/S 客户端版本的 EM 等来维护数据库。

以前 DB2、Oracle 都比较侧重于命令行的操作,但是逐步图形化的交互操作将代替麻烦的命令行操作。

DBA 要定时对数据库的连接情况进行检查,看与数据库建立的会话数目是不是正常,如果建立了过多的连接,会消耗数据库的资源。同时,对一些"挂死"的连接,可能需要 DBA 手工进行清理。

首先要说明的是,不同版本的数据库提供的系统表会有不同,可以根据数据字典查看该版本数据库所提供的表,查看表的命令如下:

select * from dict where table_name like '%SESSION%';

就可以查出一些表,然后根据这些表就可以获得会话信息。以下命令是查询当前正在操作的会话:

select sid,serial#,status,username,schemaname,osuser,terminal,machine,program,a.name from v$session s,audit_actions a where s.command=a.action;

1. 查看数据库的连接情况

以下的 SQL 语句列出当前数据库建立的会话情况:

```
select sid,serial#,username,program,machine,status from v$session;
```

其中,sid 为会话(session)的 ID 号;

serial# 为会话的序列号,和 sid 一起用来唯一标识一个会话;

username 为建立该会话的用户名;

program 指明这个会话是用什么工具连接到数据库的;

status 为当前这个会话的状态,active 表示会话正在执行某些任务,inactive 表示当前会话没有执行任何操作;

如果 DBA 要手工断开某个会话,则执行:

```
alter system kill session 'SID,SERIAL#';
```

注意:上例中 sid 为 1~7(username 列为空)的会话,是 Oracle 的后台进程,不要对这些会话进行任何操作。

2. 常用数据库信息查看命令

(1) 在 Oracle 中查看总共有哪些用户:

```
select * from all_users;
```

(2) 查看 Oracle 当前连接数:

怎样查看 Oracle 当前的连接数呢?只需要用下面的 SQL 语句查询就可以了。

```
select * from v$session where username is not null select username,count(username) from
v$session where username is not null group by username  #查看不同用户的连接数
select count(*) from v$session#连接数
Select count(*) from v$session where status='ACTIVE' #并发连接数
```

(3) 列出当前数据库建立的会话情况:

```
select sid,serial#,username,program,machine,status from v$session;
```

3. Oracle 警告日志文件监控

Oracle 在运行过程中,会在警告日志文件(alert_SID.log)中记录数据库的如下一些运行情况。

(1) 数据库的启动和关闭,启动时的非默认参数。

(2) 数据库的重做日志切换情况,记录每次切换的时间,及如果因为检查点(checkpoint)操作没有执行完成造成不能切换,将记录不能换的原因。

(3) 对数据库进行的某些操作,如创建或删除表空间、增加数据文件等。

(4) 数据库发生的错误,如表空间不够、出现坏块、数据库内部错误(ORA-600)等。

DBA 应该定期检查日志文件,根据日志中发现的问题及时进行处理。例如:

(1) 若启动参数不对,则检查初始化参数文件。

(2) 因为检查点操作或归档操作没有完成造成重做日志不能切换。如果经常发生这样的情况,可以考虑增加重做日志文件组,想办法提高检查点或归档操作的效率。

(3) 有人未经授权删除了表空间。检查数据库的安全问题,是否密码太简单;如有必要,撤销某些用户的系统权限。

(4) 出现坏块。检查是否是硬件问题(如磁盘本身有坏块),如果不是,检查是哪个数据库对象出现了坏块,对这个对象进行重建。

(5) 表空间不够。增加数据文件到相应的表空间。

(6) 出现 ORA-600。根据日志文件的内容查看相应的 TRC 文件,如果是 Oracle 的漏洞,要及时打上相应的补丁。

4. 数据库表空间使用情况监控(字典管理表空间)

数据库运行了一段时间后,由于不断地在表空间上创建和删除对象,会在表空间上产生大量的碎片,DBA 应该及时了解表空间的碎片和可用空间情况,以决定是否要对碎片进行整理或为表空间增加数据文件。

```
select tablespace_name,count(*) chunks,max(bytes/1024/1024) max_chunk
from dba_free_space group by tablespace_name;
```

上面的 SQL 列出了数据库中每个表空间的空闲块情况,如下所示:

```
TABLESPACE_NAME              CHUNKS        MAX_CHUNK
------------------------------------------------------------
SYSAUX                       128           34
UNDOTBS1                     10            1796
USERS                        7             1.0625
SYSTEM                       1             0.875
EXAMPLE                      3             18.75
```

其中,CHUNKS 列表示表空间中有多少可用的空闲块(每个空闲块由一些连续的 Oracle 数据块组成),如果这样的空闲块过多,比如平均到每个数据文件上超过了 100 个,则该表空间的碎片状况就比较严重了,可以尝试用以下的 SQL 命令进行表空间相邻碎片的接合:

```
alter tablespace 表空间名 coalesce;
```

然后再执行查看表空间碎片的 SQL 语句,看表空间的碎片有没有减少。如果没有效果,并且表空间的碎片已经严重地影响到了数据库的运行,则考虑对该表空间进行重建。

MAX_CHUNK 列的结果是表空间上最大的可用块大小,如果该表空间上的对象所需分配的空间(NEXT 值)大于可用块的大小,就会提示 ORA-1652、ORA-1653、ORA-1654 的错误信息,DBA 应该及时对表空间进行扩充,以避免这些错误发生。

对表空间的扩充、对表空间的数据文件大小进行扩展或向表空间增加数据文件的具体操作请读者参阅实验 1 中的内容,利用 OEM 多进行实践。

5. 控制文件的备份

在数据库结构发生变化时，如增加了表空间，增加了数据文件或重做了日志文件等操作，都会造成 Oracle 数据库控制文件的变化，DBA 应及进行控制文件的备份。备份方法是执行下面的 SQL 语句：

```
alter database backup controlfile to '/home/backup/control.bak';
```

或

```
alter database backup controlfile to trace;
```

这样，会在 USER_DUMP_DEST（在初始化参数文件 init.ora 中指定）目录下生成创建控制文件的 SQL 命令。

6. 检查数据库文件的状态

DBA 要及时查看数据库中数据文件的状态（如被误删除），根据实际情况决定如何进行处理，检查数据文件的状态的 SQL 命令如下：

```
select file_name,status from dba_data_files;
```

如果数据文件的 STATUS 列不是 AVAILABLE，则要采取相应的措施，如对该数据文件进行恢复操作，或重建该数据文件所在的表空间。

7. 检查数据库定时作业的完成情况

如果数据库使用了 Oracle 的 JOB 来完成一些定时作业，要对这些 JOB 的运行情况进行检查，执行下面的 SQL 语句：

```
select job,log_user,last_date,failures from dba_jobs;
```

如果 FAILURES 列是一个大于 0 的数，则说明 JOB 运行失败，要进一步做检查。

8. 数据库坏块的处理

当 Oracle 数据库出现坏块时，Oracle 会在警告日志文件（alert_SID.log）中记录坏块的信息：

```
ORA-01578: ORACLE data block corrupted (file# 7, block #<BLOCK>)
ORA-01110: data file<AFN>: '/oracle1/oradata/V920/oradata/V816/users01.dbf'
```

其中，<AFN>代表坏块所在数据文件的绝对文件号，<BLOCK>代表坏块是数据文件上的第几个数据块。

出现这种情况时，应该首先检查是否是硬件及操作系统上的故障导致 Oracle 数据库出现坏块。在排除了数据库以外的原因后，再对发生坏块的数据库对象进行处理。处理过程如下：

(1) 确定发生坏块的数据库对象。

```
SELECT tablespace_name, segment_type, owner, segment_name FROM dba_extents WHERE file_
id=<AFN> AND <BLOCK> between block_id AND block_id+blocks-1;
```

(2) 决定修复方法。

如果发生坏块的对象是一个索引,那么可以直接把索引用 DROP 删除后,再根据表中的记录进行重建;如果发生坏块的表的记录可以根据其他表的记录生成,则可以直接把这个表用 DROP 删除后重建;如果有数据库的备份,则用恢复数据库的方法来进行修复;如果表中的记录没有其他办法恢复,则坏块上的记录就丢失了,只能把表中其他数据块上的记录取出来,然后对这个表进行重建。

(3) 用 Oracle 提供的 DBMS_REPAIR 包标记出坏块:

```
exec DBMS_REPAIR.SKIP_CORRUPT_BLOCKS('<schema>','<tablename>');
```

(4) 使用 Create table as select 命令将表中其他块上的记录保存到另一张表上:

```
create table corrupt_table_bak as select * from corrupt_table;
```

(5) 用 DROP TABLE 命令删除有坏块的表:

```
drop table corrupt_table;
```

(6) 用 alter table rename 命令恢复原来的表:

```
alter table corrupt_table_bak rename to corrupt_table;
```

(7) 如果表上存在索引,则要重建表上的索引。

9. 操作系统相关维护

DBA 要注意对操作系统的监控,主要包括以下工作。
(1) 文件系统的空间使用情况(df-k),必要时对 Oracle 的警告日志及 TRC 文件进行清理;
(2) 如果 Oracle 提供网络服务,应检查网络连接是否正常;
(3) 检查操作系统的资源使用情况是否正常;
(4) 检查数据库服务器有没有硬件故障,如磁盘错误、内存报错等。

例 2.4 数据库的启动与关闭

Oracle 数据库提供了几种不同的数据库启动和关闭方式,不同方式之间是有区别的,下面分别作介绍。

1. 数据库的启动方式

对于大多数 Oracle DBA 来说,启动和关闭 Oracle 数据库最常用的方式就是在命令行方式下的 Server Manager。从 Oracle 8i 以后,系统将 Server Manager 的所有功能都集中到了 SQL * Plus 中,也就是说从 8i 以后对于数据库的启动和关闭可以直接通过 SQL * Plus 来完成。另外也可通过图形用户界面(GUI)的 Oracle Enterprise Manager 来完成系统的启动和关闭,图形用户界面比较简单,这里不再详述。

要启动和关闭数据库,必须要以具有 Oracle 管理员权限的用户登录,如 sys 或 system 管理员,通常也就是以具有 SYSDBA 权限的用户登录。启动一个数据库需要 3 个步骤:

(1) 创建一个 Oracle 实例(非安装阶段);
(2) 由实例安装数据库(安装阶段);
(3) 打开数据库(打开阶段)。

在 startup 命令中,可以通过不同的选项来控制数据库的不同启动步骤。startup 命令的语法格式为:

```
Startup [force][restrict][pfile=filename][quiet][mount [dbname]|
[open [read {only|write [recover]}|recover] [dbname]]|nomount]
```

(1) startup nomount

nomount 选项仅仅创建一个 Oracle 实例。重建控制文件,重建数据库,读取 init.ora 文件,启动 instance,即启动 SGA 和后台进程,这种启动只需要 init.ora 文件。init.ora 文件定义了实例的配置,包括内存结构的大小和启动后台进程的数量和类型等。实例名根据 Oracle_SID 设置,不一定要与打开的数据库名称相同。当实例打开后,系统将显示一个 SGA 内存结构和大小的列表。

(2) startup mount

该命令创建实例并且安装数据库,但没有打开数据库。Oracle 系统读取控制文件中关于数据文件和重作日志文件的内容,但并不打开该文件。这种打开方式常在数据库维护操作中使用,如对数据文件的更名、改变重作日志以及打开归档方式等。在这种打开方式下,除了可以看到 SGA 系统列表以外,系统还会给出"数据库装载完毕"的提示。

(3) startup mount dbname

安装启动,在这种方式启动下可执行数据库日志归档、数据库介质恢复、使数据文件联机或脱机、重新定位数据文件以及重作日志文件。执行"nomount",然后打开控制文件,确认数据文件和联机日志文件的位置,但此时不对数据文件和日志文件进行校验检查。

(4) startup

该命令完成创建实例、安装实例和打开数据库的所有 3 个步骤。此时数据库使数据文件和重作日志文件在线,通常还会请求一个或多个回滚段。这时系统除了可以看到前面 startup mount 方式下的所有提示外,还会给出一个"数据库已经打开"的提示。此时,数据库系统处于正常工作状态,可以接受用户请求。

如果采用 startup nomount 或 startup mount 的启动方式,如何打开数据库?可以用 alter database 命令来执行打开数据库的操作。例如,如果以 startup nomount 方式打开数据库,也就是说已经创建实例,但是数据库没有安装和打开,这时必须运行下面的两条命令,数据库才能正确启动。

```
alter database mount;
```

```
alter database open;
```

而如果以 startup mount 方式启动数据库,只需要运行下面一条命令即可打开数据库:

```
alter database open;
```

(5) startup open dbname

先执行 nomount,然后执行 mount,再打开包括 Redo log 文件在内的所有数据库文件,这种方式下可访问数据库中的数据。

(6) 其他打开方式

除了前面介绍的几种数据库打开方式选项外,还有其他一些选项。

① startup restrict

这种方式下,数据库将被成功打开,但仅仅允许一些特权用户(具有 DBA 角色的用户)才可以使用数据库。这种方式常用来对数据库进行维护,如在数据的导入/导出操作时不希望有其他用户连接到数据库操作数据。

② startup force

该命令其实是强行关闭数据库(shutdown abort)和启动数据库(startup)两条命令的一个综合。该命令仅在关闭数据库时遇到问题而不能关闭数据库时采用。

③ alter database open read only

该命令在创建实例以及安装数据库后以只读方式打开数据库。对于那些仅仅提供查询功能的产品数据库可以采用这种方式打开。

④ startup pfile=参数文件名

带初始化参数文件的启动方式,先读取参数文件,再按参数文件中的设置启动数据库,例如:

```
startup pfile=D:\Oracle\admin\oradb\pfile\init.ora
```

⑤ startup EXCLUSIVE

独占方式启动,只允许一个用户使用数据库。

2. 数据库的关闭方式

关闭数据库用 shutdown 命令,该命令的语法格式为:

```
Shutdown [abort|immediate|normal|transactional[local]]
```

(1) shutdown normal

正常方式关闭数据库。

(2) shutdown immediate

立即方式关闭数据库。在 SVRMGRL 中执行 shutdown immediate,数据库并不立即关闭,而是在 Oracle 执行某些清除工作后才关闭(终止会话、释放会话资源),当使用 shutdown 不能关闭数据库时,shutdown immediate 可以完成数据库关闭的操作。

(3) shutdown abort

直接关闭数据库,正在访问数据库的会话会被突然终止,如果数据库中有大量操作正在执行,这时执行 shutdown abort 后,重新启动数据库需要很长时间。

例 2.5　OEM 数据库操作

（1）在实验 1 中图 1-46 所示的"服务器"页面的"数据库配置"一栏中单击"内存指导"，显示如图 2-14 所示的界面。在其中可以查看和设置内存大小等。

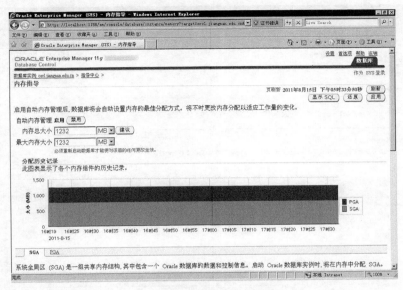

图 2-14　数据库内存指导

（2）在图 1-46 所示的"服务器"页面的"数据库配置"一栏中单击"自动还原管理"，显示如图 2-15 所示的界面。在其中主要进行与自动还原相关的管理工作，信息分为"一般信息"和"系统活动"两部分。

图 2-15　数据库自动还原管理

（3）在图1-46所示的"服务器"页面的"数据库配置"一栏中单击"初始化参数"，显示如图2-16所示的界面。其中主要能够做到初始化参数的查看或设置等的管理工作，初始化参数分"当前"和"SPFile"两部分（两种模式），其中在"SPFile"模式下能更改静态参数。

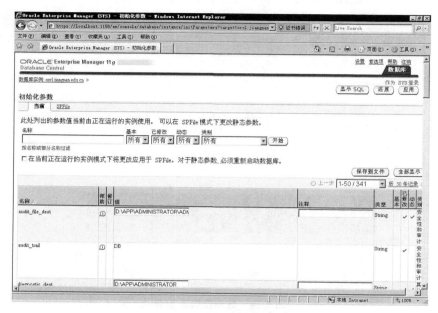

图 2-16　数据库初始化参数配置

（4）在图1-46所示的"服务器"页面的"数据库配置"一栏中单击"控制文件"，显示如图2-17所示的界面。其中分为"一般信息"、"高级"和"记录文档段"3部分显示控制文件的相关信息。

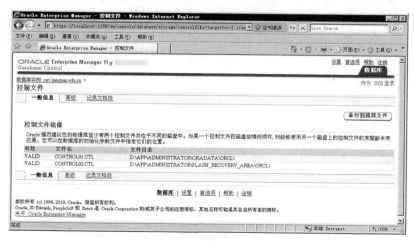

图 2-17　数据库控制文件设置

例 2.6 删除数据库

可以主要使用 DBCA（Database Configuration Assistant）来删除数据库。启动 DBCA 后，在欢迎使用对话框显示之后（如图 2-18 所示），选择删除数据库选项（如图 2-19 所示），接着选择要删除的数据库，然后单击"完成"按钮（如图 2-20 所示），即可启动删除操作完成数据库的删除。

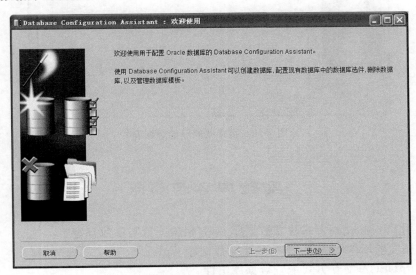

图 2-18 欢迎使用界面

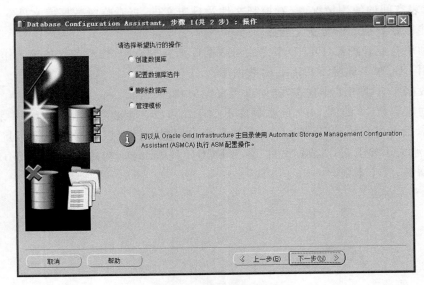

图 2-19 删除数据库选项

图 2-20　选择要删除的数据库

*实验内容与要求

1. 使用 DBCA 交互方式建立数据库 jxgl，相关配置与参数自定。
2. 参照实验示例中的命令，手工建立数据库 jxgl2。
3. 使用 DBCA 交互方式配置数据库组件。
4. 参照实验示例，查看新建数据库的表空间名称及大小、表空间物理文件的名称及大小以及表空间的使用情况，查看控制文件及日志文件，查看临时数据库文件等信息。
5. 能做好数据库的维护工作。
6. 利用企业管理器(OEM)来完成对数据库信息的查阅、修改和维护等工作。
7. 用 DBCA 来删除不再需要的数据库。
8. 数据库有哪些工作状态，如何设置来完成状态转换。
9. 创建实验 14 的例 14.2 的数据库 KCGL。可以在企业管理器(OEM)中利用交互方式创建，也可以利用 create database 命令手工创建。根据该数据库数据容量的估算，其文件初始大小要求是："数据文件"名为 KCGL_Data.mdf，初始大小为 100MB，以后按 5% 自动增长，大小不限。

实验3

Experiment 3

表与视图的基本操作

实验目的

1. 掌握数据库的表与视图的基础知识。
2. 掌握创建、修改、使用和删除表与视图的不同方法。
3. 掌握表与视图的导入或导出方法。

背景知识

在关系数据库中，每个关系都对应着一张表。表是数据库最主要的对象，是信息世界实体或实体间联系的数据表示，是用来存储与操作数据的逻辑结构。使用数据库时，绝大多数时间都是在与表打交道，因此掌握表的相关知识与相关操作是非常重要的。

1. 表的基础知识

表是包含数据库中的几乎所有形式的数据的数据库对象。每个表代表一类对其用户有意义的对象。例如，在进销存数据库中包含雇员、产品、库存、采购订单、销售订单和客户等数据表。

表定义是列定义的一个集合。数据在表中的组织方式与在电子表格中相似，都是按行和列的格式组织的。每一行代表一条唯一的记录，每一列代表记录中的一个字段。例如，在包含公司部门数据的表中，每一行代表一个科室（或部门），各列分别代表该科室（或部门）的具体信息，如科室编号、科室名称等。

图 3-1 显示了一张部门表的内容。

表 - HumanR....Department

DepartmentID	Name	GroupName	ModifiedDate
1	Engineering	Research and D...	1998-6-1 0:00:00
2	Tool Design	Research and D...	1998-6-1 0:00:00
3	Sales	Sales and Marke...	1998-6-1 0:00:00
4	Marketing	Sales and Marke...	1998-6-1 0:00:00
5	Purchasing	Inventory Mana...	1998-6-1 0:00:00
6	Research and D...	Research and D...	1998-6-1 0:00:00

图 3-1　HumanResources.Department 表的数据

用户通过交互方式或使用数据操作语言 PL/SQL 的语句(如用于查询的 SELECT、用于更新的 INSERT、UPDATE 和 DELETE 命令等)来使用表中的数据,如下例所示。

```
--查询姓为"Smith."的雇员姓名
SELECT c.FirstName, c.LastName
FROM Employee e JOIN Contact c ON e.ContactID=c.ContactID
WHERE c.LastName='Smith';
--添加一条新的岗位记录
INSERT INTO Shift([Name],StartTime,EndTime) VALUES ('Flex','1900-01-01','1900-01-01');
--修改一个雇员的姓名
UPDATE Person.Contact SET LastName='Smith'
FROM Contact c, Employee e
WHERE c.ContactID=e.ContactID AND e.EmployeeID=116;
--删除一条订单的详细记录
DELETE PurchaseOrderDetail WHERE PurchaseOrderDetailID=732;
```

Oracle 的表可分为堆组织表、索引组织表、索引聚簇表、散列聚簇表、有序散列聚簇表、嵌套表和临时表等。堆组织表(heap organized table)就是"普通"的标准数据库表,数据以堆的方式管理,堆(heap)是一组空间,以一种随机的方式使用。堆组织表是数据库中最基本、最主要的对象。除非通过专用的管理员连接,否则普通用户无法直接查询或更新存放系统信息的表。

2. 对关系的定义及内容维护

在关系数据库中,关系模式是型,关系是值。关系模式是对关系的描述,一个关系模式应当是一个五元组,它可以形式化地表示为 $R(U, D, dom, F)$。为此,创建一个关系表需要指定以下各项:关系名(R)、关系的所有属性名(U)、各属性的数据类型及其长度(D 与 dom),以及属性之间或关系表的完整性约束规则(F)等。表中除了具有数据类型和大小属性之外,还可以通过数据库中的约束、规则、默认值和 DML 触发器等方式来保证数据库中表数据的完整性或表间的引用完整性等。

关系实际上就是关系模式在某一时刻的状态或内容。所谓关系表的维护就是随着时间的推移要不断地添加、修改或删除表记录的内容来动态地反映关系的变化,以最终反映现实世界某类事物的变化状况。

3. 表的设计

设计数据库时应该先确定需要多少张表、各表中都有什么数据以及各个表的存取权限等。在创建和操作表的过程中,需要对表进行细致的设计,在创建表之前必须先确定所有表字段。创建一张表最有效的方法是将表中所需的信息一次定义完成,包括数据约束和各种附加成分。也可以先创建一张基础表,向表中添加一些数据并使用一段时间,然后在需要时利用修改表结构的方法再添加各种约束、索引、默认设置、规则以及其他对象。最好在创建表及其对象时预先完整地设计好以下内容。

(1) 指定表中所包含数据的类型。表中的每个字段有特殊的数据类型,可以限制插入数据的变化范围。

（2）指定哪些列允许空值。空值（或 NULL）并不等于零、空白或零长度字符串，而是意味着没有输入，常用来表明值未知或不确定。指定一列不允许空值而确保该列永远有数据以保证数据的完整性。如果不允许空值，用户在向表中写数据时必须在列中输入一个值，否则该行不被接收到数据库中。

（3）确定是否要使用以及何时使用约束、默认值以及规则，确定哪些列是主键，哪些列是外键。

（4）确定需要的索引类型以及需要建立哪些索引。

（5）设计的数据库一般应符合第三范式要求。

4. 关于视图

在关系数据库系统中，视图直接面向普通用户，视图为用户提供了多种看待数据库数据的方法与途径，是关系数据库系统中的一种重要对象。视图是从一个或几个基本表（或视图）导出的表，它与基本表不同，是一个虚表。通过视图能操作数据，基本表数据的变化也能在刷新的视图中反映出来。从这个意义上讲，视图像一个窗口或望远镜，透过它可以看到数据库中自己感兴趣的数据及其变化。视图在操作上与基本表相似，一经定义，就可以和基本表一样进行查询或整体删除，但对视图的更新（添加、删除和修改）操作则有一定的限制。

实 验 示 例

例 3.1 创建基本表

在 Oracle 11 中建立了数据库后就可以建立基本表等实体对象。创建基本表有几种方法，可以利用 OEM 等界面工具交互式创建，还可以用 SQL*Plus、SQL Developer 等通过 SQL 语句来实现。这里主要介绍利用 OEM 和 SQL*Plus 创建表的方法。

1. 使用 OEM 的方法创建基本表

启动企业管理器，然后可以通过"方案"链接，进入方案二级操作界面，单击"表"管理链接，进入如图 3-2 所示的操作界面。接着单击界面上的"创建"按钮进入表组织选定操作界面，表组织选用默认标准方式，单击"继续"按钮，在出现的如图 3-3 所示的创建表的操作界面上，可逐个指定列类型、大小、小数位数和为空性等列信息，在单击"确定"按钮保存前，一定要指定列信息上部的表名称、该表所属的方案名、表空间等信息。如果要查看生成的 SQL 语句，可以单击"显示 SQL"按钮。

2. 表空间的相关操作

创建表空间一般通过界面工具来完成，也可通过命令来实现。

（1）用如下命令创建一个由两个文件组成的共 200M 的表空间 Testspace。

图 3-2　表管理界面

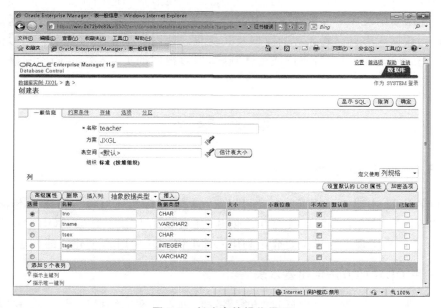

图 3-3　创建表的操作界面

CREATE TABLESPACE Testspace DATAFILE 'c:\app\qxz\file_1.dbf' SIZE 100M,'c:\app\qxz\file_2.dbf' SIZE 100M;

（2）向表空间加入容器（表空间数据文件），命令如下：

alter tablespace Testspace Add DATAFILE 'c:\app\qxz\file_3.dbf' SIZE 100M;

注意：该操作是不可逆的。

（3）删除表空间的命令为：

drop tablespace "Testspace";

3. 使用 SQL * Plus 方法用 SQL 命令创建表，创建表的语句语法格式为：

```
Create Table Table_Name
(Column1 Datatype [Not Null][Default Value],
Column2 Datatype[Not Null][Default Value],
 ⋮
Primary Key(Columnn),Constraint 表级完整性约束…,…) [表空间的指定等];
```

例 创建学生、课程、选课 3 个表，其中：

(1)"学生"表 S 由学号（Sno）、姓名（Sname）、性别（Ssex）、年龄（Sage）和系别（Sdept）5 个属性组成，可记为：S(Sno,Sname,Ssex,Sage,Sdept);

(2)"课程"表 Course 由课程号（Cno）、课程名（Cname）和学分（Ccredit）3 个属性组成，可记为：Course(Cno,Cname,Ccredit);

(3)"学生选课"表 SC 由学号（Sno）、课程号（Cno）和成绩（Score）3 个属性组成，可记为：SC(Sno,Cno,Score)。

在 SQL Plus 的启动界面输入以下代码：

```
SQL>Create Table S(Sno Varchar2(10) Primary Key,
2    Sname Varchar2(10) Not Null,
3    Ssex Char(2),
4    Sage Number,
5    Sdept Varchar2(40));
  SQL>Create Table Course(Cno Varchar2(10),
2    Cname Varchar2(50),Ccredit Number,Constraint Pk_C Primary Key (Cno));
  SQL>Create Table SC(Sno Varchar2(10), Cno Varchar2(10),
2    Score Number Default 0 Check (Score Between 0 And 100),
3    Constraint Pk_S Primary Key (Sno,Cno))
4    TABLESPACE "Testspace" ;                --使用 Testspace 表空间
```

说明：

(1)以下命令操作可以在 OEM、SQL Developer 和 SQL Plus 等工具环境操作，一般选择 SQL Plus 为操作运行工具。

(2)请对上面的 3 个表添加若干记录，以便于检验后续命令的操作效果。

例 3.2 修改表

修改表包括对表空间做调整以及对表结构做相应的修改。修改表的直观简洁的方法是使用 OEM 做相应的操作，当然也可以使用 SQL * Plus 工具修改表的相关内容。常用的操作有以下几种。

1. 修改表空间的相关操作

对表空间的操作没有固定的语法格式，下面分别举例说明。

（1）增加表空间中的数据文件：

Alter Tablespace Testspace Add Datafile 'c:\app\qxz\file_3.dbf ' size 100m;

（2）删除表空间中的数据文件：

Alter Tablespace Testspace Drop Datafile 'c:\app\qxz\file_3.dbf ';

（3）修改表空间文件的数据文件大小：

Alter Database Datafile 'c:\app\qxz\file_2.dbf' Resize 50m;

（4）修改表空间数据文件的自动增长属性：

Alter Database Datafile 'c:\app\qxz\file_1.dbf' Autoextend Off;--Off不能自动增长

2. 修改表结构的相关操作

修改表结构的相关操作有插入、修改和删除属性，各操作的语句格式分别如下。

（1）插入属性

Alter Table Table_Name Add(Column Datatype [Not Null][Default Value],…);

例 在 S 表插入新属性地址。

SQL>Alter Table S Add(Address Varchar(100));

（2）修改属性：

Alter Table Table_Name Modify(Column Datatype [Not Null][Default Value]);

例 对上述性别属性的数据类型进行修改，并设置默认值为"男"。

SQL>Alter Table S Modify(Ssex Varchar2(2) Default '男');

（3）删除表属性：

Alter Table Table_Name Drop (Column_Name);

注意：删除语句的应用范围，当以 sys 身份创建表，并执行删除语句，系统会提示"无法删除属于 sys 的表中的列"，应该以其他的身份创建表，并以相同的身份登录，来执行上面的删除语句。

例 删除上述表中的地址属性。

命令为：

SQL>Alter Table S Drop(Address);

注意：通常在系统不忙的时候删除不使用的字段，可以先设置字段为 unused：

Alter Table S Set Unused Column Address;

系统不忙时再执行删除：

```
Alter Table S Drop Unused Column;
```

（4）表重命名：

```
Rename Table_Name1 To Table_Name2;
```

例 把表 SC 改名为 Learn。

命令为：

```
SQL> Rename Sc To Learn;
```

（5）清空表中的数据：

```
Truncate Table Table_Name;
```

例 清空学生表的信息。

命令为：

```
SQL> Truncate Table S;
```

（6）给表增加注释：

```
Comment On Table Table_Name Is'*****';
```

例 对表 S 添加注释为'this Is A Test Table'。

```
SQL> Comment On Table S Is 'This Is A Test Table';
```

（7）给列添加注释。

例 对表 S 的 Sno 属性添加'学号'的注释。

```
SQL> Comment On Column S.Sno Is '学号';
```

例 3.3 删除表

对已经创建的基本表可以进行删除表操作，删除表的语句的基本格式为：

```
Drop Table Table_Name;
```

例 删除 Course 表。

命令为：

```
SQL> Drop Table Course;
```

例 3.4 OEM 实现表操作

表能方便地在 OEM 管理页面中加以管理与操作。在实验 1 中图 1-51 所示的"方案"页面上单击"表"链接式菜单，出现如图 3-4 所示的表管理页面。在该页面中输入具体方案名称或表对象名能查找到具体表，在选定某表和操作类型后单击"开始"按钮，能启动相应操作；单击"编辑"、"查看"或"使用选项删除"按钮，能完成对选定表的相应操作；图 3-4 右上角的"对象类型"下拉列表框能选定除表外的其他对象类型,对其进行类似的操作。

图 3-4 "表"管理页面

在图 3-4 中单击某具体表名(如 HR.DEPARTMENTS),能查看到该表的一般信息、约束条件、存储、选项和分区等分类信息,如图 3-5 所示;在图 3-4 中单击"创建"按钮将打开表创建页面,如图 3-6 所示,其中能分类而逐项指定参数来完成具体表的创建;在图 3-4 中的操作列表框中选择"查看数据",并选定某表,然后单击"开始"按钮显示该表数据,如图 3-7 所示,上面的查询框中显示对应的 SQL 命令;在图 3-4 中的操作列表框中选其他不同类型能完成表相关的许多操作功能。

图 3-5 查看表的结构

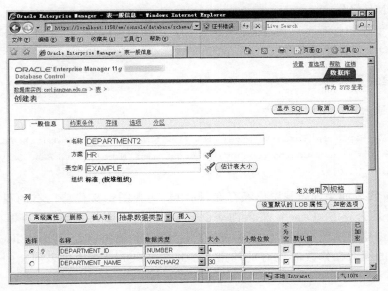

图 3-6 创建表的页面

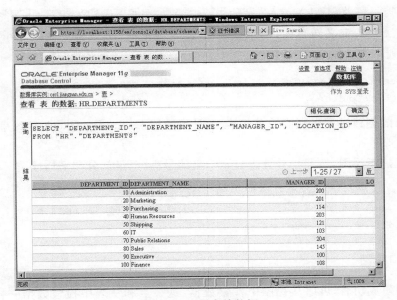

图 3-7 查看表的数据

例 3.5 创建和管理视图

视图是基于一个表或多个表或视图的逻辑表,本身不包含数据,通过它可以对表中的数据进行查询和修改。通过创建视图可以提取数据的逻辑上的集合或组合。

视图可以分为简单视图和复杂视图。简单视图只从单个表中获取数据,不包含函数和数据组,可以实现 DML 操作;而复杂视图则从多个表中获取数据,包含函数和数据组,不可实现 DML 操作。

视图的创建和管理可以通过 OEM、SQL Developer 和 SQL 等多种方法来实现,这里仅介绍用 SQL 方法管理视图。

1. 创建视图

创建普通视图的语法格式为：

```
Create [Or Replace] [Force|Noforce] View View_Name [(Alias[,Alias]…)] As
Select…[With Check Option [Constraint Constraint_Name]][With Read Only [Constraint Constraint_Name]];
```

Replace 代表如果同名视图已经存在,则用新建视图定义代替已有的视图;Force 代表不管基表是否存在,Oracle 都会自动创建该视图;Noforce 代表只有基表都存在时 Oracle 才会创建该视图;Alias 代表为视图产生的列定义的别名;With Check Option 选项代表新建的视图在修改时应有的约束;With Read Only 选项代表创建的视图是只读视图。

例 在 S 表中创建以学号、姓名、系别为列的新视图。

```
SQL>Create Or Replace View V_S(Num,Name,Sdept) As Select Sno, Sname, Sdept From S;
```

例 在 SC 上定义新视图,当用 update 修改数据时,必须满足视图 score>60 的条件,不满足则不能被改变。

```
SQL>Create Or Replace View V_SC As Select * From SC Where Score>60
  1 With Check Option;
```

在视图的创建过程中可能涉及连接、统计函数或 Group By、Check 等约束语句,实现起来相对复杂。

例 创建新视图,按照学号分组显示学生的最高分、最低分和平均成绩。

```
SQL>Create View V_S_SC (Num,Smin,Smax,Savg)
  2 As Select D.Sno,Min(E.Score),Max(E.Score),Avg(E.Score) From SC E,S D
  3 Where E.Sno=D.Sno Group By D.Sno;
```

2. 查询视图

视图创建成功后,可以从视图中检索数据,这一点和从表中检索数据一样。还可以查询视图的全部信息和指定的数据行和列。查询视图的语法结构和查询基本表相同。

例 查询上面建立的视图。

命令为：

```
SQL>Select * From V_S_SC;
```

3. 更新视图

对建立好的视图可以使用类似下列语句进行相应的修改,修改的不是视图的数据,而是视图对应的基本表里的数据。

例 把所有学号为 08 开头的学生的相关系别信息改为管理系。

```
SQL>Update V_S Set Sdept='Management' Where Num like '08%';
```

注意：不是所有的视图都可以完成修改的操作，如带有 With Check Option 选项的视图、带有 Group By 和 Distinct 的视图、使用统计函数的视图等，更新操作时都应慎重。

4. 删除视图

当视图不再符合要求可以被删除，但是删除视图后，并不删除对应的基本表的基本信息，只是删除视图定义。删除视图的基本语法结构如下：

```
Drop View View_Name;
```

例 3.6 表或视图的导入与导出操作

1. Oracle 数据间的导入导出 imp/exp

Oracle 数据导入导出 imp/exp 用于 Oracle 数据备份与还原。大多数情况下都可以用 Oracle 数据导入导出完成数据的备份和还原（不会造成数据的丢失）。

用户的计算机安装了 Oracle 客户端，并与服务器建立了连接（通过 Net Configuration Assistant 中本地→服务命名），这样用户就可以把服务器中的数据导出到本地，也可以把 dmp 文件从本地导入到远处的数据库服务器中。利用这个功能可以构建两个相同的数据库，一个用来测试，另一个用来正式使用。

下面是导入导出的实例，导入导出的其他例子或方法请参阅实验 13。

1) 数据导出

(1) 将数据库 orcl 完全导出，用户名为 system，密码为 orcl，导出到 c:\orcl.dmp 中。

```
exp system/orcl@orcl2 file=c:\orcl.dmp full=y
```

命令中 orcl2 为"…\network\ADMIN\tnsnames.ora"配置文件中预先配置好连接数据库（数据库 SID 为 orcl）的网络服务名，下同。

(2) 将数据库中 jxgl 用户与 scott 用户的表导出。

```
exp system/orcl@orcl2 file=c:\orcl_jxglscott.dmp owner=(jxgl,scott)
```

(3) 将数据库中 jxgl 用户的表 student 和 sc 导出。

```
exp jxgl/jxgl@orc12 file=c:\orcl_jxgl_studentsc.dmp tables=(student,sc)
```

(4) 将数据库中 jxgl 用户的表 student 中年龄大于等于 19 的学生记录导出。

```
exp jxgl/jxgl@orc12 file=c:\orcl_jxgl_student_agege19.dmp tables=(student) query=\"where sage>=19\"
```

上面是常用的导出，对于压缩导出，只要在上面的命令后面加上 compress=y 就可以了。

2)数据的导入

(1)将 c:\orcl.dmp 中的数据导入到 orcl 数据库中。

imp system/orcl@orc12 file=c:\orcl.dmp

如果有的表已经存在,则上面的命令就会报错,对该表就不进行导入。对这种情况,在后面加上 ignore=y 就可以了。

(2)将 c:\orcl_jxgl_studentsc.dmp 中的表 sc 导入。

imp jxgl/jxgl@orcl2 file=c:\orcl_jxgl_studentsc.dmp tables=(sc) ignore=y

注意:用户要有足够的权限。可以用 Tnsping TEST 来获得数据库 TEST 能否连上的信息。

2. Oracle 与其他数据库间数据的导入导出

下面通过具体数据库系统间数据的导入与导出来说明。

1)Oracle 数据导出到 Access 的方法

解决办法如下.

(1)先建立连接到 Oracle 的 ODBC 数据源。过程为:选择开始→控制面板→管理工具→数据源(ODBC),单击"添加"按钮,如图 3-8 所示,选择某 Oracle 数据源的驱动程序后单击"完成"按钮,如图 3-9 所示,填写 Oracle 数据源的相关信息后单击"Test Connection"按钮测试连接情况,或单击"OK"按钮完成数据源的创建,如图 3-10 所示。

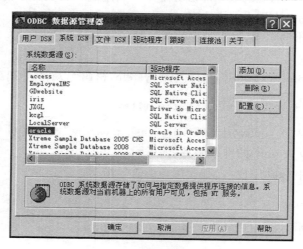

图 3-8 ODBC 数据源

在图 3-10 中,数据源名(Data Source Name)由用户确定并输入,TNS 服务名(TNS Service Name)是自动输入的,TNS 服务名来自网络配置文件 tnsnames.ora,该文件一般位于 Oracle 安装目录"…\network\admin\tnsnames.ora"中。这里文件 tnsnames.ora 的内容如下(其中"ORCL2"即为 TNS 服务名):

图 3-9　创建数据源

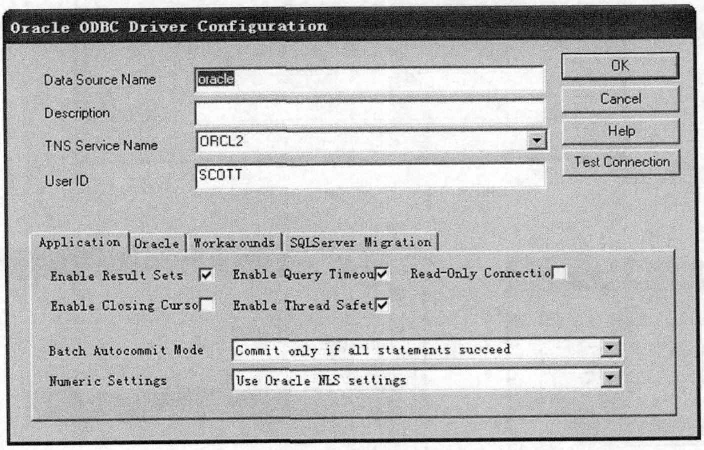

图 3-10　填写 Oracle 数据源相关信息

tnsnames.ora Network Configuration File: C:\app\qxz\product\11.2.0\dbhome_1\network
\admin\tnsnames.ora
Generated by Oracle configuration tools.
ORCL2=
　(DESCRIPTION=
　　(ADDRESS_LIST=
　　　(ADDRESS= (PROTOCOL=TCP)(HOST=LENOVO-8D90977E)(PORT=1521))
　　)
　　(CONNECT_DATA=
　　　(SERVICE_NAME=orcl)
　　)
　)

(2) 打开 Access，选择 Access 导入功能，方法为：打开 Access 后选择菜单"文件"→

"获取外部数据"→"导入"命令,在"导入"对话框中选择"文件类型"为"ODBC 数据库()",在出现的如图 3-11 所示的选择数据源界面中选择"Oracle"ODBC 数据源。在出现的连接 Oracle 对话框中(如图 3-12 所示)输入用户名与口令,在如图 3-13 所示的导入对象对话框中选择要导入的表后单击"确定"按钮。导入后在 Access 数据库中能查看到来自 Oracle 的相应的数据表。

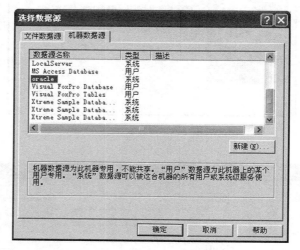

图 3-11　选择 Oracle 数据源

图 3-12　连接 Oracle 对话框

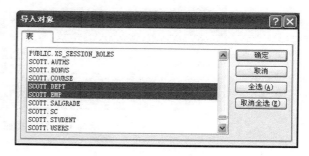

图 3-13　导入对象对话框

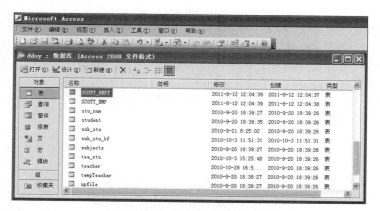

图 3-14　完成导入后的 Access 数据库

2) Oracle 数据导出到 txt 文本文件的方法

下面介绍 Oracle 数据导出到 txt 文本文件的 3 种方法。

(1) 利用 Oracle SQL Developer 选中查询到的数据导出。

Oracle SQL Developer 在打开表或查询到表格数据后,选中需要导出的表数据,这时右击并选择快捷菜单中的"导出数据"→"text"或其他文件类型来完成导出,如图 3-15 所示;也可以直接复制数据,再到 txt 文本文件或 Excel 等软件中粘贴来导出数据。

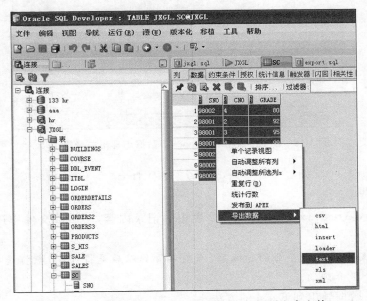

图 3-15　Oracle SQL Developer 中导出数据到文本文件

(2) 利用 Oracle SQL Developer 中的"数据库导出"菜单功能导出。

在 Oracle SQL Developer 中选择菜单"工具"→"数据库导出"命令,出现如图 3-16 所示的含 5 步的导出向导。从图 3-16 的左列可知,导出向导要经历"源/目标"(指定导出数据来自哪个连接,导出文件名称及其存放位置)→"要导出的类型"(指定数据库中要导出的对象类型,如表、视图等)→"指定对象"(指定要导出的选定对象类型对应的具体对象)→"指定数据"(指定具体要导出的表数据及其过滤情况等)→"导出概要"(具体导出工作的概要罗列,真正导出前进行最后的确认)5 步,最后能得到 C:\export.sql 导出文件。C:\export.sql 导出文件中以 PL/SQL 命令形式列出所有要导出对象的创建命令及表记录对应的 INSERT 添加命令等。这样利用该导出文件非常容易在其他 Oracle 数据库或其他数据库系统中创建数据库对象与表数据,达到了导入导出的目的。

(3) 在 SQL * Plus 中用 SPOOL 脚本导出:

```
sqlplus jxgl/jxgl
set heading off feedback off echo off termout off
spool c:\text.txt
```

上面的命令把这之后的各种操作及执行结果"假脱机"即存盘到磁盘文件上,默认文件扩展名为 .lst。

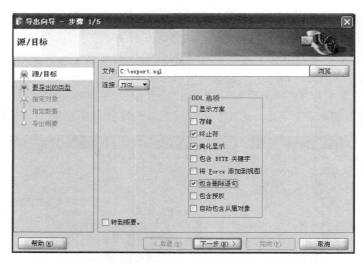

图 3-16　Oracle SQL Developer 中数据库导出向导第 1 步

```
select Sno||','||Cno||','||to_char(grade,'999') from SC; spool off;
--停止输出
```

然后查看 c:\text.txt,看是否有 SC 表中的记录内容,当然该文件中还有相关的命令等。

注意:最好要设置一个好的分隔符,否则不管你以后是将 TXT 数据是导入 Excel 还是 Access 都会很麻烦的。

3) Oracle 数据导出到 Excel 的方法

运用 Excel 工具中通过 ODBC 连接 Oracle 数据库,将文本导出。此方法可行,但是有条件限制,如果导出的数据超过 65 535 条就不行。

在 Excel 中选择菜单"数据"→"导入外部数据"→"新建数据库查询"或"导入数据"命令,选择一个已配置好的 Oracle 数据源,连接上 Oracle 后,选择需要导出的表,将自动把结果导入 Excel 中。因其过程与导出到 Access 类似,具体略,数据量小时此方法非常方便。

4) 将 Access 数据导出到 Oracle 数据库

Access 有导出数据功能,利用此功能能完成数据导出到 Oracle 数据库。有导入导出功能的数据库系统间实现数据的导入导出方法是类似的。下面以前面已从 Oracle 导出到 Access 的表 SCOTT_DEPT 为对象,再把它导回到 Oracle 数据库中,具体步骤如下。

(1) 打开 Microsoft Access 数据库 ddoy.mdb,选择要导出的表 SCOTT _ DEPT,如图 3-17 所示。

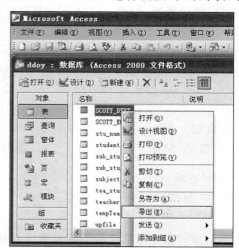

图 3-17　选中导出表的快捷菜单

（2）如图 3-18 和图 3-19 所示，在 SCOTT_DEPT 表上右击并选择快捷菜单的导出→保存类型为 ODBC 数据库()，输入目标表的名称（可以使用默认的相同表名，但要注意改成大写，否则在 Oracle 中操作此表时需要用双引号括起表名）。

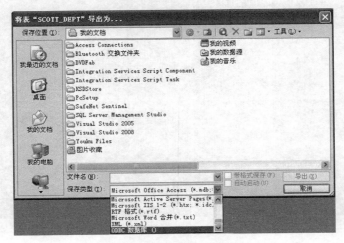

图 3-18　选择要导出的保存类型

图 3-19　输入目标表的名称

（3）选择 ODBC 数据源（Oracle），如图 3-20 所示。单击"确定"按钮，在如图 3-21 所示的连接对话框中输入用户名与口令，单击"OK"按钮，如果信息指定正确，导出表的工作就会自动完成了。

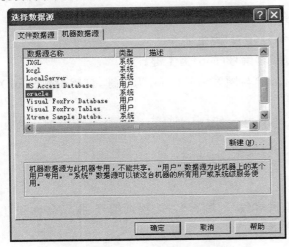

图 3-20　选择 ODBC 数据源（Oracle）

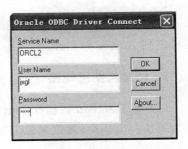

图 3-21　连接到 Oracle 的对话框

(4) 利用 SQL * Plus 检验的结果表明导出表已成功,如图 3-22 所示。

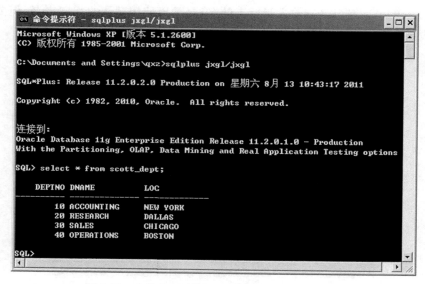

图 3-22　查询已导出到 Oracle 的表 SCOTT_DEPT

* 实验内容与要求

1. 创建数据库及表

用已掌握的某种方法创建订报管理子系统的数据库 DingBao,在 DingBao 数据库中用交互式界面操作方法或 CREATE TABLE 创建如下 3 个表的表结构(表名及字段名使用括号中给出的英文名),并完成 3 个表所示内容的输入,根据需要可自行设计输入更多的表记录。

创建表结构时要求满足如下要求:

(1) 报纸编码表(PAPER)以报纸编号(pno)为主键;

(2) 顾客编码表(CUSTOMER)以顾客编号(cno)为主键;

(3) 报纸订阅表(CP)以报纸编号(pno)与顾客编号(cno)为主键,订阅份数(num)的默认值为 1。

创建一个 Access 数据库 DingBao(DingBao.MDB 文件),把在 Oracle 中创建的 3 个表导出到 Access 数据库中。

2. 创建与使用视图

(1) 在 DingBao 数据库中创建含有顾客编号、顾客名称、报纸编号、报纸名称和订阅份数等信息的视图,视图名设定为 C_P_N。

实验 表与视图的基础操作

报纸编码表（PAPER）		
报纸编号（pno）	报纸名称（pna）	单价（ppr）
000001	人民日报	12.5
000002	解放军报	14.5
000003	光明日报	10.5
000004	青年报	11.5
000005	扬子晚报	18.5

顾客编码表（CUSTOMER）		
顾客编号（cno）	顾客姓名（cna）	顾客地址（adr）
0001	李涛	无锡市解放东路 123 号
0002	钱金浩	无锡市人民西路 234 号
0003	邓杰	无锡市惠河路 270 号
0004	朱海红	无锡市中山东路 432 号
0005	欧阳阳文	无锡市中山东路 532 号

报纸订阅表（CP）		
顾客编号（cno）	报纸编号（pno）	订阅份数（num）
0001	000001	2
0001	000002	4
0001	000005	6
0002	000001	2
0002	000003	2
0002	000005	2
0003	000003	2
0003	000004	4
0004	000001	1
0004	000003	3
0004	000005	2
0005	000003	4
0005	000002	1
0005	000004	3
0005	000005	5
0005	000001	4

（2）修改已创建的视图 C_P_N，使其含有报纸单价信息。

（3）通过视图 C_P_N，查询"人民日报"被订阅的情况，并实验能否通过视图 C_P_N 实现对数据的更新操作。尝试各种更新操作，例如修改某人订阅某报的份数，修改某报的名称等。

（4）删除视图 C_P_N。

3. 创建一个 Access 数据库 SCOTT（SCOTT.MDB 文件）

把用户 SCOTT 在 Oracle 中创建的所有表导出到 Access 数据库 SCOTT 中。

实验 4

SQL 语言——SELECT 查询操作

实 验 目 的

表数据的各种查询与统计 SQL 命令操作,具体如下:
1. 了解查询的概念和方法。
2. 掌握 Oracle SQL Developer 管理器查询子窗口中执行 SELECT 操作的方法。
3. 掌握 SELECT 语句在单表查询中的应用。
4. 掌握 SELECT 语句在多表查询中的应用。
5. 掌握 SELECT 语句在复杂查询中的使用方法。

背 景 知 识

SQL 是一种被称为结构化查询语言的通用数据库数据操作语言,PL/SQL (Procedural Language/SQL,过程化 SQL 语言)是一种过程化语言,属于第三代语言,是专门用于 Oracle 中无缝处理的 SQL 命令。对用户来说,PL/SQL 是唯一可以和 Oracle 的数据库管理系统进行交互的语言。

SELECT 语句在 DML 和 SQL 中都是最重要的一条命令,是从数据库中获取信息的一个基本语句。有了这条语句,就可以实现从数据库的一个或多个表中查询信息。本实验将从实例出发,详细介绍使用 SELECT 语句进行简单和复杂数据库查询的方法。

简单查询包括:
(1) SELECT 语句的使用形式;
(2) WHERE 子句的用法;
(3) GROUP BY 与 HAVING 的使用;
(4) 用 ORDER 子句为结果排序等。

同时 SELECT 语句又是一个功能非常强大的语句,它有很多非常实用的方法和技巧,是每一个学习数据库的用户都应该尽力掌握的。较复杂的查询主要包括:
(1) 多表查询和笛卡尔查询;
(2) 使用 UNION 关键字实现多表连接;

(3) 表格别名的用法；
(4) 使用 SQL 的统计函数；
(5) 使用嵌套查询等。

实 验 示 例

例 4.1 表数据的查询与统计

实验示例中要使用包括如下 3 个表的"简易教学管理"数据库或数据库用户 jxgl。

(1) 学生表 Student，由学号(Sno)、姓名(Sname)、性别(Ssex)、年龄(Sage)和所在系(Sdept)5 个属性组成，记作 Student(Sno,Sname,Ssex,Sage,Sdept)，其中主码为 Sno。

(2) 课程表 Course，由课程号(Cno)、课程名(Cname)、先修课号(Cpno)和学分(Ccredit)4 个属性组成，记作 Course(Cno,Cname,Cpno,Ccredit)，其中主码为 Cno。

(3) 学生选课表 SC，由学号(Sno)、课程号(Cno)和成绩(Grade)3 个属性组成，记作 SC(Sno,Cno,Grade)，其中主码为(Sno,Cno)。

启动 Oracle SQL Developer，在 Oracle SQL Developer 中连接到系统管理员 system，在 system 的"其他用户"节点上右击，在快捷菜单中选择"创建用户"命令，在如图 4-1 所示的"创建/编辑用户"对话框中创建用户 JXGL(口令自定)。

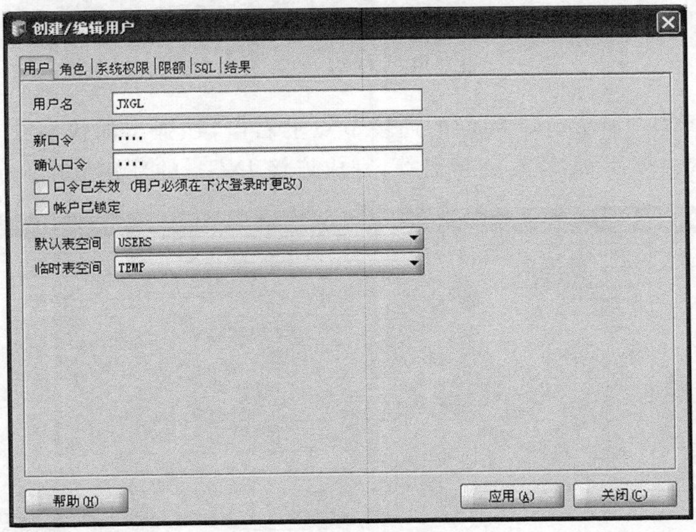

图 4-1 新建用户 JXGL

对应的创建命令如下：

```
CREATE USER JXGL IDENTIFIED BY jxgl DEFAULT TABLESPACE USERS
TEMPORARY TABLESPACE TEMP;
```

同时设置 JXGL 用户默认角色为 RESOURCE，系统权限为允许创建 SESSION，如

图 4-2 所示，对应命令如下：

```
ALTER USER JXGL DEFAULT TABLESPACE USERS TEMPORARY TABLESPACE TEMP ACCOUNT UNLOCK;
                                              --USER SQL
ALTER USER JXGL DEFAULT ROLE "RESOURCE";      --ROLES
GRANT CREATE SESSION TO JXGL;                 --SYSTEM PRIVILEGES
```

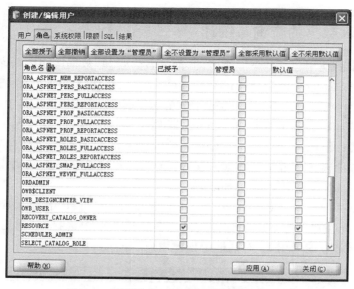

图 4-2　设置用户 JXGL 的角色与系统权限

在 Oracle SQL Developer 界面的连接节点上右击，在弹出的快捷菜单中选择"新建连接"命令，如图 4-3 所示，填写连接名等，完成连接 JXGL 的新建工作。

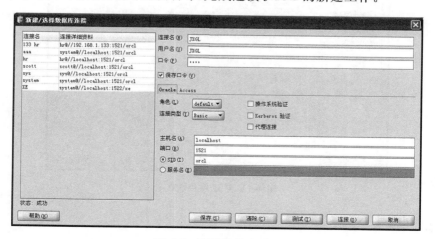

图 4-3　新建连接 JXGL

在 Oracle SQL Developer 中连接（或展开）JXGL 连接点，如图 4-4 所示，其中右边工作区间输入了创建表与添加表记录的 SQL 命令。

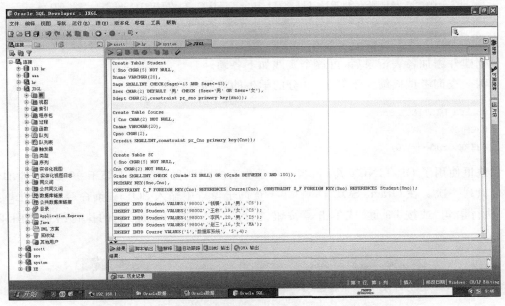

图 4-4 展开连接 JXGL 并输入 SQL 命令

创建 Student、SC 和 Course 三个表及添加表记录的命令如下：

Create Table Student
(Sno CHAR(5) NOT NULL,
Sname VARCHAR(20),
Sage SMALLINT CHECK(Sage>=15 AND Sage<=45),
Ssex CHAR(2) DEFAULT '男' CHECK (Ssex='男' OR Ssex='女'),
Sdept CHAR(2),constraint pr_sno primary key(sno));
Create Table Course (Cno CHAR(2) NOT NULL,Cname VARCHAR(20),Cpno CHAR(2),Ccredit SMALLINT,constraint pr_Cno primary key(Cno));
Create Table SC(Sno CHAR(5) NOT NULL,Cno CHAR(2) NOT NULL,Grade SMALLINT CHECK ((Grade IS NULL) OR (Grade BETWEEN 0 AND 100)),PRIMARY KEY(Sno,Cno),CONSTRAINT C_F FOREIGN KEY (Cno) REFERENCES Course(Cno), CONSTRAINT S_F FOREIGN KEY(Sno) REFERENCES Student (Sno));
INSERT INTO Student VALUES('98001','钱横',18,'男','CS');
INSERT INTO Student VALUES('98002','王林',19,'女','CS');
INSERT INTO Student VALUES('98003','李民',20,'男','IS');
INSERT INTO Student VALUES('98004','赵三',16,'女','MA');
INSERT INTO Course VALUES('1','数据库系统','5',4);
INSERT INTO Course VALUES('2','数学分析',null,2);
INSERT INTO Course VALUES('3','信息系统导论','1',3);
INSERT INTO Course VALUES('4','操作系统原理','6',3);
INSERT INTO Course VALUES('5','数据结构','7',4);
INSERT INTO Course VALUES('6','数据处理基础',null,4);
INSERT INTO Course VALUES('7','C语言','6',3);

```
INSERT INTO SC VALUES('98001','1',87); INSERT INTO SC VALUES('98001','2',67);
INSERT INTO SC VALUES('98001','3',90); INSERT INTO SC VALUES('98002','2',95);
INSERT INTO SC VALUES('98002','3',88);
```

创建并添加各表记录后,可逐个实践如下各题。

例 查询考试成绩大于等于 90 分的学生的学号。

```
SELECT DISTINCT Sno
FROM SC
WHERE Grade>=90;
```

这里使用了 DISTINCT 短语,当一个学生有多门课程成绩大于等于 90 分时,他的学号也只列一次。在 Oracle SQL Developer 查询子窗口中输入 SQL 查询命令,并单击 ▷ 按钮(执行语句,或按 F9 键)或单击 按钮(执行脚本,或按 F5 键)后的执行结果如图 4-5 所示。

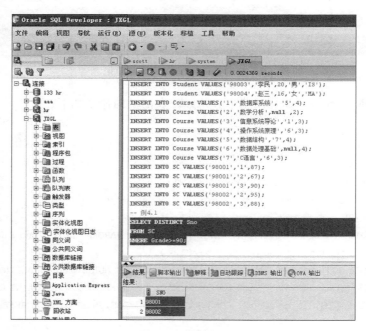

图 4-5 查询结果

例 查询年龄大于 18,并不是信息系(IS)与数学系(MA)的学生的姓名和性别。

```
SELECT Sname,Ssex
FROM Student
WHERE Sage>18 AND Sdept NOT IN ('IS', 'MA');
```

在 Oracle SQL Developer 查询子窗口中的执行情况如图 4-6 所示。

其他查询命令的执行窗口与运行情况类似于图 4-5 和图 4-6,限于篇幅,不再给出相应的查询结果图。

例 查询以"MIS_"开头,且倒数第二个汉字为"导"字的课程的详细情况。

图 4-6 查询结果

SELECT * FROM Course WHERE Cname LIKE'MIS#_%导_' ESCAPE'#';

例 查询选修了课程的学生人数。

SELECT COUNT(DISTINCT Sno)   /*加 DISTINCT 去掉重复值后计数*/
FROM SC;

例 查询计算机系(CS)选修了不少于两门课程的学生的学号。

SELECT Student.Sno FROM Student,SC
WHERE Sdept='CS' AND Student.Sno= SC.Sno
GROUP BY Student.Sno HAVING COUNT(*)>=2;

例 查询 Student 表与 SC 表的广义笛卡尔积。

Select Student.*,SC.* From Student,SC;

或

Select Student.*,SC.* From Student Cross Join SC;

例 查询 Student 表与 SC 表基于学号 Sno 的等值连接。

Select * From Student,SC WHERE Student.Sno=SC.Sno;

例 查询 Student 表与 SC 表基于学号 Sno 的自然连接。

SELECT Student.Sno, Sname, Ssex, Sage, Sdept, Cno, Grade
FROM Student, SC WHERE Student.Sno=SC.Sno;

或

SELECT Student.Sno, Sname, Ssex, Sage, Sdept, Cno, Grade
FROM Student INNER JOIN SC ON Student.Sno=SC.Sno;

例 查询课程中的先修课(自身连接例)。

SELECT FIRST.Cno, SECOND.cpno FROM Course FIRST, Course SECOND
WHERE FIRST.cpno=SECOND.Cno;

为Course表取两个别名 FIRST 与 SECOND,这样就可以在 SELECT 子句和 WHERE 子句中的属性名前分别用这两个别名加以区分。

例 查询学生及其课程、成绩等情况(不管是否选课,均需列出学生信息)。

SELECT Student.Sno, Sname, Ssex, Sage, Sdept, Cno, Grade
FROM Student Left Outer JOIN SC ON Student.Sno=SC.Sno;

例 查询学生及其课程成绩与课程及其学生选修成绩的明细情况(要求学生与课程均需全部列出)。

SELECT Student.Sno, Sname, Ssex, Sage, Sdept, Course.Cno, Grade, cname, cpno, ccredit
FROM Student Left Outer JOIN SC ON Student.Sno= SC.Sno Full Outer join Course on SC.cno=Course.cno;

例 查询性别为男、课程成绩及格的学生信息及课程号、成绩。

SELECT Student.*,Cno,Grade
FROM STUDENT INNER JOIN SC ON Student.Sno=SC.Sno
WHERE SSEX='男' AND GRADE>=60

例 查询与"钱横"在同一个系学习的学生信息。

SELECT * FROM Student
WHERE Sdept IN
(SELECT Sdept FROM Student WHERE Sname='钱横');

或

SELECT * FROM Student
WHERE Sdept=(SELECT Sdept FROM Student
WHERE Sname='钱横');   --当子查询为单列单行值时可以用"="

或

SELECT S1.* FROM Student S1,Student S2
WHERE S1.Sdept=S2.Sdept AND S2.Sname='钱横';

一般来说,连接查询可以替换大多数的嵌套子查询。
SQL-92支持"多列成员"的属于(IN)条件表达。

例 找出同系、同年龄和同性别的学生。

```
Select * from Student T
Where (T.sdept,T.sage,T.ssex) IN (Select sdept,sage,ssex From student S
Where S.sno<>T.sno);                    --Oracle 支持的
```

它等价于逐个成员 IN 的方式表达：

```
Select * from Student T Where T.sdept IN
( Select sdept From student S
Where S.sno<>T.sno and T.sage IN
(Select sage From student X Where S.sno=X.sno and X.sno<>T.sno
and T.ssex IN
(Select ssex From student Y Where X.sno=Y.sno and Y.sno<>T.sno)));
```

例 查询选修了课程名为"数据库系统"的学生学号、姓名和所在系。

```
SELECT Sno,Sname,Sdept FROM Student      --IN 嵌套查询方法
WHERE Sno IN
( SELECT Sno FROM SC
WHERE Cno IN (SELECT Cno FROM Course WHERE Cname='数据库系统'));
```

或

```
SELECT Sno,Sname,Sdept FROM Student      --IN、=嵌套查询方法
WHERE Sno IN
( SELECT Sno FROM SC
WHERE Cno= (SELECT Cno FROM Course WHERE Cname='数据库系统'));
```

或

```
SELECT Student.Sno,Sname,Sdept            --连接查询方法
FROM Student,SC,Course
WHERE Student.Sno=SC.Sno AND SC.Cno=Course.Cno AND Course.Cname='数据库系统';
```

或

```
Select Sno,Sname,Sdept From Student      --Exists 嵌套查询方法
Where Exists( Select * From SC Where SC.Sno=Student.Sno And
Exists( Select * From Course
Where SC.Cno=Course.Cno And Cname='数据库系统'));
```

或

```
Select Sno,Sname,Sdept From Student      --Exists 嵌套查询方法
Where Exists( Select * From course Where Cname='数据库系统' and
Exists( Select * From SC Where sc.sno=student.sno and SC.Cno=Course.Cno));
```

例 检索至少不学 2 和 4 两门课程的学生学号与姓名。

```
SELECT Sno,Sname FROM Student
WHERE Sno NOT IN (SELECT Sno FROM SC WHERE Cno IN ('2','4'));
```

例 查询其他系中比信息系 IS 的所有学生年龄均大的学生名单,并排序输出。

SELECT Sname FROM Student
WHERE Sage>All(SELECT Sage FROM Student
WHERE Sdept='IS') AND Sdept<>'IS'
ORDER BY Sname;

本查询实际上也可以用集函数实现:

SELECT Sname FROM Student
WHERE Sage> (SELECT MAX(Sage) FROM Student
WHERE Sdept='IS') AND Sdept<>'IS'
ORDER BY Sname;

例 查询哪些课程只有女生选读。

SELECT DISTINCT CNAME FROM COURSE C
WHERE '女'=ALL(SELECT SSEX FROM SC,STUDENT
WHERE SC.SNO=STUDENT.SNO AND SC.CNO=C.CNO);

或

SELECT DISTINCT CNAME FROM COURSE C
WHERE NOT EXISTS
(SELECT * FROM SC,STUDENT
WHERE SC.SNO=STUDENT.SNO AND SC.CNO=C.CNO AND STUDENT.SSEX='男');

例 查询所有未修 1 号课程的学生姓名。

SELECT Sname FROM Student
WHERE NOT EXISTS
(SELECT * FROM SC WHERE Sno=Student.Sno AND Cno='1');

或

SELECT Sname FROM Student
WHERE Sno NOT IN (SELECT Sno FROM SC WHERE Cno='1');

但如下查询是错的:

SELECT Sname FROM Student,SC
WHERE SC.Sno=Student.Sno AND Cno<>'1';

例 查询选修了全部课程的学生姓名(为了有查询结果,可调整一些表的数据)。

SELECT Sname FROM Student
WHERE NOT EXISTS
    (SELECT * FROM Course WHERE NOT EXISTS
        (SELECT * FROM SC WHERE Sno=SC.Sno AND Cno=Course.Cno));

由于没有全称量词,将题目的意思转换成等价的存在量词的形式:查询这样的学生姓名没有一门课程是他不选的。

本题的另一操作方法是:

SELECT Sname FROM Student,SC WHERE Student.Sno=SC.Sno
Group by Student.Sno,Sname having count(*)>=(SELECT count(*) FROM Course);

例 查询至少选修了学生 98001 选修的全部课程的学生号码。

本题的查询要求可以做如下解释:不存在这样的课程 y,学生 98001 选修了 y,而要查询的学生 x 没有选。写成的 SELECT 语句为:

SELECT Sno FROM Student SX
WHERE NOT EXISTS
　　(SELECT * FROM SC SCY
　　WHERE SCY.Sno='98001' AND NOT EXISTS
　　　　(SELECT * FROM SC SCZ
　　　　WHERE SCZ.Sno=SX.Sno AND SCZ.Cno= SCY.Cno));

例 查询选修了课程1或课程2的学生学号集。

SELECT Sno FROM SC WHERE Cno='1'
UNION
SELECT Sno FROM SC WHERE Cno='2';

注意:扩展的 SQL 中有集合操作并(UNION)、集合操作交(INTERSECT)和集合操作差(EXCEPT 或 MINUS)等。SQL 的集合操作要求相容,即属性个数、类型必须一致,属性名无关,最终结果集采用第一个结果的属性名,默认为自动去除重复元组,各子查询不带 Order By,Order By 放在整个语句的最后。如:

SELECT Sno FROM SC WHERE Cno='1'
INTERSECT
SELECT Sno FROM SC WHERE Cno='2';　　　--查询既选课程1又选课程2的学生学号集

例 查询计算机科学系的学生与年龄不大于19岁的学生的交集。

SELECT * FROM Student WHERE Sdept='CS'
INTERSECT
SELECT * FROM Student WHERE Sage<=19;

本查询等价于"查询计算机科学系中年龄不大于19岁的学生",为此变通的查询方法为:

SELECT * FROM Student WHERE Sdept='CS' AND Sage<=19;

例 查询选修课程2的学生集合与选修课程1的学生集合的差集。

SELECT Sno FROM SC WHERE Cno='2'
　　MINUS

```
SELECT Sno FROM SC WHERE Cno='1';
```

本例实际上是查询选修了课程 2 但没有选修课程 1 的学生。为此变通的查询方法为：

```
SELECT Sno FROM SC
WHERE Cno='2' AND Sno NOT IN (SELECT Sno FROM SC WHERE Cno='1');
```

例 查询平均成绩大于 85 分的学生的学号、姓名和平均成绩。

```
Select stu_no,sname,avgr
From Student,( Select sno stu_no,avg(grade) avgr From SC Group By sno) SG
Where Student.sno=SG.stu_no And avgr>85;
```

SQL-92 允许在 From 中使用查询表达式，并必须为查询表达式取名。上述查询等价于如下未使用查询表达式的形式：

```
Select Student.Sno,Sname,AVG(Grade)
From Student,SC Where Student.Sno=SC.Sno
Group By Student.Sno,Sname HAVING AVG(Grade)>85;
```

例 查出课程成绩在 90 分以上的女学生的姓名、课程名和成绩。

```
SELECT SNAME,CNAME,GRADE
FROM (SELECT SNAME,CNAME,GRADE FROM STUDENT,SC,COURSE
WHERE SSEX='女' AND STUDENT.SNO=SC.SNO AND SC.CNO=COURSE.CNO) TEMP WHERE GRADE>90;
    --本例特意用查询表达式实现,完全也可用其他方式实现
```

但使用如下查询表达式的查询则不易改写为其他形式。

例 查询各不同的平均成绩所对应的学生人数(给出平均成绩与其对应的人数)。

```
Select avgr,COUNT(*)
From (Select sno,avg(grade) avgr From SC Group By sno) SG
Group By avgr;
```

例 建立信息系学生的视图(含有学号、姓名、年龄及性别)，并要求进行修改和插入操作时仍须保证该视图只有信息系的学生。通过视图查找信息系年龄大于等于 18 岁的女学生。

```
GRANT CREATE VIEW TO JXGL              --赋予用户 JXGL CREATE VIEW 的权力
CREATE VIEW IS_Student
    AS SELECT Sno,Sname,Sage,Ssex
        FROM Student WHERE Sdept='IS' WITH CHECK OPTION
GO
SELECT * FROM IS_Student WHERE Sage>=18 AND Ssex='女';
```

实验内容与要求

请有选择地实践以下各题。

1. 基于"教学管理"数据库 jxgl,试用 SQL 的查询语句表达下列查询。

(1) 检索年龄大于 23 岁的男生的学号和姓名。
(2) 检索至少选修一门课程的女生的姓名。
(3) 检索王同学不学的课程的课程号。
(4) 检索至少选修两门课程的学生的学号。
(5) 检索全部学生都选修的课程的课程号与课程名。
(6) 检索选修了所有 3 学分课程的学生的学号。

2. 基于"教学管理"数据库 jxgl,试用 SQL 的查询语句表达下列查询。

(1) 统计有学生选修的课程门数。
(2) 求选修 4 号课程的学生的平均年龄。
(3) 求学分为 3 的每门课程的学生平均成绩。
(4) 统计每门课程的学生选修人数,超过 3 人的课程才统计。要求输出课程号和选修人数,查询结果按人数降序排列,若人数相同,按课程号升序排列。
(5) 检索学号比王非同学大,而年龄比他小的学生的姓名。
(6) 检索姓名以王打头的所有学生的姓名和年龄。
(7) 在 SC 中检索成绩为空值的学生的学号和课程号。
(8) 求年龄大于女生平均年龄的男生的姓名和年龄。
(9) 求年龄大于所有女生年龄的男生的姓名和年龄。
(10) 检索所有比王华年龄大的学生的姓名、年龄和性别。
(11) 检索选修 2 课程的学生中成绩最高的学生的学号。
(12) 检索学生姓名及其所选修课程的课程号和成绩。
(13) 检索选修 4 门以上课程的学生总成绩(不统计不及格的课程),并要求按总成绩的降序排列出来。

3. 设有如下 4 个基本表(表结构与表内容是假设的)。

请先创建数据库并根据表内容创建表结构,添加表记录。写出实现以下各题功能的 SQL 语句。

(1) 查询选修课程 8105 且成绩为 80~90 的所有记录。
(2) 查询成绩为 79、89 或 99 的记录。
(3) 查询 9803 班的学生人数。
(4) 查询至少有 20 名学生选修的并且编号以 8 开头的课程的平均成绩。
(5) 查询最低分大于 80,最高分小于 95 的学生的学号与平均分。

STUDENT（学生表）

SNO	SNAME	SEX	AGE	CLASS
980101	李华	男	19	9801
980102	张军	男	18	9801
980103	王红	女	19	9801
980301	黄华	女	17	9803
980302	大卫	男	16	9803
980303	赵峰	男	20	9803
980304	孙娟	女	21	9803

TEACHER（教师表）

TNO	TNAME	SEX	AGE	PROF	DEPT
801	李新	男	38	副教授	计算机系
802	钱军	男	45	教授	计算机系
803	王立	女	35	副教授	食品系
804	李丹	女	22	讲师	食品系

COURSE（课程表）

CNO	CNAME	TNO
8104	计算机导论	801
8105	C 语言	802
8244	数据库系统	803
8245	数据结构	804

SC（成绩表）

SNO	CNO	GRADE
980101	8104	67
980101	8105	86
980102	8244	96
980102	8245	76
980103	8104	86
980103	8105	56
980301	8244	76
980302	8245	96
980302	8104	45
980302	8105	85
980303	8244	76
980303	8245	79
980304	8104	86
980304	8105	95

（6）查询9803班学生所选各课程的课程号及其平均成绩。

（7）查询选修8105课程的成绩高于9809号同学成绩的所有同学的记录。

（8）查询与学号为9808的同学同岁的所有学生的学号、姓名和年龄。

（9）查询钱军教师任课的课程号以及选修其课程的学生的学号和成绩。

（10）查询选修某课程的学生人数多于20人的教师姓名。

（11）查询同学选修编号为8105的课程且成绩至少高于其选修编号为8245的课程的同学的学号及8105课程的成绩，并按成绩从高到低的次序排列。

（12）查询选修编号为8105课程且成绩高于所有选修编号为8245的课程成绩的同学的课程号、学号和成绩。

（13）列出所有教师和学生的姓名、性别和年龄。

（14）查询成绩比该课程平均成绩高的学生的成绩表。

（15）列出所有任课教师的姓名和所在系。

（16）列出所有未讲课教师的姓名和所在系。

（17）列出至少有4名男生的班号。

（18）查询不姓张的学生记录。

（19）查询与李华同性别同班的学生姓名。

（20）查询每门课最高分的学生的学号、课程号和成绩。

(21) 查询女教师及其所上的课程。
(22) 查询选修"数据库系统"课程的男生的成绩表。
(23) 查询所有比刘涛年龄大的教师的姓名、年龄和刘涛的年龄。
(24) 查询不讲授 8104 号课程的教师的姓名。

4．设有如下的关系模式。

供应商表 S(SN,SNAME,CITY)。其中 SN 为供应商代号，SNAME 为供应商名字，CITY 为供应商所在城市，主关键字为 SN。

零件表 P(PN,PNAME,COLOR,WEIGHT)。其中 PN 为零件代号，PNAME 为零件名字，COLOR 为零件颜色，WEIGHT 为零件重量，主关键字为 PN。

工程表 J(JN,JNAME,CITY)。其中 JN 为工程编号，JNAME 为工程名字，CITY 为工程所在城市，主关键字为 JN。

供应关系表 SPJ(SN，PN,JN，QTY)。其中 SN、PN 和 JN 含义同上，QTY 表示提供的零件数量，主关键字为 SN、PN 和 JN，外关键字为 SN、PN 和 JN。

S

SN	SNAME	CITY
S1	SN1	上海
S2	SN2	北京
S3	SN3	南京
S4	SN4	西安
S5	SN5	上海

P

PN	PNAME	COLOR	WEIGHT
P1	PN1	红	12
P2	PN2	绿	18
P3	PN3	蓝	20
P4	PN4	红	13
P5	PN5	白	11
P6	PN6	蓝	18

J

JN	JNAME	CITY
J1	JN1	上海
J2	JN2	广州
J3	JN3	武汉
J4	JN4	北京
J5	JN5	南京
J6	JN6	上海
J7	JN7	上海

SPJ

SN	PN	JN	QTY
S1	P1	J1	200
S1	P1	J4	700
S2	P3	J1	800
S2	P3	J2	200
S2	P3	J3	30
S2	P3	J4	400
S2	P3	J5	500
S2	P3	J6	200
S2	P3	J7	300
S2	P5	J2	200
S3	P3	J1	100
S3	P4	J2	200
S4	P6	J3	300
S4	P6	J7	500
S5	P2	J2	500
S5	P2	J4	250
S5	P5	J5	300
S5	P5	J7	100
S5	P6	J2	200
S5	P1	J4	300
S5	P3	J4	100
S5	P4	J4	200

按照上述 4 个表的内容,请先创建数据库及根据表内容创建表结构,并添加表记录。写出实现以下各题功能的 SQL 语句。

(1) 取出所有工程的全部细节。
(2) 取出所在城市为上海的所有工程的全部细节。
(3) 取出重量最轻的零件代号。
(4) 取出为工程 J1 提供零件的供应商代号。
(5) 取出为工程 J1 提供零件 Pl 的供应商代号。
(6) 取出由供应商 Sl 提供零件的工程名称。
(7) 取出供应商 S1 提供的零件的颜色。
(8) 取出为工程 J1 和 J2 提供零件的供应商代号。
(9) 取出为工程 Jl 提供红色零件的供应商代号。
(10) 取出为所在城市为上海的工程提供零件的供应商代号。
(11) 取出为所在城市为上海或北京的工程提供红色零件的供应商代号。
(12) 取出与工程在同一城市的供应商提供的零件代号。
(13) 取出上海的供应商提供给上海的任一工程的零件的代号。
(14) 取出至少由一个和工程不在同一城市的供应商提供零件的工程代号。
(15) 取出上海供应商不提供任何零件的工程代号。
(16) 取出这样一些供应商的代号:他们能够提供至少一种提供红色零件的供应商所提供的零件。
(17) 取出由供应商 S1 提供零件的工程代号。
(18) 取出所有这样的一些＜CITY,CITY＞二元组,使得第 1 个城市的供应商为第 2 个城市的工程提供零件。
(19) 取出所有这样的三元组＜CITY,P♯,CITY＞,使得第 1 个城市的供应商为第 2 个城市的工程提供指定的零件。
(20) 重复(19)题,但不检索两个 CITY 值相同的三元组。
(21) 求没有使用天津单位生产的红色零件的工程号。
(22) 求至少用了单位 S1 所供应的全部零件的工程号。
(23) 完成如下更新操作:
① 把全部红色零件的颜色改成蓝色。
② 由 S6 供给 J4 的零件 P6 改为由 S8 供应,请作必要的修改。
③ 从供应商关系中删除 S2 的记录,并从供应零件关系中删除相应的记录。
④ 删除工程 J8 订购的 S4 的零件。
⑤ 请将(S9,J8,P4,200)插入供应零件关系。

实验 5

SQL 语言——数据更新操作

实验目的

掌握利用 INSERT、UPDATE 和 DELETE 命令实现对表数据的插入、修改与删除等更新操作。

背景知识

实现数据存储的前提是向表格中添加数据；实现表格的良好管理则经常需要修改和删除表格中的数据。数据操纵实际上就是指通过 DBMS 提供的数据操纵语言 DML 实现对数据库中表的更新操作，如数据的插入、删除和修改等操作，使用 SQL 操纵数据的内容主要包括：如何向表中的各行添加数据；如何把一个表中的多行数据插入到另外一个表中；如何更新表中的一行或多行数据；如何删除表中的一行或多行数据；如何清空表中的数据等。

实验示例

例 5.1 INSERT 命令

当建立好基本表后，就要向基本表中添加相应的数据来不断更新表数据，可使用 INSERT 命令的两种格式来完成添加数据的功能。

1. 插入单个元组

语句的格式为：

INSERT [INTO]<表名>[(<属性列 1>[,<属性列 2> …])]VALUES(<常量 1>[,<常量 2>]…)

(1) 按关系模式的属性顺序安排值。

例 插入学号、姓名、年龄、性别和系名分别为'98011'、'张静'、27、'女'和'CS'的新学生。

```
Insert Into Student Values('98011','张静',27,'女','CS');
Commit;
```

执行结果如图 5-1 所示。

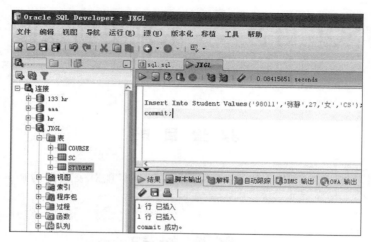

图 5-1　在查询子窗体中通过 INSERT 命令插入一条记录

Insert 语句后可跟 returning 子句来获取插入记录的某字段值。程序代码如下：

```
Set serveroutput on
Declare
    bnd1 student.sno%TYPE;
    bnd2 student.sname%TYPE;
Begin
    Insert Into Student(sno,sname,sage, ssex, sdept) Values('98011','张静',27,'女','CS') RETURNING sno,Student.sname INTO bnd1,bnd2;
    dbms_output.put_line(bnd1||' '||bnd2);
End;
```

(2) 按指定的属性顺序，也可以只添加部分属性（非 Null 属性则必须明确地指定值）。

例　插入学号为'98012'、姓名为'李四'、年龄为 16 的学生信息。

```
Insert Into Student(Sno,Sname, Sage) Values('98012','李四',16);
Commit;
```

新插入的记录在 Ssex 和 Sdept 列上取默认值或空值。在 SQL Plus 中的执行结果如图 5-2 所示。

例　创建自动增长的序列，并添加序列值到编号字段。

```
Create Sequence tt increment by 1 minvalue 101 maxvalue 9999999 cycle;
Create table testable(id int,rq date);
```

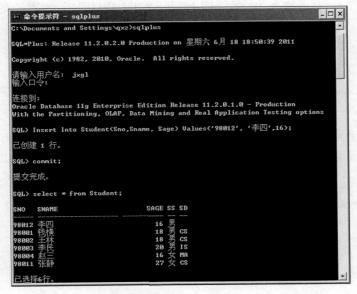

图 5-2　在企业管理器中通过 INSERT 命令插入一条记录

```
Insert into testable Values(tt.nextval,sysdate);
```

若要删除序列,命令为:

```
Drop Sequence tt;
```

若删除测试表 testable,命令为:

```
Drop table testable;
```

注意:

(1) 其余更新命令的执行窗口与运行状况类似于图 5-1 和图 5-2,为节省篇幅,将不再一一列出。

(2) 在 INSERT 语句中,VALUES 列表中的表达式的数量必须与表中的列数匹配,表达式的数据类型必须可以和表中的对应各列的数据类型兼容。如果表中存在定义为 NOT NULL 的数据列,则该列的值必须出现在 VALUES 的列表中,否则服务器会给出错误提示,操作失败。在 INSERT 语句中,INTO 是一个可选关键字,使用这个关键字可以使语句的定义更加清楚。使用该方法一次只能插入一行数据,而且,每次插入数据时都必须输入表格名字以及要插入的数据列的数值。

(3) 如果没有按正确顺序提供插入的数据,则服务器有可能给出一个语法错误,插入操作失败;也有可能服务器没有错误提示,插入操作完成了,但数据是有错的。

2. 插入子查询结果

语句的格式为:

```
INSERT [INTO] <表名> [(<属性列 1> [,<属性列 2>…])] 子查询;
```

其功能一次将子查询(子查询为一个 SELECT-FROM-WHERE 查询块)的结果全部插入指定表中。

例 给 CS 系的学生开设 5 号课程,建立选课信息(成绩暂空)。

```
Insert Into SC
    Select sno,cno,null From Student,Course Where Sdept='CS' and cno='5';
Commit;
```

例 设班里来了位与赵三同名、同性别、同年龄的学生,希望通过使用带子查询块的 INSERT 命令来添加该新生记录,学号设定成赵三的学号加 1,姓名为"赵三 2",其他相同。

```
Insert Into Student
    Select cast(cast(sno as integer)+1 as char(5)),CONCAT(sname,'2'),sage,ssex,sdept
    From Student Where Sname='赵三';
Commit;
SELECT * FROM Student;    --查看结果(执行结果略)
```

注意:INSERT 表和 SELECT 表结果集的列数、列序和数据类型必须一致。数据类型一致是指两个表对应的列的数据类型要么相同,要么可以由数据库服务器自动转换。

例 5.2 UPDATE 命令

当需要修改表中的一列或多列的值时,可以使用 UPDATE 语句。使用 UPDATE 语句可以指定要修改的列和想赋予的新值,通过给出检索匹配数据行的 WHERE 子句还可以指定要更新的列所必须符合的条件。UPDATE 语句语法如下:

```
UPDATE <表名>SET <列名>=<表达式>[,<列名>=<表达式>]…
    [FROM {<table_source>} [,…n ] ]
    [WHERE<条件>];
```

例 将学生 98003 的年龄改为 23 岁。

```
UPDATE Student SET Sage=23 WHERE Sno='98003';
```

例 将 Student 表的前 3 位学生的年龄均增加 1 岁。

```
UPDATE Student SET Student.Sage=Student.Sage+1
where sno in
    (SELECT sno FROM (SELECT * FROM Student ORDER BY sno)
    WHERE ROWNUM <=3);
```

例 将 98001 学生选修 3 号课程的成绩改为该课的平均成绩。

```
Update SC
Set Grade=(Select AVG(Grade) From SC Where Cno='3') Where Sno='98001' and Cno='3';
```

Update 语句后也可跟 Returning 子句来获取更新后记录的字段值。程序代码如下:

实验 SQL 语言——数据更新操作

```
Set serveroutput on
Declare
    bnd1 sc.sno%TYPE;bnd2 sc.grade%TYPE;
Begin
    Update SC Set Grade= (Select AVG(Grade) From SC Where Cno='3') Where Sno='98001' and
    Cno='3' RETURNING sc.sno,sc.grade INTO bnd1, bnd2;
    dbms_output.put_line(bnd1||' '||to_char(bnd2));
End;
```

例 学生王林在 2 号课程考试中作弊，该课成绩应作零分计。

```
UPDATE SC SET GRADE= 0
WHERE CNO= '2' AND
    '王林'= (SELECT SNAME FROM STUDENT WHERE STUDENT.SNO= SC.SNO);
```

例 把学号为 98002 的学生的年龄改为计算机科学系的平均年龄，性别与系别改成与 98003 学号的学生一样。

```
Update student
Set sage= (select avg(sage) from student where sdept='CS'),
(ssex,sdept)= (select ssex,sdept from student where sno='98003')
Where sno='98002'
```

注意：

（1）使用 UPDATE 语句，一次只能更新一张表，但是可以同时更新多个要修改的数据列；

（2）使用一个 UPDATE 语句一次更新一个表中的多个数据列，要比使用多个一次只更新一列的 UPDATE 语句效率高；

（3）没有 WHERE 子句时，表示要对所有行进行修改。

例 5.3 DELETE 命令

要从数据库中删除已有的记录，可使用 Delete 语句来实现，删除语句的一般格式为：

DELETE [FROM] <表名> [WHERE <条件>]

DELETE 语句的功能是从指定表中删除满足 WHERE 子句条件的所有元组。如果省略 WHERE 子句，表示删除表中的全部元组，但表的定义仍在数据字典中。也就是说，DELETE 语句删除的是表中的数据，而不是表的结构定义。

先备份选修表 SC 到 TSC 中，命令为：

Create Table TSC as Select * From SC   --备份到表 TSC 中

例 删除计算机系所有学生的选课记录。

```
SELECT * FROM SC          --删除前
DELETE FROM SC            --删除中
WHERE 'CS'= (SELECT Sdept FROM Student
```

```
    WHERE Student.Sno=SC.Sno)
SELECT * FROM SC          --删除后
```

DELETE 语句后也可跟 Returning 子句来获取刚删除的记录相应的字段值。程序代码如下：

```
Set serveroutput on
Declare
    bnd1 sc.sno%TYPE; bnd2 sc.grade%TYPE;
Begin
    DELETE FROM SC      --删除中
    WHERE SNO='98001' AND cno='2' RETURNING sc.sno,sc.grade INTO bnd1, bnd2;
    dbms_output.put_line(bnd1||' '||to_char(bnd2));
End;
```

例 删除远程（如 remote,remote 为远程 Oracle 实例名，它对应的一个数据库即为远程数据库）数据库的用户 jxgl 拥有的表 SC 中学号为 98001 学生的所有选课记录。

```
DELETE FROM jxgl.SC@ remote WHERE SNO='98001';
```

从本例可知，INSERT 和 UPDATE 命令也是可以用类似于本例中的操作表达方式来实现对远程数据库中的表数据实施操作的。

例 使用 DELETE 语句删除表 SC 中的所有选课数据。

```
DELETE FROM SC;
```

说明：使用 TRUNCATE TABLE 也能清空表格。TRUNCATE TABLE 语句可以删除表中的所有数据，只留下一个表格的定义。使用 TRUNCATE TABLE 语句执行操作通常要比使用 DELETE 语句快。因为 TRUNCATE TABLE 是不记录日志的操作。TRUNCATE TABLE 将释放表的数据和索引所占据的所有空间。语法如下：

```
TRUNCATE table name
```

如 TRUNCATE TABLE SC 为清空 SC 表。

从表 TSC 恢复数据到表 SC,命令为：

```
INSERT INTO SC SELECT * FROM TSC      --这是一种方便、简易地恢复数据的方法
```

注意：在 Transact-SQL 中，关键字 FROM 是可选的，这里是为了区别别的版本的 SQL 兼容而加上的。在操作数据库时，使用 DELETE 语句要小心，因为数据是从数据库中永久地被删除。

* 实验内容与要求

请实践以下命令式更新操作。

1. 在学生表 Student 和学生选课表 SC 中分别添加如下两表中的记录。

2. 备份 Student 表到 TS 中,并清空 TS 表。

学生表 Student

学号(Sno)	姓名(Sname)	年龄(Sage)	性别(Ssex)	所在系(Sdept)
98010	赵青江	18	男	CS
98011	张丽萍	19	女	CH
98012	陈景欢	20	男	IS
98013	陈婷婷	16	女	PH
98014	李军	16	女	EH

学生选课表 SC

学号(Sno)	课程号(Cno)	成绩(Grade)	学号(Sno)	课程号(Cno)	成绩(Grade)
98010	1	87	98011	3	53
98010	2		98011	5	45
98010	3	80	98012	1	84
98010	4	87	98012	3	
98010	6	85	98012	4	67
98011	1	52	98012	5	81
98011	2	47			

3. 给 IS 系的学生开设 7 号课程,建立所有相应的选课记录,成绩暂定为 60 分。

4. 把年龄小于等于 16 的女生记录保存到表 TS 中。

5. 在表 Student 中检索每门课均不及格的学生学号、姓名、年龄、性别及所在系等信息,并把检索到的信息存入 TS 表中。

6. 将学号为 98011 的学生姓名改为'刘华',年龄增加 1 岁。

7. 把选修了"数据库系统"课程而成绩不及格的学生的成绩全改为空值(NULL)。

8. 将 Student 的 4 位学生的年龄均增加 1 岁。

9. 学生王林在 3 号课程考试中作弊,将该课成绩改为空值(NULL)。

10. 把成绩低于总平均成绩的女同学成绩提高 5%。

11. 在基本表 SC 中修改课程号为 2 的课程的成绩,若成绩小于等于 80 分时降低 2%,若成绩大于 80 分时降低 1%(用两个 UPDATE 语句实现)。

12. 利用 SELECT INTO…命令来备份 Student、SC 和 Course 三表,备份表名自定。

13. 在基本表 SC 中删除尚无成绩的选课元组。

14. 把钱横同学的选课情况全部删去。

15. 能删除学号为 98005 的学生记录吗?如果一定要删除该记录的话,该如何操作?给出操作命令。

16. 删除姓张的学生记录。

17. 清空 Student 与 Course 两表。

18. 如何从备份表中恢复全部 3 个表?

实验 6

嵌入式 SQL 应用

实验目的

掌握第三代高级语言如 C 语言中嵌入式 SQL 的数据库数据操作方法,能较好地掌握 SQL 命令在第三代高级语言中操作数据库数据的方式方法,这种方式方法在今后各种数据库应用系统开发中将被广泛采用。

掌握嵌入式 SQL 语句的 C 语言程序的上机过程:包括编辑、预编译、编译、连接、修改、调试与运行等内容。

背景知识

国际标准数据库语言 SQL 应用广泛。目前,各商用数据库系统均支持它,各开发工具与开发语言均以各种方式支持 SQL 语言。涉及数据库的各类操作,如插入、删除、修改与查询等主要是通过 SQL 语句来完成的。广义来讲,各类开发工具或开发语言,其通过 SQL 来实现的数据库操作均为嵌入式 SQL 应用。

但本实验主要介绍 SQL 语言嵌入到第三代过程式高级语言(如 C 语言、Cobol、Fortran 等)中的使用情况。不同的数据库系统一般都提供能嵌入 SQL 命令的高级语言,并把其作为应用开发工具之一。如 SQL Server 支持的嵌入式 ANSI C,UDB/400 支持的 RPG Ⅳ、ILE Cobol/400、PL/1 等,Oracle 支持的 Pro * C 等。本实验主要基于 Oracle 支持的 Pro * C 中嵌入了 SQL 命令实现的简易数据库应用系统——"学生学习管理系统"来展开。

实验示例

1. Pro * C 程序概述

Pro * C 是 Oracle 的一种开发工具,它把过程化语言 C 和非过程化语言 SQL 完善地结合起来,具有完备的过程处理能力,又能完成任何数据库的处理任务,使用户可以通过编程完成各种类型的报表。在 Pro*C 程序中可以嵌入 SQL 语言,利用这些 SQL 语言可以动态地建立、修改和删除数据库中的表,也可以查询、插入、修改和删除数据库表中的行,还可以实现事务的提交和回滚。在 Pro*C 程序中还可以嵌入 PL/SQL 块,以改进应用程序的性能,特别是在网络环境下,可以减少网络传输和处理的总开销。

2. Pro*C 程序的组成结构

通俗来说,Pro*C 程序实际是内嵌有 SQL 语句或 PL/SQL 块的 C 语言程序,因此它的组成类似于 C 语言程序。但因为它内嵌有 SQL 语句或 PL/SQL 块,所以它还含有与 C 语言不同的成份。

每一个 Pro*C 程序都包括两部分:应用程序首部与应用程序体。

(1) 应用程序首部:定义了 Oracle 数据库的有关变量,为在 C 语言中操纵 Oracle 数据库做好了准备。

(2) 应用程序体:基本上由 Pro*C 的 SQL 语句调用组成。主要指查询 select、insert、update、delete 等语句。

3. Pro*C 程序举例

例如:"example.pc"程序能完成输入雇员号、雇员名、职务名和薪金等信息,并插入到雇员表 emp(Oracle 默认安装后 SCOTT 用户连接能存取到该表)中的功能。

```
#define USERNAME "SCOTT"                              //连接 Oracle 的用户名
#define PASSWORD "scott"                              //连接 Oracle 的用户口令
#define SERVER "localhost:1521/orcl"                  //连接 Oracle 的用户口令
#include <stdio.h>
#include <string.h>
#include <stdlib.h>
#include <sqlda.h>
#include <sqlcpr.h>
EXEC SQL INCLUDE sqlca;
EXEC SQL BEGIN DECLARE SECTION;
    char * username=USERNAME;
    char * password=PASSWORD;
    char * server=SERVER;
    varchar sqlstmt[80];
    int empnum;
    varchar emp_name[15];
    varchar job[50];
    float salary;
EXEC SQL END DECLARE SECTION;
void sqlerror();
main()
{   EXEC SQL WHENEVER SQLERROR DO sqlerror();         //错误处理
    EXEC SQL CONNECT :username IDENTIFIED BY :password USING :server;   //连接 Oracle
```

```
        sqlstmt.len= sprintf(sqlstmt.arr,"INSERT INTO EMP(EMPNO,ENAME,JOB,SAL) VALUES (:
        V1,:V2,:V3,:V4)");
        EXEC SQL PREPARE S FROM :sqlstmt;              //SQL 命令区 S 动态准备
        for(;;)
    {       printf("\nenter employee number:");
                scanf("%d",&empnum);
                if (empnum==0) break;
                printf("\nenter employee name:");
                scanf("%s",emp_name.arr);
                emp_name.len= strlen(emp_name.arr);
                printf("\nenter employee job:");
                scanf("%s",job.arr);
                job.len= strlen(job.arr);
                printf("\nenter employee salary:");
                scanf("%f",&salary);
                printf("%d--%s--%s--%f",empnum,emp_name.arr,job.arr,salary);
                //以下通过命令区 S 参数化动态执行 SQL 命令
                EXEC SQL EXECUTE S USING :empnum,:emp_name,:job,:salary;
        }
        EXEC SQL COMMIT WORK RELEASE;
        exit(0);
    }
    void sqlerror(){                                   //错误处理程序
        EXEC SQL WHENEVER SQLERROR CONTINUE;
        printf("\nOracle error detected:\n");
        printf("\n%.70s\n", sqlca.sqlerrm.sqlerrmc);
        EXEC SQL ROLLBACK WORK RELEASE;                //出错回滚,取消操作。
        exit(1);
    }
```

关于 Pro*C 操作数据库,通过以上 example.pc 程序可见一斑,Oracle 支持的 Pro*C 的详细语法等请参阅 Oracle 网站提供的帮助资料(网址为 http://download.oracle.com/docs/cd/E11882_01/appdev.112/e10825/toc.htm)。

下面再进一步示范性地介绍一个完整的简单系统。通过对数据库数据进行插入、删除、修改、查询和统计等的基本操作的具体实现,通过一个个功能的示范与介绍能体现出用嵌入式 C 语言实现一个简单系统的概况。

例 6.1 应用系统背景情况

应用系统开发环境是 Oracle 及其支持的 Pro*C,具体包括如下内容:
(1) 开发语言:Pro*C。
(2) 编译与连接工具:Visual C++98 编译器。
(3) 子语言:MS SQL Server 嵌入式 SQL。

(4) 数据库管理系统：Oracle 9i、Oracle 10g 或 Oracle 11g。
(5) 源程序编辑环境：文本编辑器，如记事本或其他源程序编辑器。
(6) 运行环境：MS-DOS 或 MS-DOS 子窗口。

本应用系统也可采用其他大型数据库系统所提供的嵌入式第三代语言环境，如 SQL Server 支持的嵌入式 C 语言及某版本 SQL Server 数据库管理系统。

要说明的是嵌入式 SQL 命令语法与 PL/SQL 基本相同，Pro*C 及嵌入式 SQL 的详细语法等内容请参阅 Oracle 的最新帮助文件（网址为 http://www.oracle.com/pls/db112/homepage）。常用命令在应用系统中已基本体现。

例 6.2　系统的需求与总体功能要求

为简单起见，假设该学生学习管理系统要处理的信息只涉及学生、课程与学生选课方面的信息。为此，系统的需求分析是比较简单明了的。

本系统功能需求如下。

(1) 在 Oracle 中建立各关系模式对应的库表并初始化各表，确定各表的主键、索引、参照完整性和用户自定义完整性等。

(2) 能对各库表提供输入、修改、删除、添加、查询和打印显示等基本操作。

(3) 能实现如下各类查询：

① 能查询学生基本情况、学生选课情况及各门课考试成绩情况；

② 能查询课程基本情况、课程的学生选修情况和课程成绩情况；

③ 能实现动态输入 SQL 命令查询。

(4) 能实现如下各类查询统计：

① 能统计学生选课情况及学生的成绩单（包括总成绩、平均成绩和不及格门数等）情况；

② 能统计课程综合情况、课程选修综合情况（如课程的选课人数以及最高、最低和平均成绩等）以及课程专业使用状况；

③ 能动态输入 SQL 命令统计。

(5) 用户管理功能，包括用户登录、注册新用户和更改用户密码等功能。

(6) 本系统采用 MS-DOS 操作界面，按相应字符实现子功能切换操作。

系统的总体功能安排为如下的系统功能菜单：

```
0-exit.
1-创建学生表       7-修改学生记录     d-按学号查学生      i-统计某学生成绩
2-创建课程表       8-修改课程记录     e-显示学生记录      j-学生成绩统计表
3-创建成绩表       9-修改成绩记录     f-显示课程记录      k-课程成绩统计表
4-添加学生记录     a-删除学生记录     g-显示成绩记录      l-通用统计功能
5-添加课程记录     b-删除课程记录     h-学生课程成绩表    m-数据库用户表名
6-添加成绩记录     c-删除成绩记录                         n-动态执行 SQL 命令
```

例 6.3 系统概念结构设计与逻辑结构设计

1. 数据库概念结构设计

本系统的 E-R 图(不包括登录用户实体)如图 6-1 所示。

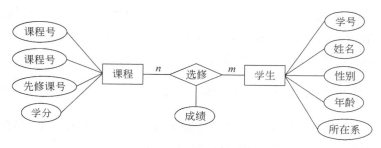

图 6-1 系统 E-R 图

2. 数据库逻辑结构设计

1) 数据库关系模式

按照 E-R 图转化为关系模式的规则,本系统的 E-R 图可转化为如下 3 个关系模式。
(1) 学生(学号,姓名,性别,年龄,所在系)
(2) 课程(课程号,课程名,先修课号,学分)
(3) 选修(学号,课程号,成绩)
则用户表的关系模式为:用户表(用户编号,用户名,口令,等级)
将上述表名与属性名用英文表示,则关系模式为:
student(sno,sname,ssex,sage,sdept)
course(cno,cname,cpno,ccredit)
sc(sno,cno,grade)
users(uno,uname,upassword,uclass)

2) 数据库及表结构的创建

设本系统使用的数据库名为 xxgl,根据已设计出的关系模式及各模式的完整性的要求,现在就可以在 Oracle 数据库系统中实现这些逻辑结构。下面是创建数据库及其表结构的 PL/SQL 命令:

```
CREATE TABLE student ( sno char(5) NOT null primary key, sname char(6) null ,ssex char(2)
null ,sage int null ,sdept char(2) null);
CREATE TABLE course (cno char(1) NOT null primary key,cname char(10) null ,cpno char(1)
null ,ccredit int null);
CREATE TABLE users (uno char(6) NOT NULL PRIMARY KEY, uname VARCHAR2(10) NOT NULL,
upassword VARCHAR2(10) NULL,uclass char(1) DEFAULT('A'));
CREATE TABLE sc ( sno char(5) NOT null ,cno char(1) NOT null ,grade int null ,primary key
(sno,cno),foreign key(sno) references student(sno),foreign key(cno) references course
```

(cno));

例 6.4 典型功能模块介绍

1. 数据库的连接(CONNECTION)

数据库的连接在 main()主程序中,代码如下。

```
main(int argc, char**argv,char**envp)
{     int num=0,nRet; char fu[2];
    EXEC SQL BEGIN DECLARE SECTION;            //用于连接的主变量说明
        VARCHAR username[10],password[10],server[10];
    EXEC SQL END DECLARE SECTION;
    //install Embedded SQL for C error handler
    EXEC SQL WHENEVER SQLERROR DO sql_error("Oracle 错误--\n");
    printf("Sample Embedded SQL for C application\n");
    //get info for CONNECT TO statement,输入用户名、口令以及服务器名
    printf("\n 输入用户名:");
    gets(username.arr);
    username.len= (unsigned short)strlen((char*)username.arr);
    printf("\n 输入口令:");
    gets(password.arr);
    password.len= (unsigned short)strlen((char*)password.arr);
    printf("\n 输入服务器名:");
    gets(server.arr);
    server.len= (unsigned short)strlen((char*)server.arr);
    /*连接到 Oracle 服务器上*/
    EXEC SQL CONNECT :username IDENTIFIED BY :password USING :server;
        if (sqlca.sqlcode==0) { printf("Connection to SQL Server established\n");}
        else {                              //problem connecting to SQL Server
            printf("ERROR: Connection to SQL Server failed\n"); return (1); }
        if (check_username_password()==0){
            for(;;){                        //循环显示菜单,并调用功能子程序
    printf("Please select one function to execute:\n\n");
    printf("    0--exit.\n");
    printf("1--创建学生表 7--修改学生记录 d--按学号查学生 i--统计某学生成绩 \n");
    printf("2--创建课程表 8--修改课程记录 e--显示学生记录 j--学生成绩统计表 \n");
    printf("3--创建成绩表 9--修改成绩 f--显示课程记录 k--课程成绩统计表 \n");
    printf("4--添加学生记录 a--删除学生记录 g--显示成绩记录 l--通用统计功能 \n");
    printf("5--添加课程记录 b--删除课程记录 h--学生课程成绩表 m--数据库用户表名\n");
    printf("6--添加成绩记录 c--删除成绩记录            n--动态执行 SQL 命令\n");
        printf("\n"); fu[0]='0'; scanf("%s",&fu);
        if (fu[0]=='0') break;
```

```c
            if (fu[0]=='1') create_student_table();    //含各种嵌入式 SQL 命令的子系统
            if (fu[0]=='2') create_course_table();
            if (fu[0]=='3') create_sc_table();
            if (fu[0]=='4') insert_rows_into_student_table();
            if (fu[0]=='5') insert_rows_into_course_table();
            if (fu[0]=='6') insert_rows_into_sc_table();
            if (fu[0]=='7') current_of_update_for_student();
            if (fu[0]=='8') current_of_update_for_course();
            if (fu[0]=='9') current_of_update_for_sc();
            if (fu[0]=='a') current_of_delete_for_student();
            if (fu[0]=='b') current_of_delete_for_course();
            if (fu[0]=='c') current_of_delete_for_sc();
            if (fu[0]=='d') sel_student_by_sno();
            if (fu[0]=='e') using_cursor_to_list_student();
            if (fu[0]=='f') using_cursor_to_list_course();
            if (fu[0]=='g') using_cursor_to_list_sc();
            if (fu[0]=='h') using_cursor_to_list_s_sc_c();
            if (fu[0]=='i') sel_student_total_grade_by_sno();
            if (fu[0]=='j') using_cursor_to_total_s_sc();
            if (fu[0]=='k') using_cursor_to_total_c_sc();
            if (fu[0]=='l') using_cursor_to_total_ty();
            if (fu[0]=='m') using_cursor_to_list_table_names();
            if (fu[0]=='n') dynamic_exec_sql_command();
            pause();
        }
    } else printf("Your name or password is error, you can not be logined in the system!");
    disconnect();           //disconnect from SQL Server,main()结束时断开数据库连接
    return(0);
}
```

本系统运行主界面如图 6-2 所示。

2. 表的初始创建（CREATE & INSERT）

系统能在第一次运行前初始化用户表。程序在初始化前，先判断系统库中是否已存在学生表，若存在则询问是否要替换它，得到肯定回答后，便用 DROP 命令删除已有表，用 create table 命令创建 student 表，接着通过多条"insert into…commit work"完成添加记录。程序如下：

```c
int create_student_table()
{   char yn[2];
    EXEC SQL BEGIN DECLARE SECTION;
    char tname[21]="xxxxxxxxxx";
    EXEC SQL END DECLARE SECTION;
```

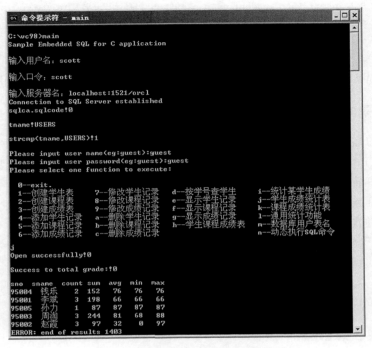

图 6-2 学生学习管理系统运行菜单图

EXEC SQL SELECT table_name into :tname FROM user_tables WHERE table_name='STUDENT';
if (sqlca.sqlcode==0||strcmp(tname,"STUDENT")==0)
{   printf("The student table already exists,Do you want to delete it?\n",sqlca.sqlcode);
    printf("Delete the table? (y--yes,n--no):"); scanf("%s",&yn);
    if (yn[0]=='y'||yn[0]=='Y'){
    EXEC SQL drop table student;
    if (sqlca.sqlcode==0) { printf("Drop table student successfully!%d\n\n",sqlca.sqlcode);}
    else{printf("ERROR: drop table student%d\n\n",sqlca.sqlcode);}
} else return-1;
}
EXEC SQL CREATE TABLE student (sno char(5) NOT null primary key, sname char(6) null, ssex char(2) null ,sage int null, sdept char(2) null);
if (sqlca.sqlcode==0) { printf("Success to create table student!%d\n\n",sqlca.sqlcode);}
else{printf("ERROR: create table student%d\n",sqlca.sqlcode);}
EXEC SQL insert into student values('95001','李斌','男',16,'CS');
EXEC SQL insert into student values('95002','赵霞','女',18,'IS');
EXEC SQL insert into student values('95003','周涛','男',17,'CS');
EXEC SQL insert into student values('95004','钱乐','女',18,'IS');

```
    EXEC SQL insert into student values('95005','孙力','男',16,'MA');
    EXEC SQL COMMIT WORK;
    if (sqlca.sqlcode==0){printf("Success to insert rows to student table!%d\n\n",
    sqlca.sqlcode);}
    else{printf("ERROR: insert rows%d\n\n",sqlca.sqlcode);} return(0);}
```

3. 表记录的插入(INSERT)

表记录的插入程序功能比较简单,主要通过循环结构,可反复输入学生记录的字段值,用"insert into…"命令完成插入工作。直到不再插入退出循环为止。要注意的是为实现某字段值插入空值,要结合使用指示变量,指示变量输入负数表示某字段值插入空值。该程序可进一步完善,使程序能在插入前先判断输入学号的学生记录是否已存在,并据此作相应的处理(请自己完善)。程序如下。

```
    int insert_rows_into_student_table()
    {   EXEC SQL BEGIN DECLARE SECTION;
        int isage=18;
        short isageind=0;
        char issex[]="男";
        short issexind=0;
        char isno[]="95002";
        char isname[]="xxxxxx";
        short isnameind=0;            //其他指示变量定义略(包括子程序中的主变量),下同
        EXEC SQL END DECLARE SECTION;
        char yn[2];
        while(1){ printf("Please input sno(eg:95001):");
        scanf("%s",isno);
printf("Please input name(eg:XXXX):"); scanf("%s",isname);
printf("Please input name indicator(<0 to set null):");
scanf("%d",&isnameind);
printf("Please input age(eg:18):"); scanf("%d",&isage);
printf("Please input age indicator(<0 to set null):");
scanf("%d",&isageind);
printf("Please input sex(eg:男):");
scanf("%s",issex);
printf("Please input sex indicator(<0 to set null):");
scanf("%d",&issexind);
printf("Please input dept(eg:CS、IS、MA…):");
scanf("%s",isdept);
printf("Please input dept indicator(<0 to set null):");
scanf("%d",&isdeptind);
EXEC SQL insert into student (sno, sage, ssex, sname, sdept) values (:isno,:isage:
isageind,:issex:issexind,:isname:isnameind,:isdept:isdeptind);
if (sqlca.sqlcode==0) {printf("execute successfully!%d\n\n",sqlca.sqlcode);}
```

```c
    else{printf("ERROR: execute%d\n",sqlca.sqlcode);}
    printf("Insert again?<(y--yes,n--no):");
    scanf("%s",&yn);
    if (yn[0]=='y'||yn[0]=='Y'){ continue; } else break; }
    return (0); }
```

4. 表记录的修改(UPDATE)

表记录的修改过程如下：首先要求输入学生所在系的名称("**"代表全部系)，然后逐个列出该系的每个学生，询问是否要修改。若要修改，则再要求输入该学生的各字段值，在字段输入中结合使用指示变量，可控制是否要保留字段原值、设置为空还是要输入新值。逐个字段地将值输入完毕，用 UPDATE 命令完成修改操作。在询问是否修改时，也可输入"0"来结束该批修改处理而直接退出。程序如下：

```c
int current_of_update_for_student()
{   char yn[2];
    EXEC SQL BEGIN DECLARE SECTION;
        char deptname[3];       char hsno[6];        char hsname[7];
        char hssex[3];          char hsdept[3];      float hsage;
        short ihsdept=0;        short ihsname=0;     short ihssex=0;
        short ihsage=0;         float isage=38;      short isageind=0;
        char issex[3]="男";     short issexind=0;    char isname[7]="xxxxxx";
        short isnameind=0;      char isdept[3]="CS"; short isdeptind=0;
    EXEC SQL END DECLARE SECTION;
    //ms//EXEC SQL SET CURSORTYPE CUR_BROWSE;
    printf("Please input deptname to be updated(CS、IS、MA…,**--All):\n");
    scanf("%s",deptname);
    if (strcmp(deptname,"*")==0||strcmp(deptname,"**")==0) strcpy(deptname,"%");
    EXEC SQL DECLARE sx2 CURSOR FOR
     SELECT sno,sname,ssex,sage,sdept FROM student where sdept like :deptname for
     update of sname,ssex,sage,sdept;
    EXEC SQL OPEN sx2;
    while( sqlca.sqlcode==0)
    {   EXEC SQL FETCH sx2 INTO :hsno,:hsname:ihsname,:hssex:ihssex,
            :hsage:ihsage,:hsdept:ihsdept;
        if (sqlca.sqlcode!=0) continue;
        printf( "%s\n", "sno sname ssex sage sdept"); printf("%s",hsno);
        if (ihsname==0) printf("%s",hsname); else printf(" null");
        if (ihssex==0) printf(" %s",hssex); else printf(" null");
        if (ihsage==0) printf("%3.0f",hsage);else printf(" null");
        if (ihsdept==0) printf(" %s\n",hsdept);else printf(" null\n");
        printf("UPDATE ? (y/n/0,y--yes,n--no,0--exit)"); scanf("%s",&yn);
        if (yn[0]=='y'||yn[0]=='Y')
        {   printf("Please input new name(eg:XXXX):");scanf("%s",isname);
```

```
            printf("Please input name indicator(<0 to set null,9 no change):"); scanf
            ("%d",&isnameind);
             if (isnameind==9) {if (ihsname<0) isnameind=-1;else strcpy(isname,
            hsname);}
            printf("Please input new age(eg:18):"); scanf("%f",&isage);
            printf("Please input age indicator(<0 to set null,9 no change):");
            scanf("%d",&isageind);
            if (isageind==9) {if (ihsage<0) isageind=-1;else isage=hsage;}
            printf("Please input new sex(eg:男):");scanf("%s",issex);
            printf("Please input sex indicator(<0 to set null,9 no change):");
            scanf("%d",&issexind);
        if (issexind==9) {if (ihssex<0) issexind=-1;else strcpy(issex,hssex);}
        printf("Please input new dept(eg:CS、IS、MA…):"); scanf("%s",isdept);
        printf("Please input dept indicator(<0 to set null,9 no change):");
        scanf("%d",&isdeptind);
        if (isdeptind==9) {if (ihsdept<0) isdeptind=-1;else strcpy(isdept,hsdept);}
        EXEC SQL UPDATE student set sage=:isage:isageind, sname=:isname:isnameind,ssex=:
        issex:issexind,sdept=:isdept:isdeptind where current of sx2; };
        if (yn[0]=='0') break;}; EXEC SQL CLOSE sx2; return (0);}
```

5. 表记录的删除(delete)

表记录的删除程序如下：首先要求输入学生所在系的名称（"**"代表全部系），然后逐个列出该系的每个学生，询问是否要删除。若要删除，则调用 DELETE 命令完成该操作。在询问是否删除时，也可输入"0"直接结束该批删除处理，退出程序。程序如下。

```
int current_of_delete_for_student()
{   char yn[2];……                    //主变量定义略
    printf("Please input deptname(CS、IS、MA…,**--All):\n"); scanf("%s",deptname);
    if (strcmp(deptname," * ")==0||strcmp(deptname,"**")==0) strcpy(deptname,"%");
    EXEC SQL DECLARE sx CURSOR FOR
        SELECT sno,sname,ssex,sage,sdept FROM student
        where sdept like :deptname for update of sname,ssex,sage,sdept;
    EXEC SQL OPEN sx;
    while( sqlca.sqlcode==0)
    {EXEC SQL FETCH sx INTO :hsno,:hsname:ihsname,
        :hssex:ihssex,:hsage:ihsage,:deptname:ihsdept;
     if (sqlca.sqlcode!=0) continue;
    printf( "%s%5s%s%s %s\n", "sno ","sname","ssex","sage","sdept");
    printf("%s",hsno); if (ihsname==0) printf("%s",hsname); else printf(" null");
     if (ihssex==0) printf("%s",hssex);
    else printf(" null");
     if (ihsage==0) printf("%f",hsage);
    else printf(" null");
```

```
        if (ihsdept==0) printf("%s\n",deptname);
     else printf(" null\n");
      printf("DELETE? (y/n/0,y--yes,n--no,0--exit)");
      scanf("%s",&yn);
       if (yn[0]=='y'||yn[0]=='Y')
       { EXEC SQL delete from student where current of sx;};
if (yn[0]=='0') break; };
EXEC SQL CLOSE sx; return (0); }
```

6．表记录的查询（SELECT & CURSOR）

表记录的查询程序如下：先根据 select 查询命令定义游标，打开游标后，再通过循环逐条取出记录并显示出来。所有有效的 select 语句均可通过本程序模式查询并显示。程序如下。

```
int using_cursor_to_list_student()
{   ……                                    //主变量定义略
    EXEC SQL declare studentcursor SCROLL cursor
    for select * from student order by sno;
    EXEC SQL open studentcursor;
    if (sqlca.sqlcode==0){printf("Open successfully!%d\n",sqlca.sqlcode);}
    else{ printf("ERROR: open%d\n",sqlca.sqlcode); }
    printf("\n");printf("sno sname ssex sage sdept \n");
    while (sqlca.sqlcode==0){
    EXEC SQL FETCH NEXT studentcursor INTO :csno,:csname:csnamenull,
    :cssex:cssexnull,:csage:csagenull,:csdept:csdeptnull;
    if (sqlca.sqlcode==0){            //学生记录的显示代码略}
    else{printf("ERROR: fetch%d\n",sqlca.sqlcode);}
} printf("\n"); EXEC SQL close studentcursor; return (0); }
```

7．实现统计功能（total select & cursor）

表记录的统计程序与表记录的查询程序基本相同，只是统计程序中的 select 查询语句带有分组子句 group by，并且在 select 子句中使用统计函数。程序如下。

```
int using_cursor_to_total_s_sc()
{   ……                                    //主变量定义略
    EXEC SQL declare totalssc SCROLL cursor
    for select student.sno,sname,count(grade),
    sum(grade),avg(grade),MIN(grade),MAX(grade)
    from student,sc where student.sno=sc.sno group by student.sno,sname;
    EXEC SQL open totalssc;
    if (sqlca.sqlcode==0){printf("Open successfully!%d\n",sqlca.sqlcode);}
    else{printf("ERROR: open%d\n",sqlca.sqlcode);}
    printf("\n");printf("Success to total grade:!%d\n\n",sqlca.sqlcode);
```

```
            printf("sno sname count sum avg min max \n");
            while (sqlca.sqlcode==0){
            EXEC SQL FETCH NEXT totalssc into :isno,:isname:isnameind,:icnt:icnti,
                        :isum:isumi,:iavg:iavgi,:imin:imini,:imax:imaxi;
            if (sqlca.sqlcode==0) {                //统计结果的显示代码略  }
            else{printf("ERROR: end of results%d\n",sqlca.sqlcode);}
            } printf("\n"); EXEC SQL close totalssc; return (0);
        }
```

8. SQL 的动态执行(EXECUTE)

SQL 的动态执行主要是对 insert、delete 和 update 命令来讲的,输入一条有效的 SQL 命令,调用 execute immediate 命令即可动态执行。程序如下。

```
        int dynamic_exec_sql_command()
        {   EXEC SQL BEGIN DECLARE SECTION;
            char cmd[81];
            EXEC SQL END DECLARE SECTION;
            char c,str[7];
            printf("Please input a sql command(DELETE、UPDATE、INSERT):\n");
            c=getchar();
            gets(cmd);
            if (strlen(cmd)>=6) strncpy(str,cmd,7);
            else { printf("Please input correct command.\n"); return(-1);}
            if (strcmp(str,"select ")==0)
            {printf("Please input only DELETE、UPDATE、INSERT command.\n");
            return(-1); }
            printf("%s\n",cmd);
            EXEC SQL execute immediate :cmd;
            if (sqlca.sqlcode==0)
            { printf("The sql command is executed successfully!%d\n",sqlca.sqlcode);
            }else{printf("ERROR: execute the sql command.%d\n",sqlca.sqlcode);} return (0);}
```

9. 通用统计功能

通用统计功能能完成含有单一统计列的 select 语句的动态执行。先任意输入一条含有两列(其中一列含统计函数)的 select 命令,再利用动态游标来执行与显示,动态游标一般由 declare…prepare…open…fetch…命令序列来完成。程序如下。

```
        int using_cursor_to_total_ty()
        {   //变量定义等略
            printf("Example: select sc.sno,avg(grade)\n");
            printf("                from student,sc \n");
            printf("                group by sc.sno \n");
            printf("Please input total sql statement according to the example.\n");
```

```
c=getchar();
gets(cmd);
if ((int)strstr(cmd,"elect")>=1) i++;
if ((int)strstr(cmd,"avg")>=1) i++;
if ((int)strstr(cmd,"count")>=1) i++;
if ((int)strstr(cmd,"sum")>=1) i++;
if ((int)strstr(cmd,"min")>=1) i++;
if ((int)strstr(cmd,"max")>=1) i++;
if ((int)strstr(cmd,",")>=1) i++;
if (!(i==2||i==3))
{ printf("Please input correct sql statement.\n"); return(-1); }
EXEC SQL prepare total_ty from :cmd;
EXEC SQL declare total_ty_cur scroll cursor for total_ty;
EXEC SQL open total_ty_cur;
if (sqlca.sqlcode==0)
{ printf("Open successfully!%d\n",sqlca.sqlcode); }
else{ printf("ERROR: open%d\n",sqlca.sqlcode); }
printf("\n");
printf("Success to total grade:!%d\n\n",sqlca.sqlcode);
printf("分组字段名    统计值 \n");
while (sqlca.sqlcode==0){
 EXEC SQL FETCH NEXT total_ty_cur into :icno,:icnt:icnti;
 if (sqlca.sqlcode==0) { printf("%s",icno);
 if (icnti==0) printf(" %f\n",icnt);else printf(" null\n"); }
 else{ printf("ERROR: end of results%d\n",sqlca.sqlcode);}
} printf("\n"); EXEC SQL close total_ty_cur; return (0); }
```

其他功能的程序可参阅以上程序自己设计完成。

例 6.5 系统运行情况

1. Pro*C 预编译、编译与连接步骤

（1）先用 Oracle 预编译器 PROC 对 Pro*C 程序进行预处理,该编译器将源程序中嵌入的 SQL 语言翻译成 C 语言,产生一个 C 语言编译器能直接编译的 C 语言源文件,其扩展名为".c"。

（2）用 C 语言编译器 CC 对扩展名为".c"的源文件进行编译,产生目标码文件,其扩展名为".obj"。

（3）使用 MAKE 命令连接目标码文件,生成可运行文件。

例如,对上面的 example.pc 进行编译运行,执行命令为：

（1）预编译命令：PROC iname=example.pc

（2）编译命令：CC example.c

（3）连接生成可执行命令：MAKE EXE=example OBJS="example.o"

(4) 运行：example

2. VC98 预编译、编译与连接步骤

若利用 VC98 编译器编译和连接 C 语言程序，则预编译、编译与连接的过程和命令如下（执行参见图 6-3）。

图 6-3 example.pc 预编译、编译、连接与运行执行情况

先启动"MS-DOS"窗口，执行如下命令，使当前盘为 C，当前目录为 VC98。

C：

cd\VC98

（1）对嵌入 SQL 的 Pro*C 源程序 example.pc 进行预编译的命令是：

PROC iname= example.pc MODE=ORACLE

预编译后会产生 example.c 程序。

（2）编译与连接命令如下：

C:\VC98\Bin\cl-Ic:\app\Administrator\product\11.2.0\dbhome_1\OCI\include- Ic:\app\Administrator\product\11.2.0\dbhome_1\precomp\public-I.- Ic:\VC98\include- D_MT- D_DLL- Zi example.c /link c:\app\Administrator\product\11.2.0\dbhome_1\precomp\LIB\msvc\orasqx11.lib c:\app\Administrator\product\11.2.0\dbhome_1\precomp\LIB\orasql11.lib /LIBPATH:C:\VC98\lib msvcrt.lib /nod:libc

对于上面的命令,设 Oracle 11g(版本 11.2.0)安装于目录 c:\app\Administrator 中;VC98 编译器的相关文件放在目录 c:\VC98 中,example.pc 及其预编译生成的 example.c 文件均在 c:\VC98 中;c:\VC98 中有安装 Visual C++ 6.0 后含有的 3 个子目录 Bin、Include 和 Lib;c:\VC98 中一般还需要有 MSPDB60.DLL 动态连接库文件,该文件可在网上查找下载(在 Visual C++ 6.0 安装盘或安装目录中也可以找到)。

如果安装的是 Oracle 9i(设 Oracle 安装于 c:\Oracle 目录),则编译与连接命令如下:

```
C:\VC98\Bin\cl-Ic:\Oracle\Ora90\oci\include-Ic:\Oracle\Ora90\precomp\public-
I.-IC:\VC98\include-D_MT-D_DLL-Zi example.c /link c:\Oracle\Ora90\precomp\lib\msvc\
oraSQL9.LIB /LIBPATH:C:\VC98\lib msvcrt.lib /nod:libc
```

(3) 运行命令:

```
example
```

执行后,通过 SQL*Plus 或 Oracle SQL Developer 等能查询到已添加的记录。参见图 6-4。

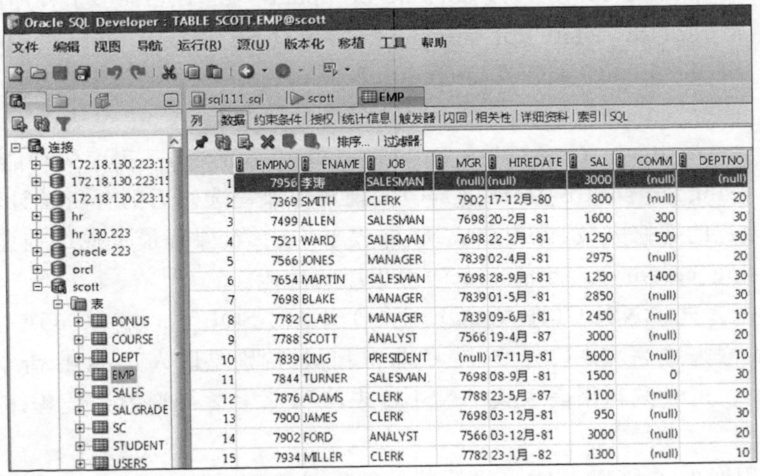

图 6-4 在 Oracle SQL Developer 浏览表记录的情况

以上(1)、(2)步可编写一个批处理文件 run.bat 来自动批执行,run.bat 的内容如下。

```
PROC iname=%1.pc MODE=ORACLE
C:\VC98\Bin\cl-Ic:\app\Administrator\product\11.2.0\dbhome_1\OCI\include-Ic:\app\
Administrator\product\11.2.0\dbhome_1\precomp\public-I.-Ic:\VC98\include-D_MT-D_
DLL-Zi%1.c /link c:\app\Administrator\product\11.2.0\dbhome_1\precomp\LIB\msvc\
orasqx11.lib c:\app\Administrator\product\11.2.0\dbhome_1\precomp\LIB\orasql11.lib /
LIBPATH:C:\VC98\lib msvcrt.lib /nod:libc
```

这样,对 example.pc 进行预编译、编译与连接可以用如下批执行命令:

```
Run example
```

对本实验系统源程序 main.pc 进行预编译、编译与连接可以用如下批执行命令:

Run main

实际上 Pro*C 程序可以在 Windows XP、Windows 2000 或 Windows 2003 等操作系统环境的 MS-DOS 窗口中运行,并能连接到 Oracle 9i、Oracle 10g、Oracle 11g 等多个版本的 Oracle 数据库系统的数据库上。

*实验内容与要求

参阅以上的典型程序,自己实践设计并完成如下功能。

1. 模拟 create_student_table() 实现创建 SC 表或 Course 表,即实现 create_sc_table() 或 create_course_table() 子程序的功能。

2. 模拟 insert_rows_into_student_table() 实现对 SC 表或 Course 表的记录添加,即实现 insert_rows_into_sc_table() 或 insert_rows_into_course_table() 子程序的功能。

3. 模拟 current_of_update_for_student() 实现对 SC 表或 Course 表的记录修改,即实现 current_of_update_for_sc() 或 current_of_update_for_course() 子程序的功能。

4. 模拟 current_of_delete_for_student() 实现对 SC 表或 Course 表的记录删除,即实现 current_of_delete_for_sc() 或 current_of_delete_for_course() 子程序的功能。

5. 模拟 using_cursor_to_list_student() 实现对 SC 表或 Course 表的记录查询,即实现 using_cursor_to_list_sc() 或 using_cursor_to_list_course() 子程序的功能。

6. 模拟 using_cursor_to_total_s_sc() 实现对各课程选修后的分析统计功能,实现分课程统计出课程的选修人数、课程总成绩、课程平均成绩、课程最低成绩与课程最高成绩等,即实现 using_cursor_to_total_c_sc() 子程序的功能。

7. 利用嵌入式 ANSI C(嵌入 SQL 命令)+ MS SQL Server 来实现本系统。SQL Server 支持的嵌入式 ANSI C 与 Pro*C 非常相似,特别是嵌入式 SQL 命令的操作表示是非常相近的。可尝试利用嵌入式 ANSI C 来改写学生学习管理系统程序(main.pc 源程序)。

8. 可选用嵌入式 SQL 技术来设计其他的简易管理系统,以此来作为数据库课程设计的任务。用嵌入式 SQL 技术实践数据库课程设计,能更清晰地体现 SQL 命令操作数据库数据的真谛。

实验 7
索引的基本操作与存储效率的体验

实验目的

对数据库对象如索引进行基本操纵。实践用命令方式与交互方式对索引进行创建、修改、使用和删除等基本操作。

了解不同的实用数据库系统数据存放的存储介质情况、数据库与数据文件的存储结构与存取方式(通过查阅相关资料及系统联机帮助等),重点实践索引的使用效果,实践数据库系统的效率与调节。

背景知识

索引是与表或视图关联的磁盘上的结构,通过索引可以加快从表或视图中检索行的速度。索引包含由表或视图中的一列或多列生成的键,这些键存储在一个结构(B 树)中,使 Oracle 可以快速有效地查找与键值关联的行。索引可以简单地理解为是键值与键值关联行的存取地址的一张表。

1. Oracle 数据库索引分类

Oracle 索引在逻辑上可分为单行索引(Single column)、多行索引(Concatenated)、唯一索引(Unique)、非唯一索引(NonUnique)、函数索引(Function-based)、域索引(Domain)。

Oracle 索引在物理上可分为分区索引(Partitioned)、非分区索引(NonPartitioned)、B 树(B-tree,包括正常型 B 树(Normal)、反转型 B 树(Rever Key)、位图索引(Bitmap))和 Oracle 聚簇索引。

Oracle 索引结构可分为以下两种类型。

(1) B-tree:适合于大量的增、删、改(OLTP);不能用包含 OR 操作符的查询;适合高基数的列(唯一值多);典型的树状结构;每个结点都是数据块;大多是物理上的一层、两层或三层不定,逻辑上三层;叶子块数据是排序的,从左向右递增;在分支块和根块中放的是索引的范围。

(2) Bitmap：适合于决策支持系统；做 UPDATE 代价非常高；非常适合 OR 操作符的查询；基数比较少的时候才能建位图索引。

Oracle 树型结构如下。

(1) 索引头：开始 ROWID，结束 ROWID（先列出索引的最大范围）。

(2) BITMAP：每一个 BIT 对应着一个 ROWID，它的值是 1 或 0，如果是 1，表示 BIT 对应的 ROWID 有值。

2. Oracle 聚簇索引

1) 什么是聚簇索引

聚簇索引是根据码值找到数据的物理存储位置，从而达到快速检索数据的目的。Oracle 聚簇索引的顺序就是数据的物理存储顺序，叶节点就是数据节点。非聚簇索引的顺序与数据物理排列顺序无关，叶节点仍然是索引节点，只不过有一个指针指向对应的数据块。聚簇也是 Oracle 的一个对象，一个表最多只能有一个聚簇索引。

2) 使用 Oracle 聚簇索引

聚簇是一种存储表的方法，这些表密切相关，并经常一起连接进磁盘的同一区域。例如，表 BOOKSHELF 和 BOOKSHELF_AUTHOR 数据行可以一起插入到称为簇（Cluster）的单个区域中，而不是将两个表放在磁盘上的不同扇区上。簇键（Cluster Key）可以是一列或多列，通过这些列可以将这些表在查询中连接起来（如 BOOKSHELF 表和 BOOKSHELF_AUTHOR 表中的 Title 列）。为了将表聚集在一起，必须拥有这些将要聚集在一起的表。下面是 create cluster 命令的基本格式：

```
Create cluster (column datatype [, column datatype]…)[other options];
```

cluster 的名字遵循表命名约定，column datatype 是将作为簇键使用的名字和数据类型。column 的名字可以与将要放进该簇中的表的一个列名相同，也可以为其他有效名字。例如：

```
Create cluster BOOKandAUTHOR (Col1 VARCHAR2(100));
```

这样就建立了一个没有任何内容的簇（像给表分配了一块空间一样）。Col1 的使用对于簇键是不相干的，不会再使用它。但是，它的定义应该与要增加的表的主键相符。接下来，建立包含在该簇中的表：

```
Create table BOOKSHELF(Title VARCHAR2(100) primary key,Publisher VARCHAR2(20),
CategoryName VARCHAR2(20),Rating VARCHAR2(2),constraint CATFK foreign key
(CategoryName) references CATEGORY(CategoryName)) cluster BOOKandAUTHOR(Title);
```

在向 BOOKSHELF 表中插入数据行之前，必须建立一个 Oracle 聚簇索引：

```
Create index BOOKandAUTHORndx on cluster BOOKandAUTHOR;
```

在上面的 Create table 语句中，簇 BOOKandAUTHOR(Title) 子句放在表的列清单的右括号的后面。BOOKandAUTHOR 是前面建立的聚簇的名字。

Title 是将要存储到聚簇 Col1 中的该表的列。Create cluster 语句中可能会有多个簇键,并且在 created table 语句中可能有多个列存储在这些键中。请注意,没有任何语句明确说明 Title 列进入到 Col1 中。这种匹配仅仅是通过位置做到的,即 Col1 和 Title 都是在它们各自的簇语句中提到的第一个对象。多个列和簇键是第一个与第一个匹配,第二个与第二个匹配,第三个与第三个匹配,等等。现在,添加第二个表到聚簇中:

```
Create table BOOKSHELF_AUTHOR(Title VARCHAR2(100),AuthorName VARCHAR2(50),
constraint TitleFK Foreign key (Title) references BOOKSHELF (Title), constraint
AuthorNameFK Foreign key (AuthorName) references AUTHOR (AuthorName)) cluster
BOOKandAUTHOR (Title);
```

当这两个表被聚在一起时,每个唯一的 Title 在簇中实际只存储一次。对于每个 Title,都从这两个表中附加列。来自这两个表的数据实际上存放在一个位置上,就好像簇是一个包含两个表中的所有数据的大表一样。

3) 散列聚簇

对于散列聚簇只有一个表。它通过散列算法求出存储行的物理存储位置,从而快速地检索数据。创建散列聚簇时要指定码列的数据类型、数据行的大小及不同码值的个数。如果码值不是平均分布的,就可能有许多行存储到溢出块上,从而会降低查询该表的 SQL 语句的性能。

散列聚簇被用在总是通过主键查询数据的情况,例如,要从表 T 查询数据,并且查询语句总是这样:

```
select * from T where id=:x;
```

这时散列聚簇是一个好的选择,因为不需要索引。Oracle 将通过散列算法得到值:x 所对应的物理地址,从而直接取到数据。不用进行索引扫描,只通过散列值进行一次表访问。

可以利用索引快速定位表中的特定信息,相对于顺序查找,利用索引查找能更快地获取信息。通常情况下,只有当经常查询索引列中的数据时,才需要在表上查询列创建索引。索引将占用磁盘空间,并且降低添加、删除和修改行的速度。不过在多数情况下,索引所带来的数据检索速度的优势大大超过它的不足之处。

每当修改了表数据后,系统会自动维护表或视图的索引。查询时是否使用索引一般是由数据库系统按某些规则自动确定。

实 验 示 例

例 7.1 Oracle 的索引的应用

1) Oracle 的索引陷阱

一个表中有几百万条数据,对某个字段加了索引,但是查询时性能并没有什么提高,这主要可能是 Oracle 的索引限制造成的。

Oracle 的索引有一些索引限制,在这些索引限制发生的情况下,即使已经加了索引,Oracle 还是会执行一次全表扫描,查询的性能不会比不加索引有所提高,反而可能由于数据库维护索引的系统开销造成性能更差。下面是一些常见的索引限制问题。

(1) 使用不等于操作符(<>,!=)。

下面这种情况,即使在列 deptno 有一个索引,查询语句仍然执行一次全表扫描:

```
select * from dept where deptno<>20;
```

解决问题的办法是用 or 语法替代不等号进行查询,就可以使用索引,以避免全表扫描。上面的语句改成下面的形式,就可以使用索引了。

```
select * from dept where deptno<20 or deptno>20;
```

(2) 使用 is null 或 is not null。

使用 is null 或 is nuo null 也会限制索引的使用,因为数据库并没有定义 null 值。如果被索引的列中有很多 null,就不会使用这个索引(除非索引是一个位图索引,关于位图索引见后文)。在 SQL 语句中使用 null 会造成很多麻烦。解决这个问题的办法是在建表时把需要索引的列定义为非空(not null)。

(3) 使用函数。

如果没有使用基于函数的索引,那么 where 子句中对存在索引的列使用函数时,会使优化器忽略这些索引。下面的查询就不会使用索引:

```
select * from staff where trunc(birthdate)='01-MAY-82';
```

但是把函数应用在条件上,索引是可以生效的,把上面的语句改成下面的语句,就可以通过索引进行查找:

```
select * from staff where birthdate<(to_date('01-MAY-82')+0.9999);
```

(4) 比较不匹配的数据类型。

比较不匹配的数据类型也是难于发现的性能问题之一。

在下面的例子中,设 deptno 是一个 varchar2 型的字段,在这个字段上有索引,但是下面的语句会执行全表扫描:

```
select * from dept where deptno=40;
```

这是因为 Oracle 会自动把 where 子句转换成 to_number(deptno)=40,就是上述(3)的情况,这样就限制了索引的使用。把 SQL 语句改为如下形式就可以使用索引:

```
select * from dept where deptno='40';
```

2) 各种索引使用场合及建议

(1) B 树索引。是常规索引,多用于 OLTP 系统,快速定位行,应建立于高基数列(即列的唯一值除以行数为一个很大的值,存在很少的相同值)。索引创建命令格式如下:

```
Create index indexname on tablename(columnname[,columnname…])
```

实验 索引的基本操作与存储效率的体验

(2) 反向索引。是 B 树的衍生产物,应用于特殊场合,在 Oracle 并行系统(Oracle Parallel System,OPS)环境加序列增加的列上建立,不适合做区域扫描。创建反向索引的命令格式如下:

`Create index indexname on tablename(columnname[,columnname…]) reverse`

(3) 降序索引。是 B 树的衍生产物,应用于有降序排列的搜索语句中,索引中储存了降序排列的索引码,提供了快速的降序搜索。创建降序索引的命令格式如下:

`Create index indexname on tablename(columnname DESC[,columnname…])`

(4) 位图索引。是按位图方式管理的索引,适用于 OLAP(在线分析)和 DSS(决策处理)系统,应建立于低 cardinality 列,适合集中读取,不适合插入和修改,提供比 B 树索引更紧凑的空间。创建位图索引的命令格式如下:

`Create BITMAP index indexname on tablename(columnname[columnname…])`

在实际应用中,如果某个字段的值需要频繁更新,那么就不适合在它上面创建位图索引。在位图索引中,如果用户更新或插入其中一条数值为 N 的记录,则相应表中数值为 N 的记录(可能成百上千条)全部被 Oracle 锁定,这就意味着其他用户不能同时更新这些数值为 N 的记录,而必须要等第一个用户提交后,才能执行更新或插入数据操作,位图索引主要用于决策支持系统或静态数据。

(5) 函数索引。是 B 树的衍生产物,应用于查询语句条件列上包含函数的情况,索引中储存了经过函数计算的索引码值。可以在不修改应用程序的基础上提高查询效率。

3) 索引选择策略
(1) 导入数据后再创建索引。
(2) 不需要为很小的表创建索引。
(3) 对于取值范围很小的字段(如性别字段)应当建立位图索引。
(4) 限制表中的索引的数目。
(5) 为索引设置合适的 PCTFREE 值。
(6) 存储索引的表空间最好单独设定。
(7) 唯一索引和不唯一索引都只是针对 B 树索引而言。
(8) Oracle 最多允许包含 32 个字段的复合索引。
(9) 应估计出一个查询在使用某个索引时需要读入的数据块块数。需要读入的数据块越多,则代价越大,Oracle 也就越有可能不选择使用索引。
(10) 能用唯一索引,一定用唯一索引。
(11) 能加非空,就加非空约束。
(12) 一定要统计表的信息、索引的信息和柱状图的信息。
(13) 联合索引的顺序不同将影响索引的选择,尽量将值少的放在前面。

只有做到以上几点,数据库才会正确的选择执行计划。

4) 举例
创建 B 树的非唯一索引,同时也是单列索引:

```sql
create index a1 on emp(ename);
```

创建 B 树的唯一索引，同时也是单列索引：

```sql
create unique index a2 on emp(ename);
```

创建 B 树的非唯一索引，同时也是多列的复合索引：

```sql
create index a3 on emp(sal,nvl(comm,0));
```

创建 B 树的唯一索引，同时也是多列的复合索引：

```sql
create unique index a4 on emp(sal,nvl(comm,0));
```

创建位图的单列索引：

```sql
create bitmap index a5 on emp(job);
```

创建 B 树的函数索引：

```sql
create index a6 on emp(sal+ nvl(comm,0));
```

以 S 表中的上 sname 属性上建立唯一索引：

```sql
Create Unique Index I_Name On Student(Sname Asc);
```

建立索引后就可以根据索引实行快速查询操作。如：

```sql
Select * From S Where Sname='钱横'
```

这里将使用索引来加快查询速度。

```sql
CREATE INDEX sc_sno_index ON sc(sno);
```

创建索引时对 cno 压缩存储：

```sql
CREATE INDEX sc_cno_grade ON sc(cno,grade) COMPRESS 1;
```

创建索引时不记录重做日志

```sql
CREATE INDEX sc_cno_index_demo ON sc(cno) NOLOGGING;
```

创建不唯一索引：

```sql
create index emp_ename on employees(ename) tablespace users storage(INITIAL 20k next 20k) pctfree 0;
```

注意：创建索引前先要有 employees 表。某列上已有索引时，可先删除先前的索引，再创建索引。

创建唯一索引：

```sql
create unique index emp_email on employees(email) tablespace users;
```

创建位图索引：

```
create bitmap index emp_sex on employees(sex) tablespace users;
```

创建反序索引：

```
create unique index order_reinx on orders(order_num,order_date) tablespace users
reverse;
```

创建函数索引（函数索引既可以是普通的 B 树索引，也可以是位图索引）：

```
create index emp_substr_empno on employees(substr(empno,1,2))tablespace users;
create index index_sc on sc(sno,cno) tablespace users pctfree 5 initrans 2 maxtrans 255
storage(minextents 1 maxextents 16382 pctincrease 0);
```

例 7.2　创建 Oracle 聚簇索引

1) 创建 Oracle 聚簇索引

创建聚簇索引的命令举例如下：

```
CREATE CLUSTER sc(sno char(5),cno char(2)) SIZE 512 STORAGE (initial 100K next 50K);
CREATE INDEX idx_sc ON CLUSTER sc;
create table sc2(id varchar2(4) ,sno char(5),cno char(2),age number(2)) cluster sc(sno,
cno);
create table sc3(id varchar2(4) ,sno char(5),cno char(2),age number(2)) cluster sc(sno,
cno);
drop cluster sc including tables cascade constraints;       --级联删除 cluster 对象 sc
```

2) 创建散列聚簇索引

（1）创建一个散列聚簇 language。聚簇键列为 cust_language（字符型长度 3）；最大 hash 键数为 10；每个键专用 512B；存储区初始大小为 100KB，第二区域为 50KB。创建命令为：

```
CREATE CLUSTER language(cust_language VARCHAR2(3))
SIZE 512 HASHKEYS 10 STORAGE (INITIAL 100k next 50k);
```

以上命令因为省略了 HASH IS 子句，Oracle 数据库就使用内部 hash 函数。

（2）创建一个聚簇键列由 postal_code and 与 country_id 组成的散列聚簇 address，使用包含这些列的 SQL 表达式作为 hash 函数。创建命令为：

```
CREATE CLUSTER address(postal_code NUMBER, country_id CHAR(2))
HASHKEYS 20 HASH IS MOD(postal_code+country_id, 101);
```

（3）创建单表 Hash 散列聚簇。

```
create table customer (customer_id NUMBER(6),customer_name varchar2(8));
insert into customer values(1000,'张三');
insert into customer values(1001,'李四');                --先添加一些记录
CREATE CLUSTER cust_orders(customer_id NUMBER(6)) SIZE 512 SINGLE TABLE HASHKEYS 100;
Create table customer2 cluster cust_orders(customer_id) as select * from customer;
```

```
Drop table customer2;                           --先删除表 customer2
Drop cluster cust_orders;                       --再删除 cluster 对象 cust_orders
```

例 7.3　删除索引

当不再需要一个索引时,可以将其从数据库中删除,以回收它当前使用的磁盘空间。这样数据库中的任何对象都可以使用此回收的空间。删除聚集索引时,可以指定 ONLINE 选项。此选项设置为 ON 时,DROP INDEX 事务将不妨碍对基本数据和关联的非聚集索引进行查询和修改。与创建类似,在"索引/键"对话框中能方便地删除不再需要的索引或键。

删除索引的基本语句语法结构如下:

```
Drop Index Index_Name;
```

例如:

```
Drop Index I_Name;
```

例　删除 SC 表上的非聚集索引 sc_sno_index。

```
DROP INDEX sc_sno_index;
```

例 7.4　OEM 实现索引操作

索引能方便地在 OEM 管理页面中加以管理与操作。在实验 1 中图 1-51 "方案"页面上单击"索引"链接式菜单,出现如图 7-1 所示的索引管理页面。在该页面中输入具体方

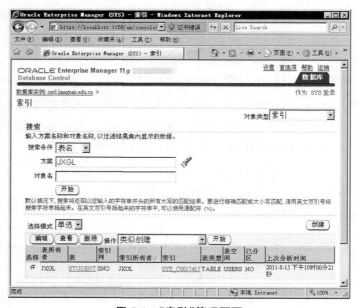

图 7-1　"索引"管理页面

案名称或索引对象名称能查找到具体索引,在选定某索引及操作类型后单击"开始"按钮及启动相应操作;单击"编辑"、"查看"或"删除"按钮能完成对选定索引的相应操作;右上角的"对象类型"下拉列表框能选定除索引外的其他对象类型,可以像对索引对象那样对其他对象加以操作。

在图 7-1 中单击某具体索引名(如 JXGL.SYS_C0017415),能查看到该索引的一般信息,如图 7-2 所示。在图 7-1 中单击"创建"按钮将打开索引创建页面,如图 7-3 所示,其中能按分类逐项指定参数来完成具体索引的创建。

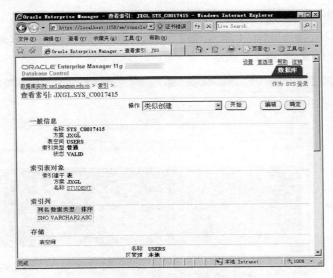

图 7-2　查看具体索引的信息

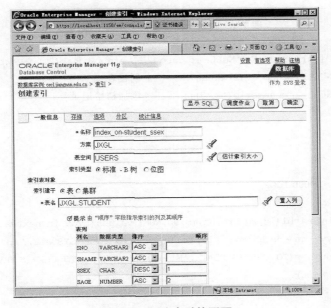

图 7-3　创建索引的页面

例 7.5　Oracle 索引与性能实践

对约有 8 万条记录的表进行单记录插入与所有记录排序查询（分别对两个不同字段进行排序），执行耗时（以毫秒为单位）比较，测试使用索引与不使用索引、使用聚集索引与非聚集索引、对唯一值字段与非唯一值字段建立索引并排序等情况的执行状况。从中能领略到使用索引的作用与意义，并能在其他需要建立索引的场合利用这种测试办法来作分析与比较。

1）创建表 itbl 并插入 8 万条记录

在 Oracle SQL Developer 集成管理器查询子窗口中选择某用户数据库，执行如下命令，生成 80 000 条记录，如图 7-4 所示。

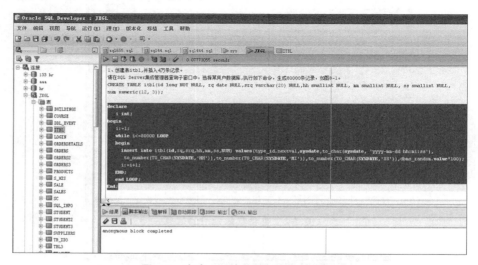

图 7-4　在表 itbl 中生成 80000 条记录

```
CREATE TABLE itbl(id int NOT NULL, rq date NULL,srq varchar(20) NULL,
hh smallint NULL, mm number(2) NULL,            --创建表
ss smallint NULL, num numeric(12, 3));          --添加初始记录
declare
    i int;
begin
    i:=1;
    while i<=80000 LOOP
    begin
     insert into itbl(id,rq,srq,hh,mm,ss,NUM) values(type_id.nextval,sysdate,to_char
(sysdate, 'yyyy-mm-dd hh:mi:ss'),to_number(TO_CHAR(SYSDATE,'HH')), dbms_random.
value (1,to_number(TO_CHAR(SYSDATE,'MI'))),to_number(TO_CHAR(SYSDATE,'SS')),dbms_
random.value*100);
     i:=i+1;
    END;
```

实验 索引的基本操作与存储效率的体验

```
    end LOOP;
End;
```

2) 测试命令执行的代码

运行时把"待测试命令"替换成自己编写的测试命令,在查询分析器中执行后,能返回命令执行的大致时间(单位为毫秒)。

```
declare
    type t_id is table of jxgl.itbl.id%type;
    type t_rq is table of jxgl.itbl.rq%type;
    type t_srq is table of jxgl.itbl.srq%type;
    type t_hh is table of jxgl.itbl.hh%type;
    type t_mm is table of jxgl.itbl.mm%type;
    type t_ss is table of jxgl.itbl.ss%type;
    type t_NUM is table of jxgl.itbl.NUM%type;
    col_id t_id;
    col_rq t_rq;
    col_srq t_srq;
    col_hh t_hh;
    col_mm t_mm;
    col_ss t_ss;
    col_NUM t_NUM;
    dt1 TIMESTAMP;
    i int;s varchar(200);
    hm1 int;
    hm2 int;
begin
    dt1:=systimestamp; hm1:=to_number(TO_CHAR(dt1,'HH')) * 3600000+
    to_number(TO_CHAR(dt1,'MI')) * 60000+
    to_number(TO_CHAR(dt1,'SS')) * 1000+
    to_number(substr(TO_CHAR(dt1,
    'yyyy-mm-dd hh24:mi:ss.ff6'),-6, 3));
    --请替代测试命令
    待测试命令        --此行将用测试命令替代
    --请替代测试命令
    dt1:=systimestamp; hm2:=to_number(TO_CHAR(dt1,'HH')) * 3600000+
    to_number(TO_CHAR(dt1,'MI')) * 60000+
    to_number(TO_CHAR(dt1,'SS')) * 1000+
    to_number(substr(TO_CHAR(dt1,
    'yyyy-mm-dd hh24:mi:ss.ff6'),-6, 3))-hm1;
    s:='耗时--'||to_char(hm2)||'(ms)'; dbms_output.put_line(s);
end;
```

注意:为了能显示耗时信息,运行前先要执行支持显示命令:

```
set serveroutput on
```

3) 未建索引时

(1) 单记录插入(约 0~15ms)0ms 表示不足 1ms,给出的毫秒数是在特定环境下得出的,只供参考,下同。实验时采用的软硬件环境如下：ThinkPad 笔记本电脑；操作系统：XP Professional 版本 2002 Service Pack 3,CPU：Intel Core 2 Duo CPU P8600,主频：2.40GHz,内存：1.98GB)。

insert into itbl(id,rq,srq,hh,mm,ss,NUM) values(type_id.nextval,sysdate,to_char (sysdate,'yyyy-mm-dd hh:mi:ss'),to_number(TO_CHAR(SYSDATE,'HH')),dbms_random. value(1,to_number(TO_CHAR(SYSDATE,'MI'))),to_number(TO_CHAR(SYSDATE,'SS')),dbms_ random.value*100);

(2) 查询所有记录,按 id 排序(约 275ms)。

Select id,rq,srq,hh,mm,ss,NUM BULK collect into col_id,col_rq,col_srq,col_hh,col_mm, col_ss,col_NUM from itbl order by id;

把以上命令放在测试代码段中,运行后得到运行时间 275ms,如图 7-5 所示。

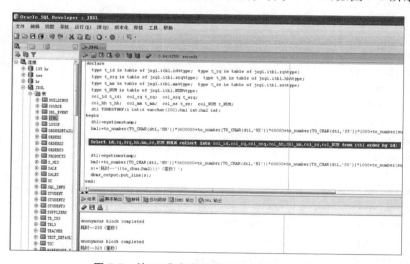

图 7-5　按 id 升序查询表 itbl 中的全部记录

(3) 查询所有记录,按 mm 排序(约 300ms)

Select id,rq,srq,hh,mm,ss,NUM BULK collect into col_id,col_rq,col_srq,col_hh,col_mm, col_ss,col_NUM from itbl order by mm;

(4) 查询 mm=1 的所有记录,按 id 排序(约 0~16ms)。

Select id,rq,srq,hh,mm,ss,NUM BULK collect into col_id,col_rq,col_srq,col_hh,col_mm, col_ss,col_NUM from itbl where mm=1 order by id;

4) 对 itbl 表 id 字段创建非聚集索引

(1) 创建索引(约 145ms)

CREATE INDEX indexname1 ON itbl(id);

检测上面的语句的执行时间时,应改用动态 SQL 执行,即改为

execute immediate 'CREATE INDEX indexname1 ON itbl(id)';

(2) 单记录插入(约 0~16ms)

insert into itbl(id,rq,srq,hh,mm,ss,NUM) values(type_id.nextval,sysdate,to_char
(sysdate,'yyyy-mm-dd hh:mi:ss'),to_number(TO_CHAR(SYSDATE,'HH')),dbms_random.
value (1,to_number(TO_CHAR(SYSDATE,'MI'))),to_number(TO_CHAR(SYSDATE,'SS')),dbms_
random.value * 100);

(3) 查询所有记录,按 id 排序(约 285ms)

Select id,rq,srq,hh,mm,ss,NUM BULK collect into col_id,col_rq,col_srq,col_hh,col_mm,
col_ss,col_NUM from itbl order by id;

(4) 查询所有记录,按 mm 排序(约 265ms)

Select id,rq,srq,hh,mm,ss,NUM BULK collect into col_id,col_rq,col_srq,col_hh,col_mm,
col_ss,col_NUM from itbl order by mm;

(5) 查询 mm=1 的所有记录,按 id 排序(约 16ms)

Select id,rq,srq,hh,mm,ss,NUM BULK collect into col_id,col_rq,col_srq,col_hh,col_mm,
col_ss,col_NUM from itbl where mm=1 order by id;

(6) 删除索引(约 60ms)

execute immediate ' drop index indexname1';

5) 对 itbl 表 mm 字段创建非聚集索引

(1) 创建索引(约 175ms)

execute immediate 'CREATE INDEX indexname1 ON itbl(mm)';

(2) 单记录插入(约 21ms)

insert into itbl(id,rq,srq,hh,mm,ss,NUM) values(type_id.nextval,sysdate,to_char
(sysdate,'yyyy-mm-dd hh:mi:ss'),to_number(TO_CHAR(SYSDATE,'HH')),dbms_random.
value (1,to_number(TO_CHAR(SYSDATE,'MI'))),to_number(TO_CHAR(SYSDATE,'SS')),dbms_
random.value * 100);

(3) 查询所有记录,按 id 排序(约 286ms)

Select id,rq,srq,hh,mm,ss,NUM BULK collect into col_id,col_rq,col_srq,col_hh,col_mm,
col_ss,col_NUM from itbl order by id;

(4) 查询所有记录,按 mm 排序(约 295ms)

Select id,rq,srq,hh,mm,ss,NUM BULK collect into col_id,col_rq,col_srq,col_hh,col_mm,
col_ss,col_NUM from itbl order by mm;

(5) 查询 mm=1 的所有记录,按 id 排序(约 15ms)

Select id,rq,srq,hh,mm,ss,NUM BULK collect into col_id,col_rq,col_srq,col_hh,col_mm,
col_ss,col_NUM from itbl where mm=1 order by id;

(6) 删除索引(约 80ms)

execute immediate ' drop index indexname1';

6) 对 itbl 表 mm 字段创建聚簇索引

表簇(table cluster)是一个数据库对象,它可以将那些经常在相同数据块中一起使用的表进行物理分组。在处理那些经常连接在一起进行查询的表时,表簇是特别有效的。一个表簇存储簇键(用于将表连接到一起的列),以及簇表中的列值。因为簇中的表都被储存在相同的数据库块中,所以使用簇工作时,I/O 操作就减少了。

使用典型数据簇的目的是为了在硬盘上将应用程序经常一起使用的行存储在一起,当应用程序请求这组行时,Oracle 只用一个或几个硬盘 I/O 就能找到所有被请求的行。

簇可以将两个或多个表捆绑在一起,簇是一种数据库结构,在这个结构中,可以将两个或多个表储存在相同的数据块或段中,加入到簇中的每个表行将物理地存储在相同的块中,好像这些表在簇键处连接起来了一样。这里在簇中只存储一个表。

在创建簇时有两种选择:

(1) index cluster(为默认类型,需要在其中创建 cluster index);

(2) hash cluster。

创建簇的步骤如下:

(1) 创建聚簇

create cluster itbl_cluster (mm NUMBER(2)) tablespace users;

上面的语句创建了一个名为 itbl_cluster 的簇,且将它置于表空间 usrs 中。因为上面创建的是 index cluster,所以当簇创建完后,还必须在簇键上创建索引。

(2) 创建簇键

create index itbl_cluster_idx on cluster itbl_cluster tablespace users;

说明:若要创建 hash cluster,则创建命令如下:

Create cluster itbl_cluster2 (mm NUMBER(2)) size 8k hashkeys 1000 tablespace users;

参数 hashkeys 用来定义分配给表的 hash 值的数目,指出了在聚簇中唯一性簇键的最大值。这时不需创建索引。

(3) 创建参与聚簇的表

在 itbl_cluster 簇上创建表 itbl2 的命令如下:

create table itbl2 cluster itbl_cluster(mm) as select * from itbl;

在 itbl_cluster2 簇上创建表 itbl3 的命令如下:

create table itbl3 cluster itbl_cluster2 (mm) as select * from itbl;

然后可以对比在 itbl、itbl2 和 itbl3 表上添加记录、查询记录等的性能情况。
① 单记录插入到表 itbl2(约 0ms)。

insert into itbl2(id,rq,srq,hh,mm,ss,NUM) values(type_id.nextval,sysdate,to_char
(sysdate, 'yyyy-mm-dd hh:mi:ss'),to_number(TO_CHAR(SYSDATE,'HH')),dbms_random.
value (1,to_number(TO_CHAR(SYSDATE,'MI'))),to_number(TO_CHAR(SYSDATE,'SS')),dbms_
random.value * 100);

② 单记录插入到表 itbl3(约 0~16ms)。

insert into itbl3(id,rq,srq,hh,mm,ss,NUM) values(type_id.nextval,sysdate,to_char
(sysdate, 'yyyy-mm-dd hh:mi:ss'),to_number(TO_CHAR(SYSDATE,'HH')),dbms_random.
value (1,to_number(TO_CHAR(SYSDATE,'MI'))),to_number(TO_CHAR(SYSDATE,'SS')),dbms_
random.value * 100);

③ 对表 itbl2 查询所有记录,按 id 排序(约 278ms)。

Select id,rq,srq,hh,mm,ss,NUM BULK collect into col_id,col_rq,col_srq,col_hh,col_mm,
col_ss,col_NUM from itbl2 order by id;

④ 表 itbl3 查询所有记录,按 id 排序(约 280ms)。

Select id,rq,srq,hh,mm,ss,NUM BULK collect into col_id,col_rq,col_srq,col_hh,col_mm,
col_ss,col_NUM from itbl3 order by id;

⑤ 表 itbl2 查询所有记录,按 mm 排序(约 313ms)。

Select id,rq,srq,hh,mm,ss,NUM BULK collect into col_id,col_rq,col_srq,col_hh,col_mm,
col_ss,col_NUM from itbl2 order by mm;

⑥ 表 itbl3 查询所有记录,按 mm 排序(约 277ms)。

Select id,rq,srq,hh,mm,ss,NUM BULK collect into col_id,col_rq,col_srq,col_hh,col_mm,
col_ss,col_NUM from itbl3 order by mm;

⑦ 对表 itbl2 查询 mm=1 的所有记录,按 id 排序(约 0~16ms)。

Select id,rq,srq,hh,mm,ss,NUM BULK collect into col_id,col_rq,col_srq,col_hh,col_mm,
col_ss,col_NUM from itbl2 where mm=1 order by id;

⑧ 对表 itbl3 查询 mm=1 的所有记录,按 id 排序(约 0~16ms)。

Select id,rq,srq,hh,mm,ss,NUM BULK collect into col_id,col_rq,col_srq,col_hh,col_mm,
col_ss,col_NUM from itbl3 where mm=1 order by id;

⑨ 实验完成后删除簇及其相关表。

在删除簇的时候,首先必须删除参与该簇的表或者使用 including tables 子句。不能从正在使用的簇删除表。

将簇及相关表一并删除的命令如下:

drop cluster itbl_cluster including tables cascade constraints;

或先删除表,再删除簇对象。命令如下:

drop table itbl2; drop cluster itbl_cluster;
drop table itbl3; drop cluster itbl_cluster2;

需要说明的是,命令执行的耗时是在特定环境下的大概数,因为有很多因素会影响到执行的时间,通过比较能说明一个粗略的状况。可以通过进一步加大表的记录数、多次实验取平均值方法等来更正确地体现使用索引的效果。

实验内容与要求

1. 实验总体要求

(1) 索引的创建、修改与使用。

(2) 对多种数据库系统,如 Access、MS SQL Server 和 Oracle 等,了解其数据库存放的存储介质情况及文件组织方式等,了解常用数据库系统的数据文件的存储结构与存取方式方法等。

(3) 索引的使用效果测试。

(4) 了解数据库系统效率相关的参数并测试这些参数的调节效果。

2. 实验内容

(1) 创建与删除索引。

① 对 DingBao 数据库(参阅实验 3)中 CUSTOMER 表的 pna 字段降序建立非聚集索引 pna_index。

② 修改非聚集索引 pna_index,使其对 pna 字段为升序。

③ 删除索引 pna_index。

(2) 参照实验示例上机操作;表 itbl 的记录增大到 80 万条或更大,重做实验;多次实验记录耗时,并作分析比较。

(3) 自己找一个较真实的含较多记录的表,参照实验示例做类似的实验,测试不使用索引或使用索引的效果。多次实验记录耗时,并作分析比较。

(4) Oracle 中影响数据存取效率的因素分析及体会。

在了解相关参数意义的基础上,通过实践可调节数据库服务器或某数据库的性能相关的参数,体会其对系统运行性能的影响。

通过以上这些影响数据存取效率的因素的调节,能在实践中寻求数据库数据的最优操作性能。

实验 8

存储过程的基本操作

实验目的

学习与实践对存储过程的创建、修改、使用和删除等基本操作。

背景知识

Oracle 允许在数据库中定义子程序,这种程序块称为存储过程(Procedure),它存放在数据字典中,可以在不同用户和应用程序之间共享,并可实现程序的优化和重用。使用存储过程的优点如下。

(1) 过程在服务器端运行,执行速度快。

(2) 过程执行一次后代码就驻留在服务器端高速缓冲存储器,在以后的操作中,只需从高速缓冲存储器中调用已编译代码执行,提高了系统性能。

(3) 确保数据库的安全。可以不授权用户直接访问应用程序中的一些表,而是授权用户执行访问这些表的过程。非表的授权用户只能通过过程访问这些表。

(4) 自动完成需要预先执行的任务。过程可以在系统启动时自动执行,而不必在系统启动后再进行手工操作,大大方便了用户的使用,可以自动完成一些需要预先执行的任务。

存储过程的主体是标准 SQL 命令,同时包括 SQL 的扩展:语句块、结构控制命令、变量、常量、运算符、表达式、流程控制和游标等,使用存储过程能有效地提高数据库系统的整体运行性能。

实验示例

在 Oracle 中,用户存储过程只能定义在当前数据库中,这里主要介绍存储过程的创建、调用、修改和删除等实验内容。

例 8.1　存储过程的基本操作

1. 创建存储过程

创建存储过程的语法格式如下：

```
Create [Or Replace] Procedure [Schema.]Procedure_Name      /*定义过程名*/
[ (Parameter Parameter_Mode Date_Type , …N )]              /*定义参数类型及属性*/
Is|As [定义语句]
    Begin
        SQL_Statement                                      /* PL/SQL 过程体,要执行的操作*/
End Procedure_Name
```

Procedure_Name 是过程名,必须符合标识符规则;Schema 是指定过程属于的用户方案;Parameter 是过程的参数,参数名必须符合标识符规则,在创建过程时可以声明一个或多个参数,执行过程时应提供对应的参数值。

Parameter_Mode 是参数的类型,过程参数和函数参数一样,也有 3 种类型,分别为in、Out 和 in Out。In 表示参数是输入给过程的;Out 表示参数在过程中将被赋值,可以传给过程体的外部;In Out 表示该类型的参数既可以向过程体传值,也可以在过程体中赋值;SQL_Statement 代表过程体包含的 PL/SQL 语句。

创建存储过程的另一语法格式如下：

```
create or replace procedure 存储过程名 (param1 in type,param2 out type[,…]) as …
变量 1 类型 (值范围);
变量 2 类型 (值范围);
 ⋮
Begin
    Select count(*) into 变量 1 from 表 A where 列名=param1;
        If (判断条件) then
            Select 列名 into 变量 1 from 表 A where 列名=param1;
            Dbms_output.Put_line('打印信息');
        Elsif (判断条件) then
            Select 列名 into 变量 2 from 表 A where 列名=param2;
            Dbms_output.Put_line('打印信息');
        Else
            Raise 异常名(NO_DATA_FOUND);
        End if;
Exception
    When others then Rollback;
End;
```

对上述语法格式应注意以下几点。

(1) 存储过程参数不带取值范围,in 表示传入,out 表示输出。

(2) 变量带取值范围,后面接分号。

(3) 在判断语句前最好先用 count(*) 函数判断是否存在该条操作记录。
(4) 用 select …into…给变量赋值。
(5) 在代码中抛出异常用 raise+异常名。

例 从数据库的 SC 表中查询某人的平均成绩,根据平均成绩写评语(对 S 表执行 "ALTER TABLE Student ADD Grade CHAR(1);",先要添加 Grade 等级列)。执行过程如图 8-1 所示。

```
SQL>Create Or Replace Procedure Update_Info( Name In Varchar2 )
  2  As CJ Number;
  3  Begin
  4    Select AVG(SC.Grade) Into CJ From SC,Student
  5    Where SC.Sno=Student.Sno And Sname=Name;
  6    If CJ>=60 Then
  7      Update Student Set Grade='C'           --设 Student 表已添加 Grade 等级属性
  8      Where Sname=Name;
  9    else
 10      Update Student Set Grade='D' Where Sname=Name;
 11    End If;
 12    COMMIT;
 13  End Update_Info;
 14  /
```

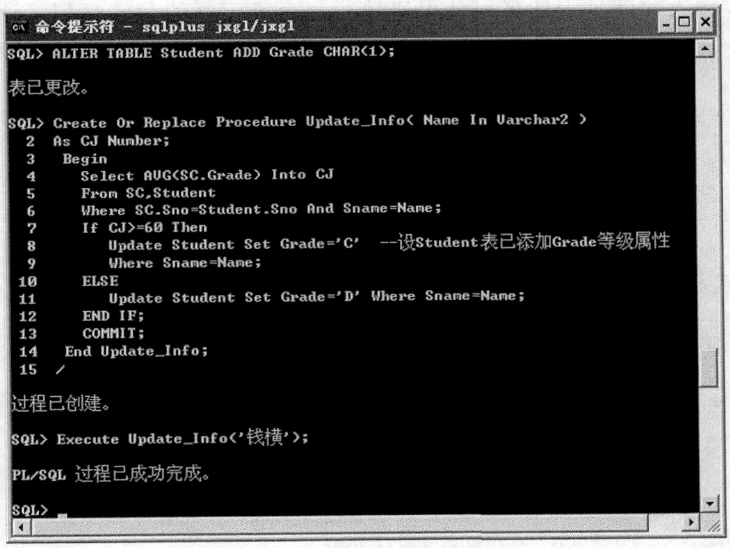

图 8-1 在 SQL Plus 中创建与执行存储过程

存储过程的创建还可在 SQL Developer 图形操作界面中来完成。如图 8-2 所示,在右边 JXGL SQL 工作表区域输入完整的存储过程的代码,单击▣工具按钮(或按 F5 键)来运行脚本,单击▣工具按钮(或按 F11 键)来确认提交,单击▣工具按钮(或按 F12 键)

来回退,如此来直观地完成对存储过程的创建、修改和运行等。

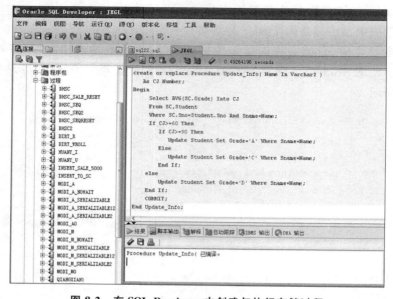

图 8-2 在 SQL Developer 中创建与执行存储过程

2. 调用存储过程

通过直接输入存储过程的名字就可以执行一个已定义的存储过程。语法格式如下:

Exec[Ute] Procedure_Name[(Parameter,…)]

Procedure_Name 为要调用的存储过程的名字,Parameter 为参数值。
例如,Update_Info 存储过程的执行采用如下的命令:

Execute Update_Info('钱横');

3. 存储过程的编辑修改

例 对存储过程 update_Info 进行修改(增加 A 等级)。

```
SQL>Create Or Replace Procedure Update_Info( Name In Varchar2 )
2    As CJ Number;
3    Begin
4    Select AVG(SC.Grade) Into CJ From SC,Student
5    Where SC.Sno=Student.Sno And Sname=Name;
6    If CJ>=60 Then
7      If CJ>=90 Then
8         Update Student Set Grade='A' Where Sname=Name;
9      Else
10        Update Student Set Grade='C' Where Sname=Name;
11     End If;
```

```
12    else
13      Update Student Set Grade='D' Where Sname=Name;
14    End If;
15    COMMIT;
16  End Update_Info;
17  /
```

4. 删除存储过程

当不再需要某个过程时,应将其从数据库中删除,以释放它占用的资源。语法格式如下:

```
Drop Procedure [Schema.]Procedure_Name;
```

Schema 是包含过程的用户,Procedure_Name 是将要删除的存储过程名称。

例 删除数据库中的 update_Info 存储过程。

```
Drop Procedure Update_Info;
```

5. OEM 实现程序包操作

存储过程等能方便地在 OEM 管理页面中加以管理与操作。在实验 1 中的图 1-51 "方案"页面上单击"程序包"链接式菜单,出现如图 8-3 所示的程序包管理页面。在该页面中输入具体方案名称或程序包对象名称能查找到具体程序包,在选定某程序包、操作类型后单击"开始"按钮能启动相应操作;单击"编辑"、"查看"或"删除"按钮,能完成对选定程序包的相应操作;右上角"对象类型"下拉列表框能选定除程序包外的其他对象类型可以按照与程序包对象类似的方法加以操作。

图 8-3 "程序包"管理页面

6. 存储过程举例

例　编写存储过程,实现将输入的数字转成非负数的简单功能。

```
create or replace procedure test(x IN OUT number) is
begin
    if x<0 then
        begin x:=0-x; end;
    end if;
    if x=0 then
        begin x:=1; end;
    end if;
end test;
--调用 test()存储过程
declare
X INT;
begin
    X:=-100;TEST(X);dbms_output.put_line(X);
    X:=0; TEST(X);dbms_output.put_line(X);
    X:=100; TEST(X);dbms_output.put_line(X);
end;
```

例　建立存储过程 test_while(),利用 while 循环实现从 1 到参数 i 间各整数的累加功能。

```
create or replace procedure test_while(i in int,o out number) as
k int;
begin
    k:=1;o:=0;
    while k<=i LOOP
        begin
            o:=o+k;
            k:=k+1;
        end;
    end LOOP;
    dbms_output.put_line('sum='||o);
end test_while;
--调用 test_while()存储过程
declare
i int;
begin
test_while(100,i);
end;
```

例　通过游标实现遍历显示所有学生的姓名。

```
create or replace procedure test_cur as
cursor cursor is select sname from student; sname varchar(20);
begin
    open cursor;
    LOOP
    begin
        FETCH cursor INTO sname;
        exit when cursor%notfound;
        dbms_output.put_line(sname);
    end;
    end LOOP;
    close cursor;
end;
execute test_cur; --调用 test_cur 存储过程
```

例 通过游标,用"for … in cursor LOOP"实现遍历显示所有学生的姓名。

```
create or replace procedure test_cur2 as
Cursor cursor is select sname from student;
begin
    for sname in cursor LOOP
    begin
        dbms_output.put_line(sname.sname);
    end;
    end LOOP;
end;
execute test_cur2; --调用 test_cur2 存储过程
```

例 创建无参数的存储过程,实现查找学号为 98001 的学生的姓名的功能。

```
create or replace procedure stu_proc4 as
ssname student.sname%type;
begin
    select sname into ssname from student where sno='98001';
    dbms_output.put_line(ssname);
end;
--调用 stu_proc4 存储过程
declare
begin
    stu_proc4;
end;
```

例 创建含输入参数的存储过程,实现按学号查找学生姓名的功能。

```
create or replace procedure stu_proc1 (insno in student.sno%type) as
ssname varchar2(25);
begin
```

```
    select sname into ssname from student where sno=insno;
    Dbms_output.Put_line(ssname);
end;
execute stu_proc1('98001');          --调用 stu_proc1 存储过程。
```

例 创建含输出参数的存储过程，实现查找学号为 98001 的学生的姓名并用参数返回的功能。

```
create or replace procedure stu_proc2(ssname out student.sname%type) as
begin
    select sname into ssname from student where sno='98001';
    dbms_output.put_line(ssname);
end;
--调用 stu_proc2 存储过程
declare
    ssn VARCHAR2(10);
begin
    stu_proc2(ssn);
    dbms_output.put_line(ssn);
end;
```

例 创建含输入、输出参数的存储过程，实现查找学号为 98002 的学生的姓名并用参数返回的功能。

```
create or replace procedure stu_proc3(ssno in student.sno%type,ssname out student.sname%type) as
begin
    select sname into ssname from student where sno=ssno;
    dbms_output.put_line(ssname);
end;
declare                   --调用 stu_proc3 存储过程
    ssn VARCHAR2(5);
begin
    stu_proc3('98002',ssn);
    dbms_output.put_line(ssn);
end;
```

例 创建存储过程 get_sc，显示 SC 表中记录数。

```
create or replace procedure get_sc as aa number;
begin
    select count(*) into aa from sc;
    dbms_output.put_line('SC 表中记录数='||aa);
end;
execute get_sc;  --调用 get_sc 存储过程
```

例 定义游标 InsRecToS()，实现添加学生表记录的功能。

```
create or replace procedure InsRecToS(sno char,sn varchar,sex char,age int,dept
varchar)as
begin
    insert into student(sno,sname,sage,ssex,sdept)values(sno,sn,age,sex,dept);
end;
--调用 InsRecToS()存储过程来添加一新学生
Begin
    InsRecToS('98008','罗兵','男',18,'CS');--执行该存储过程
end;
```

例 创建采用 SYS_REFCURSOR 型游标的存储过程,实现遍历所有学生的姓名的功能。SYS_REFCURSOR 游标是 Oracle 预定义的游标,可作为参数来传递到主调程序,并使用传出的游标来再次遍历显示。

```
create or replace procedure test_refcur(rsCursor out SYS_REFCURSOR) as
cur SYS_REFCURSOR;
sname varchar(20);
begin
    OPEN cur FOR select sname from student;
    LOOP
        begin
            FETCH cur INTO sname;
            exit when cur%notfound;
            dbms_output.put_line(sname);            --第一次遍历显示
        end;
    end LOOP;
    OPEN cur FOR select sname from student;         --再次打开游标,使游标指针指向首行
    rsCursor :=cur;               --游标指针已指向首行,为再次遍历传出的游标做好准备
end test_refcur;
--调用 test_refcur 存储过程,获取返回的游标后,主程序再次对游标遍历显示
declare
cur SYS_REFCURSOR;
sname VARCHAR2(20);
begin
    test_refcur(cur);
    LOOP
        begin
            FETCH cur INTO sname;
            exit when cur%notfound;
            dbms_output.put_line(sname);            --第二次遍历显示
        end;
    end LOOP;
    close cur;
end;
```

例 通过自定义记录、数组类型、记录数组变量、程序包、程序包体和存储过程等调用存储过程、包过程方法 testarray2，用 3 种方式浏览显示 SC 表记录。

```sql
--创建程序包 myPackage,其中含自定义类型及过程方法等
create or replace package myPackage as
type sc is record(sno char(5),cno char(2), grade number);      --自定义记录类型
type TestArray is table of sc index by binary_integer;          --自定义数组类型
procedure testarray2(varArray in TestArray);
end myPackage;
--创建程序包体,程序包体 myPackage 中含一个过程方法 testarray2 的创建
create or replace package body myPackage as
    procedure testarray2(varArray in TestArray) as i number;
    begin
        i:=1;
        for i in 1..varArray.count LOOP
            dbms_output.put_line('The No.'||i||' record in varArray is: '||varArray(i).
            sno||' '||varArray(i).cno||' '||varArray(i).grade);
        end LOOP;
    end testarray2;
end myPackage;
--创建存储过程 testarray,显示记录数组中含有的所有记录内容
create or replace procedure testarray(varArray in myPackage.TestArray) as i number;
begin
    i :=1;
    for i in 1..varArray.count LOOP
    dbms_output.put_line('The No.'||i||' record in varArray is: '||varArray(i).sno||' '|
    |varArray(i).cno||' '||varArray(i).grade);
    end LOOP;
end;
--调用存储过程 testarray 和包过程方法 testarray2,用 3 种方式浏览显示 SC 表记录
declare
        type sno_type is table if sc.sno%type;
        type cno_type is table if sc.cno%type;
        type grade_type is table if sc.grade%type;
        t_sno sno_type;
        t_cno   cno_type;
        t_grade    grade_type;
        varArray    myPackage.TestArray;
        begin
            select sno,cno,grade bulk collect into t_sno, t_cno,t_grade from sc;
            for i in 1..t_sno.count loop
                dbms_output.put_line(t_cno(i)||' '||t_sno(i)||' '||t_grade(i));
                 --浏览表记录
                varArray(i).sno:=t_sno(i);
```

```
                    varArray(i).cno:=t_cno(i);
                    varArray(i).grade:=t_grade(i);
    end loop;
    testarray(varArray);                    --调用存储过程浏览表记录
    dbms_output.put_line(' ');
    myPackage.testarray2(varArray);         --调用程序包过程浏览表记录
end;
```

* 实验内容与要求

参照实验示例中创建的存储过程来自己实践编写、调试、修改和运行存储过程。

1. 在 JXGL 数据库中创建一个名为 Select_S 的存储过程,该存储过程的功能是从数据表 Student 中查询所有女同学的信息,并执行该存储过程。

2. 定义具有参数的存储过程。在 JXGL 数据库中创建一个名为 InsRecToC 的存储过程,该存储过程的功能是向 Course 表中插入一条记录,新记录的值由参数提供,执行该存储过程。

3. 定义能够返回值的存储过程。在 JXGL 数据库中创建一个名为 Query_S 的存储过程。该存储过程的功能是从数据表 Student 中根据学号查询某一学生的姓名和年龄,并返回该学生的姓名和年龄,执行该存储过程。

4. 学会查看并修改数据库中已创建的存储过程(如 Select_S 等)的源程序代码。

5. 将存储过程 Select_S 改名为 Select_Student。

6. 将存储过程 Select_Student 从数据库中删除。(用 DROP PROCEDURE 从当前数据库中删除一个或多个存储过程。)

7. 在 DingBao 数据库中创建存储过程 C_P_Proc,实现参数化查询顾客订阅信息,查询参数为顾客姓名,要求能查询出参数指定顾客的顾客编号、顾客名、订阅报纸名及订阅份数等信息。

8. 执行存储过程 C_P_Proc,实现对"李涛"、"钱金浩"等不同顾客的订阅信息的查询。

9. 删除存储过程 C_P_Proc。

10. 参阅"企业库存管理及 Web 网上订购系统"的数据库用户 KCGL(本书相关资料中能找到)中的 p_refresh_tccpsskc、p_refresh_tccpsskc2 和 PA_KCGL.p_refresh_tccpsskc3 等存储过程,了解其各自完成的功能。

实验 9

触发器的基本操作

实 验 目 的

学习与实践对触发器进行创建、修改、使用和删除等基本操作。

背 景 知 识

触发器(Trigger)是一种特殊类型的存储过程。触发器主要是通过事件进行触发而被执行的,而存储过程可以通过存储过程名称而被直接调用。触发器是一个功能强大的工具,它使每个站点可以在有数据修改时自动强制执行其业务规则。触发器可以用于数据约束、默认值和数据间依赖规则等的数据完整性检查与关联操作。触发器可以强制限制,这些限制可以比用 check 约束所定义的更复杂。

触发器与表关系密切,用于保护表中的数据,当一个基表被更新(Insert、Update 或 Delete)时,触发器自动执行,通过触发器可实现多个表间数据的一致性和完整性。例如,对于学生-课程数据库有 Student 表、SC 表和 Course 表,当插入某一学号的学生的某一课程成绩时,该学号应是 Student 表中已存在的,课程号应是 Course 表中已存在的,此时,可通过定义 Insert 触发器实现上述关联要求。

触发器的类型有以下 3 种。

(1) DML 触发器。Oracle 可以在 DML(数据操纵语言)的语句中进行触发,可以在 DML 操作前或操作后进行触发,并且可以在每个行或该语句操作上进行触发。

(2) 替代触发器。由于在 Oracle 中不能直接对由两个以上的表建立的视图进行操作,所以给出了替代触发器。它是 Oracle 专门为进行视图操作而提供的一种处理方法。

(3) 系统触发器。它可以在 Oracle 数据库系统的时间中进行触发,如 Oracle 数据库的关闭或打开等。

实 验 示 例

例 9.1 触发器的基本操作

对触发器进行的各种操作可以使用 SQL 来实现,具体的操作如下。

1. 建立触发器

一般情况下,对表数据的更新操作有插入、修改和删除,因而维护数据的触发器也可分为 Insert、Update 和 Delete。每张基表最多可建立 12 种触发器,分别是:

Before Insert;	Before Insert For Each Row;
After Insert;	After Insert For Each Row;
Before Update;	Before Update For Each Row;
After Update;	After Update For Each Row;
Before Delete;	Before Delete For Each Row;
After Delete;	After Delete For Each Row。

注意:

(1) 有"For Each Row"为行级触发器,否则为语句级触发器。

(2) 对于语句级触发器,执行引发触发器的语句只引发触发器一次;而行级触发器将对操作的每一行引发触发器。

(3) 行级触发器可以有 when 作为触发限制,可以使用 new/old;语句触发器不能有 when 作为触发限制。

1) 创建触发器语句的语法格式

```
Create Or Replace Trigger [Schema.]Trigger_Name      /*指定触发器名称*/
   {Before|After|Instead Of}
   {Delete [Or Inserte] [Or Update [Of Column,…]]    /*定义触发器种类*/
   On [Schema.]Table_Name|View_Name                  /*指定操作对象*/
   [For Each Row [When(Condition)]]  SQL_Statement [ … ]
```

2) 创建触发器的限制

创建触发器有以下限制:触发器代码大小必须小于 32KB;触发器中的有效语句可以包括 DML 语句,但不能包括 DDL 语句;不能使用 Rollback、Commit 和 Savepoint;但是,对于系统触发器(System Trigger)可以使用 Create、Alter、Drop Table 和 Alter…Compile 语句。

3) 触发器的触发次序

(1) 执行 before 语句级触发器;

(2) 对于受语句影响的每一行:执行 before 语句行级触发器→执行 DML 语句→执行 after 行级触发器;

(3) 执行 after 语句级触发器。

4) 创建 DML 触发器

触发器有单独的名字空间,因而触发器名可以和表名或存储过程名同名,但在同一个 Schema(方案)中的触发器名不能相同。DML 触发器也叫表级触发器,这是由对某个表进行 DML 操作时会触发该触发器运行而得名。

例 假设数据库中增加一个新表 S_His,表结构和表 Student 相同,用来存放从 Student 表中删除的记录。创建一个触发器,当 Student 表被删除一行时,把删除的记录写到日志表 S_His 中。

```
SQL>Create Table S_His as Select * From Student Where 1=2;
                                            --创建表结构与 Student 相同的空表
SQL>Create Or Replace Trigger Del_S Before Delete On Student For Each Row
  2    Begin
  3      Insert Into S_His Values(:Old.Sno,:Old.Sname,:Old.Sage,
  4        :Old.Ssex,:Old.Sdept,:Old.Grade);
  5    End Del_S;
```

其中:Old 修饰访问操作完成前列的值,New 修饰访问操作完成后列的值。

注意:同前面讲过的删除表属性一样,不能在 sys 方案下创建触发器,要在 normal 身份下以其他用户的身份登录来创建触发器。

例 利用触发器在对数据库中的 Student 表执行插入、更新和删除 3 种操作后给出相应提示。

```
SQL>Create Table SQL_Info(rq date,dml_inf varchar2(10));
                                            --创建表结构与 Student 相同的空表
SQL>Create Trigger Log_S After Insert Or Update Or Delete On Student For Each Row
  2    Declare
  3      Infor Char(10);
  4    Begin
  5      If Inserting Then
  6        Infor:='插入';
  7      Elsif Updating Then
  8        Infor:='修改';
  9      Else
 10        Infor:='删除';
 11      End If;
 12      Insert Into SQL_Info Values(sysdate,Infor);
 13    End Log_S;
```

对 S 添加一条记录:

```
SQL>Insert Into Student(Sno,Sname) Values('98009','张龙');    --会引发触发器
```

对 S 删除一条记录:

```
SQL>Delete From Student Where Sno='98009';                   --会引发触发器
SQL>SELECT * FROM S_His;               --显示表内容检验触发效果
SQL>SELECT * FROM sql_info;            --显示表内容检验触发效果
```

5）创建替代(Instead_Of)触发器

Instead_Of 用于对视图的 DML 触发。由于视图有可能由多个表进行关联（Join）而成，因而并非所有关联后的视图都是可更新的。但是可以按如下例子来创建触发器。

例 在 JXGL 数据库中创建视图和触发器，以说明替代触发器。

```
SQL>Create Or Replace View S_SC_Avg
   2     As Select Sno,Avg(Grade) As Avg_Grade
   3        From SC Group By Sno;
```

创建替代触发器 S_SC_Avg_Del（实现如下的功能：删除视图中某学生及其平均成绩记录，就删除 SC 选课表中该学生的所有选课记录）：

```
SQL>Create Trigger S_SC_Avg_Del
   2     Instead Of Delete On S_SC_Avg For Each Row
   3     Begin
   4        Delete From SC Where Sno=:Old.Sno;
   5     End S_SC_Avg_Del;
```

删除视图记录检验触发器的有效性。对于 S_SC_Avg 视图来说，添加（Insert）与修改（Update）替代触发器就不可实现（或没有实际操作意义）。

```
SQL>DELETE FROM S_SC_avg WHERE sno='98002';        --查看 SC 记录的变化情况
```

下面的操作尽管可以创建 S_SC_Avg 视图的 Update 替代触发器，但往往没有实际操作意义。

```
SQL>Create or Replace Trigger S_SC_Avg_Upd
   2     Instead Of update On S_SC_Avg For Each Row
   3     Begin                        --把该学生每门课程的成绩设置成该学生的平均成绩
   4        Update SC set grade=:New.Avg_Grade Where Sno=:Old.Sno;
   5     End S_SC_Avg_Upd;
SQL>update S_SC_Avg set avg_grade=80 where sno='98002';
                                     --修改平均成绩来检验触发器的触发情况
```

6）创建系统触发器

Oracle 8i 开始提供的系统触发器可以在 DDL 或数据库系统上被触发。DDL 指的是数据定义语句，如 Create、Alter 和 Drop 等。而数据库系统事件包括数据库服务器的启动或关闭、用户登录与退出等。语法格式如下：

```
Create Or Replace Trigger [Schema.]Trigger_Name
{Before|After}{Ddl_Event_List|Databse_Event_List}
On {Database|[schema.]Schema} [When_Clause] Tigger_Body
```

其中：

Ddl_Event_List：表示一个或多个 DDL 事件，事件间用 or 分开。

Database_Event_List：表示一个或多个数据库事件，事件间用 or 分开。

Database：表示是数据库级触发器，而 schema 表示是用户级触发器，schema 表示用户方案。

Trigger_Body：触发器的 PL/SQL 语句。

表 9-1 给出系统触发器的种类和事件出现的时机（前或后）。

表 9-1 系统触发器的种类和事件出现的时机

事 件	允许的时机	说 明
STARTUP	AFTER	启动数据库实例之后触发
SHUTDOWN	BEFORE	关闭数据库实例之前触发（非正常关闭不触发）
SERVERERROR	AFTER	数据库服务器发生错误之后触发
LOGON	AFTER	成功登录连接到数据库后触发
LOGOFF	BEFORE	开始断开数据库连接之前触发
CREATE	BEFORE,AFTER	在执行 CREATE 语句创建数据库对象之前、之后触发
DROP	BEFORE,AFTER	在执行 DROP 语句删除数据库对象之前、之后触发
ALTER	BEFORE,AFTER	在执行 ALTER 语句更新数据库对象之前、之后触发
DDL	BEFORE,AFTER	在执行大多数 DDL 语句之前、之后触发
GRANT	BEFORE,AFTER	执行 GRANT 语句授予权限之前、之后触发
REVOKE	BEFORE,AFTER	执行 REVOKE 语句收回权限之前、之后触发
RENAME	BEFORE,AFTER	执行 RENAME 语句更改数据库对象名称之前、之后触发
AUDIT/NOAUDIT	BEFORE,AFTER	执行 AUDIT 或 NOAUDIT 进行审计或停止审计之前、之后触发

除 DML 语句的列属性外，其余事件属性值可通过调用 Oracle 定义的事件属性函数来读取，见表 9-2。

表 9-2 Oracle 定义的事件属性函数

函数名称	数据类型	说 明
Ora_sysevent	VARCHAR2(20)	激活触发器的事件名称
Instance_num	NUMBER	数据库实例名
Ora_database_name	VARCHAR2(50)	数据库名称
Server_error(posi)	NUMBER	错误信息栈中 posi 指定位置中的错误号
Is_servererror(err_number)	BOOLEAN	检查 err_number 指定的错误号是否在错误信息栈中，如果在则返回 TRUE，否则返回 FALSE。在触发器内调用此函数可以判断是否发生指定的错误
Login_user	VARCHAR2(30)	登录或注销的用户名称
Dictionary_obj_type	VARCHAR2(20)	DDL 语句所操作的数据库对象类型
Dictionary_obj_name	VARCHAR2(30)	DDL 语句所操作的数据库对象名称
Dictionary_obj_owner	VARCHAR2(30)	DDL 语句所操作的数据库对象所有者名称
Des_encrypted_password	VARCHAR2(2)	正在创建或修改的经过 DES 算法加密的用户口令

例 创建当一个用户 usera 登录时自动记录一些信息的触发器。本例要求用户具有相应权限。

```
SQL>Create Table Login (loguser varchar2(10),loginfo varchar2(30));
                                                            --先创建 Login 表
SQL>create or replace Trigger Loguseraconnects After Logon On Schema
  2    Begin                                                --用户级触发器
  3      Insert Into Login Values(user,'Logon in');
  4    End Loguseraconnects;
SQL>create or replace Trigger Logusers After Logon On Database
  2    Begin                                                --数据库级触发器
  3      Insert Into jxgl.Login Values(user,'Logon in');
  4    End Logusers;
```

试试不同用户与 Oracle 数据库连接和断开连接,查看 jxgl.Login 表中触发生成的日志记录。

例 创建 DDL 触发器,触发存放有关事件信息。

```
--创建用于记录事件用的表
CREATE TABLE ddl_event(crt_date timestamp PRIMARY KEY,event_name VARCHAR2(20),
user_name VARCHAR2(10), obj_type VARCHAR2(20), obj_name VARCHAR2(20));
--创建触发器
CREATE OR REPLACE TRIGGER tr_ddl AFTER DDL ON SCHEMA
BEGIN
    INSERT INTO ddl_event VALUES(systimestamp,ora_sysevent,ora_login_user,
    ora_dict_obj_type,ora_dict_obj_name);
END tr_ddl;
```

例 创建登录、退出触发器。本例要求 sys 以数据库管理员身份登录来创建。

```
CREATE TABLE log_event(user_name VARCHAR2(10),address VARCHAR2(20),
logon_date timestamp,  logoff_date timestamp);       --创建 log_event 表
--创建登录触发器
CREATE OR REPLACE TRIGGER tr_logon AFTER LOGON ON DATABASE
BEGIN
   INSERT INTO log_event (user_name, address, logon_date)
     VALUES (ora_login_user, ora_client_ip_address, systimestamp);
END tr_logon;
--创建退出触发器
CREATE OR REPLACE TRIGGER tr_logoff BEFORE LOGOFF ON DATABASE
BEGIN
   INSERT INTO log_event (user_name, address, logoff_date)
     VALUES (ora_login_user, ora_client_ip_address, systimestamp);
END tr_logoff;
```

试试不同用户的登录与退出,查看 log_event 表中触发生成的日志记录。

2. 修改触发器

与存储过程和视图一样，Oracle 也提供 Alter Trigger 语句，其语法为：

```
Alter Trigger [schema.]Trigger_Name {ENABLE|DISABLE|RENAME TO new_name|
trigger_compile_clause};
```

其中：

ENABLE|DISABLE：指定触发器有效（或起用），还是无效（或不起用）。

RENAME Clause：重命名触发器。

trigger_compile_clause：创建与编译触发器的完整信息（此处略）。

该语句只是用于重新编译或验证现有触发器，或是设置触发器是否可用。例如

```
Alter Trigger JXGL.S_SC_Avg_Del DISABLE;          --使 S_SC_Avg_Del 失效
Alter Trigger JXGL.S_SC_Avg_Del ENABLE;           --使 S_SC_Avg_Del 有效
Alter Trigger S_SC_Avg_Del RENAME TO S_SC_Avg_Delete;
                                                  --重命名触发器为 S_SC_Avg_Delete
```

如果要修改触发器，还是使用 Create Or Replace 语句来实现，在此不再赘述。

3. 删除触发器

语法格式为：

```
Drop Trigger [Schema.]Trigger_Name;
```

其中：

Schema 指定触发器的用户方案。

Trigger_Name 指定要删除的触发器的名称。

例 删除触发器 Del_S。

```
SQL>Drop Trigger JXGL.Del_S;
```

4. 实践 DML 触发器

例 对表 student 创建 update 触发器 TR_student_age_update。

```
create or replace TRIGGER TR_student_age_update Before UPDATE on student For Each
Row
begin
  IF (:new.sage<8) then
    BEGIN
      dbms_output.put_line('学生年龄应大于等于 8 岁。');
      --提示信息一般输入表中来获得
      :new.sno:=:old.sno;                         --如下 5 语句,使学号等恢复原值
      :new.sname:=:old.sname;
      :new.sage:=:old.sage;
```

```
        :new.ssex:=:old.ssex;
        :new.sdept:=:old.sdept;
      --要注意：Oracle 触发器中一般不能使用 rollback、commit 等事务命令
    END;
  end if;
end TR_student_age_update;
```

执行如下修改命令来检验触发器的有效性：

```
update student set sage=7 where sno='98001';
```

例　另一方法对表 student 创建 update 触发器 TR_student_age_update2。

```
create or replace TRIGGER TR_student_age_update2 Before UPDATE on student For Each Row
declare
  integrity_error exception;
begin
  IF (:new.sage<8) then
    BEGIN
      dbms_output.put_line('学生年龄应大于等于 8 岁。修改失败！');
      RAISE integrity_error;
      exception
        when integrity_error then
          raise_application_error(-20100,'学生年龄应大于等于 8 岁。修改失败！');
        WHEN OTHERS THEN
          NULL;
    END;
  end if;
end TR_student_age_update2;
```

在试验触发器 TR_student_age_update2 前，先要利用如下命令使上例的触发器 TR_student_age_update 失效。

```
Alter Trigger JXGL.TR_student_age_update DISABLE;--使 TR_student_age_update 失效
```

然后执行如下程序来检验修改命令的执行情况。其中修改命令"update student set sage=3 where sno='98001';"可以用不同修改命令（如 update student set sage=18 where sno='98001';）来替换执行，以观察哪些命令能成功执行,哪些命令被触发器触发而取消。

```
DECLARE
  no_babies_allowed EXCEPTION;
  /*将名称与用于触发器中的错误号码关联起来*/
  PRAGMA EXCEPTION_INIT(no_babies_allowed,-20100);
BEGIN
  update student set sage=3 where sno='98001'; commit;
```

```
        EXCEPTION
           WHEN no_babies_allowed   THEN
           begin
              ROLLBACK;
              DBMS_OUTPUT.PUT_LINE(SQLERRM);
              /* SQLERRM 为来自 RAISE_APPLICATION_ERROR 的消息 */
           end;
     END;
```

也可以简化以上程序,而直接执行修改命令"update student set sage=3 where sno='98001';",由于有触发器的存在,修改将不会成功。

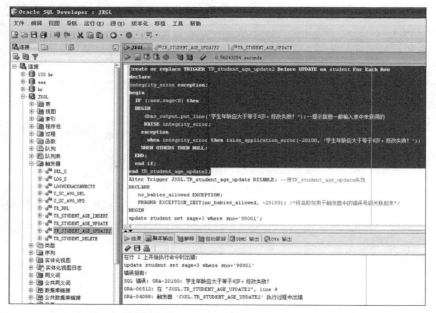

图 9-1　创建 update 触发器并引发触发器

例　类似地对 student 创建插入触发器 TR_student_age_insert。

```
create or replace TRIGGER TR_student_age_insert AFTER INSERT on student For Each Row
declare
  integrity_error exception;
begin
  IF (:new.sage<8) then
  BEGIN
     dbms_output.put_line('学生年龄应大于等于 8 岁。添加失败!');
     RAISE integrity_error;
     exception
       when integrity_error then
         raise_application_error(-20100,'学生年龄应大于等于 8 岁。添加失败!');
```

```
      WHEN OTHERS THEN
          NULL;
      END;
    end if;
end TR_student_age_insert;
```

当对 student 表插入记录,如:

```
INSERT INTO student(Sno,Sname,Sage,Ssex,Sdept) VALUES('98010','张力',6,'男','CS')
INSERT INTO student VALUES('98015','赵菲',16,'女','MA');
 :
```

则引发触发器 TR_student_age_insert,请检验哪些记录能添加成功,哪些添加失败。如图 9-2 所示。

图 9-2 创建 insert 触发器并引发该触发器

例 还能对 student 表创建 delete 触发器,若要删除的学生记录还被 SC 表参照着,则删除将失败。以下是在 student 表上创建的 TR_student_delete 触发器。

```
create or replace TRIGGER TR_student_delete AFTER delete on student For Each Row
declare
integrity_error exception;
icnt int;
begin
  icnt:=0;
  SELECT count(*) into icnt FROM sc WHERE sc.sno=:old.sno;
  IF (icnt>=1) then
```

```
      BEGIN
        dbms_output.put_line('学生记录还被参照着,删除失败!');
        RAISE integrity_error;
        exception
        when integrity_error then
      raise_application_error(-20200,'学生记录还被参照着,删除失败!');
        WHEN OTHERS THEN
      NULL;
      END;
      end if;
  end TR_student_delete;
```

当执行删除命令 DELETE FROM student WHERE sno='98001';时,由于 SC 表中有学号为'98001'的学生的选课记录,为此删除未能成功。执行情况如图 9-3 所示。

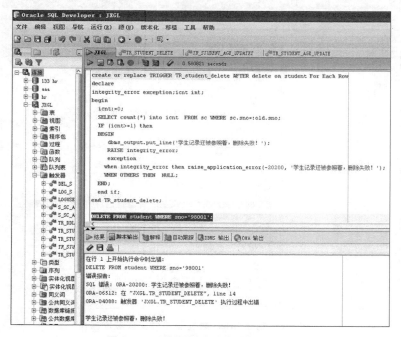

图 9-3　删除记录时引发删除触发器

*实验内容与要求

1. 创建与修改触发器的两种方法

1) 利用 Oracle SQL Developer 创建与修改触发器

在 SQL Developer 中,依次展开连接→连接名→触发器,在"触发器"节点上右击鼠标,在如图 9-4 所示的快捷菜单中单击"新建触发器",在出现的创建触发器对话框中指定要创建触发器的选项,如图 9-5 所示,完成后单击"确定"按钮产生创建触发器模板代码,如图 9-6 所示,修改模板代码而完成触发器代码,单击 按钮可编译触发器代码来完成触发器的创建,或单击 按钮可编译以进行调试来完成触发器的创建。

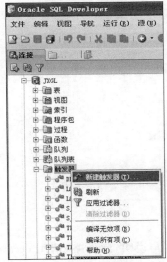

图 9-4　新建触发器快捷菜单

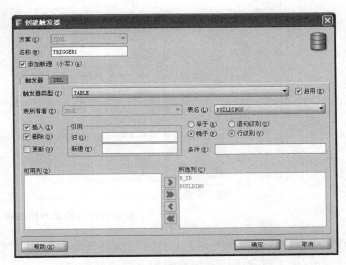

图 9-5　创建触发器对话框窗口

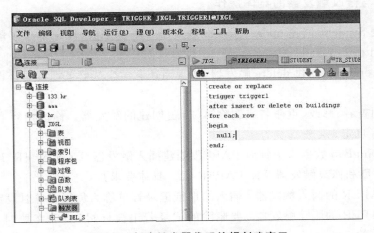

图 9-6　新建触发器代码编辑创建窗口

在 SQL Developer 中,依次展开连接→连接名→触发器,展开"触发器"节点,如图 9-7 所示。单击某触发器,如"TR_student_delete"。在 SQL Developer 右工作区以选项卡方式打开该触发器代码,如图 9-7 所示。在选项卡工具栏上,单击 按钮可修改编辑触发器代码,或单击 按钮可刷新触发器代码,或单击"操作…"按钮可重命名、删除触发器、启用、禁用触发器等。

2)利用 create or replace TRIGGER 语句创建与修改触发器

create or replace TRIGGER 语句可以在 SQL Developer 和 SQL Plus 等软件中用代

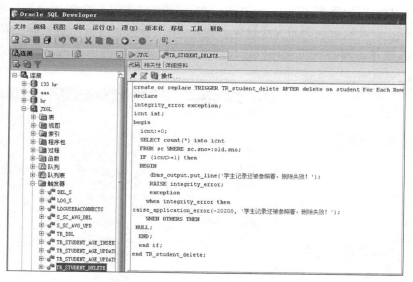

图 9-7　触发器代码编辑与修改窗口

码方法创建或修改触发器。具体方法前面实验内容已有罗列与说明，此处略，请用 create or replace TRIGGER 语句实现如下触发器的创建。

2. 创建与修改触发器的具体操作

（1）对表 Student 创建 update、insert 触发器 TR_S_Age，规定学生年龄要满足大于等于 8 岁并且小于等于 45 岁。

（2）对 Course 表创建 delete 触发器，实现当还有学生选修某课程时该课程不能完成删除操作。

（3）分别查看、修改、重命名或删除第（2）题创建的触发器。修改内容和重命名后的触发器新名等自定。

（4）在 DingBao 数据库中针对 PAPER 创建插入触发器 TR_PAPER_I、删除触发器 TR_PAPER_D 和修改触发器 TR_PAPER_U。具体要求是：

① 对 PAPER 的插入触发器：插入的报纸记录若单价为负值或空时设定为 10 元。

② 对 PAPER 的删除触发器：要删除的记录若正被订阅表 CP 参照时，则级联删除订阅表中相关的订阅记录。

③ 对 PAPER 的修改触发器：当把报纸的单价修改为负值或空时，提示"输入单价不正确！"的信息，并取消修改操作。

（5）对 PAPER 表作插入、修改和删除的多种操作，关注并记录 3 种触发器的触发情况。

（6）创建 DDL 触发器，记录创建 DDL 时的时间、用户名及 DDL 命令。

（7）创建与使用 DDL 触发器，完成拒绝对库中表的任何创建、修改或删除操作的触发器功能。

实验 10

数据库安全性

实验目的

熟悉不同数据库的保护措施——安全性控制,重点实践 Oracle 的安全性机制,掌握 Oracle 中有关用户、角色及操作权限等的管理方法。

背景知识

数据库的安全性是指保护数据库以防止不合法的使用造成的数据丢失和破坏。由于一般数据库中都存有大量数据,而且是多个用户共享数据库,所以安全性问题更为突出。安全性涉及计算机系统的多个方面,这里主要讨论数据库系统的内部安全性及其存取控制,如用户管理、权限管理和角色管理等。一般数据库的安全性控制措施是分级设置的,用户需要利用用户名和口令登录,经系统核实后,由 DBMS 分配其存取控制权限。对同一对象,不同的用户会有不同的许可。

将用户分成组或角色可以更方便地同时对许多用户授予或拒绝权限。对组定义的安全设置适用于该组中的所有成员。当某个组是更高级别的组中的成员时,除为该组自身或用户帐户定义的安全设置外,该组中的所有成员还将继承更高级别的组的安全设置。

Oracle 是多用户系统,它允许许多用户共享系统资源。为了保证数据库系统的安全,数据库管理系统配置了良好的安全机制。Oracle 数据库安全策略如下。

(1) 建立系统级的安全保证:系统级特权是通过授予用户系统级的权利来实现的,系统级的权利(系统特权)包括建立表空间、建立用户、修改用户的权利以及删除用户等。系统特权可授予用户,也可以随时回收。Oracle 系统特权有 80 多种。

(2) 建立对象级的安全保证:对象级特权通过授予用户对数据库中特定的表、视图和序列等进行操作(查询、增加、删除和修改)的权利来实现。

(3) 建立用户级的安全保障:用户级安全保障通过用户口令和角色机制(一组权利)来实现。引入角色机制的目的是简化对用户的授权与管理。做法是把用户按照其功能分组,为每个用户建立角色,然后把角色分配给用户,具有同样角色的用户有相同的权限。

Oracle 数据库管理员是针对特定的数据库管理人员而言的，当数据库管理员管理数据库时，可以分别以 SYSDBA 特权、SYSOPER 特权或 DBA 身份进行管理操作。三者看似都带有管理身份，但是它们各自的作用应加以区别。

(1) SYSDBA 特权：SYSDBA 特权是 Oracle 数据库中有最高级别特殊权限的，该种特权可以执行启动数据库、关闭数据库、建立数据库、备份和恢复数据库，以及任何其他的管理操作。建立了 Oracle 数据库之后，默认情况下只有 sys 用户具有 SYSDBA 特权。要注意，如果要以 SYSDBA 特权进入数据库，此人必须是 OS 系统的管理员身份。

(2) SYSOPER 特权：SYSOPER 特权也是 Oracle 数据库的一种特殊权限。当用户具有该权限时，可以启动数据库和关闭数据库，但不能建立数据库，也不能执行不完全恢复。另外，SYSOPER 特权也不具备 DBA 角色的任何权限。建立了 Oracle 数据库后，默认情况下只有 sys 用户具有 SYSOPER 特权。

(3) DBA 角色：当数据库处于打开状态时，DBA 角色可以在数据库中执行各种管理操作(如管理表空间以及管理用户等)，但 DBA 角色不能执行 SYSDBA 和 SYSOPER 所具有的任何特权操作(如启动和关闭数据库、建立数据库等)。需要注意，当建立了 Oracle 数据库之后，默认情况下只有 system 用户具有 DBA 角色。

系统安装后，sys 的默认密码为"change_on_install"，system 的默认密码为"manager"，scott 的默认密码为"tiger"。

一个用户如果要对某一数据库进行操作，必须满足以下 3 个条件：
(1) 登录 Oracle 服务器时必须通过身份验证；
(2) 必须是该数据库的用户或者是某一数据库角色的成员；
(3) 必须有执行该操作的权限。

在 Oracle 系统中，为了实现这种安全性，采取了用户、权限、角色、概要文件以及审计等的管理策略。

实 验 示 例

例 10.1 用户

Oracle 有一套严格的用户管理机制，新创建的用户只有通过管理员授权才能获得系统数据库的使用权限，否则该用户只有连接数据库的权利。正是有了这一套严格的安全管理机制，才保证了数据库系统的正常运转，确保数据信息不泄露。

1. 创建用户

用户(user)就是使用数据库系统的所有合法操作者。Oracle 10g 有两个基本用户：system 和 sys。

创建用户就是建立一个安全、有用的帐户，并且这个帐户要有充分的权限和正确的默认设置值。用户既可以在 OEM 中创建，也可以使用 SQL 命令来创建。

1) 利用 OEM 创建用户

(1) 在图 10-1 所示的界面中,单击"用户"链接,进入"用户搜索"界面,如图 10-2 所示。图 10-2 列出了已存在的用户及帐户的状态、使用的概要文件和创建时间等用户基本信息。

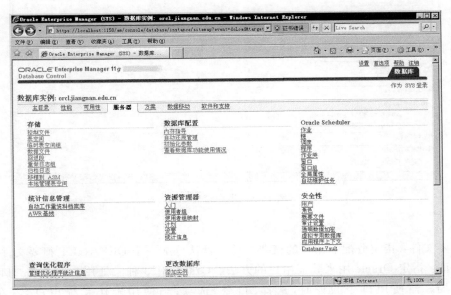

图 10-1 Oracle 企业管理器

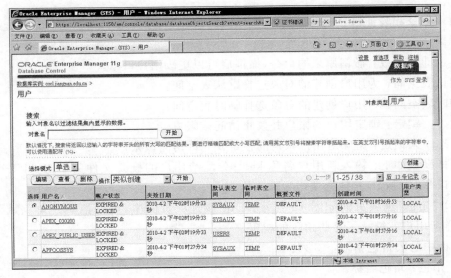

图 10-2 用户搜索界面

(2) 单击"创建"按钮,进入"用户创建"界面,如图 10-3 所示。
(3) "一般信息"选项页面包括如下几个方面:
名称:将要创建的用户名,用户名一般采用 Oracle 11g 字符集中的字符,最长可为

图 10-3 用户创建界面

30 个字节。

概要文件：指定分配给用户的概要文件。默认分配一个 DEFAULT 概要文件。

验证：指定 Oracle 用来验证用户的方法。Oracle 有 3 种验证用户的方法：口令、外部和全局。当使用口令验证时，选择"口令"选项；当使用操作系统用户名（在此是 Windows 2003 的用户名）时，选择"外部"；当用户在多个数据库中被全局标识时，选择"全局"。

输入口令和验证口令：只有在"验证"选择"口令"时才有效。只有在两者完全一致时才通过确认。

口令即刻失效：撤销原来的口令，撤销后可以更改用户口令。

默认表空间：为用户创建的对象选择默认表空间。

临时表空间：为用户创建的对象选择临时表空间。

状态——锁定：锁定用户的帐户并禁止访问该帐户。

状态——未锁定：解除对用户帐户的锁定并允许访问该帐户。

具体设置如下：输入新用户名称 kcgl；分配给用户的概要文件为 DEFAULT；设定自己的口令，如 kcgl；其他选项均为默认值。

（4）"角色"选项页面如图 10-4 所示。在该选项页面中，可以把某些角色赋予新用户，这样新用户就继承了这些角色的权限。

界面中的表格包括以下 3 列：

① 角色：角色名称。

② 管理选项：表示新用户是否可以将角色授予其他用户或角色，默认情况下为禁用，用鼠标单击"管理选项"标记可以解除禁用。

③ 默认值：选中后，表示用户一旦登录到系统中，系统将会将所选角色设置为用户默认的角色。

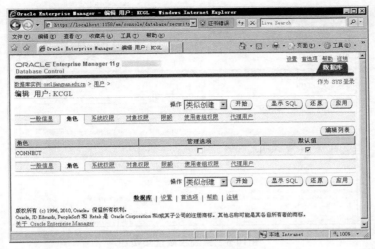

图 10-4　角色选项页面

新用户默认拥有 CONNECT 角色的权限。单击"编辑列表"按钮,打开"修改角色"界面,如图 10-5 所示。

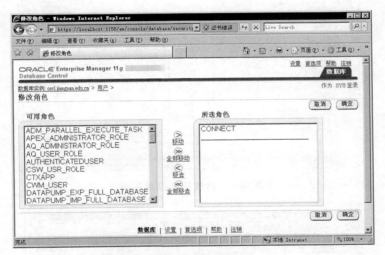

图 10-5　修改角色界面

"可用角色"列表框中列出了当前可用的角色。先在列表中选择要赋予新用户的角色,然后通过向右的箭头按钮或者双击该角色把所选角色添加到"所选角色"列表中;通过向左的箭头或双击取消在"所选角色"列表中选中的角色。

单击"确定"按钮,界面返回到图 10-5 所示界面,此时在该界面可以看到刚才所选的角色。

(5)"系统权限"选项页面如图 10-6 所示。在该选项页面赋予新用户指定的权限。单击"编辑列表"按钮,打开"修改系统权限"界面,如图 10-7 所示。

(6)"对象权限"选项页面如图 10-8 所示。在该选项页面中,可以为新用户授予操纵指定对象的权限。

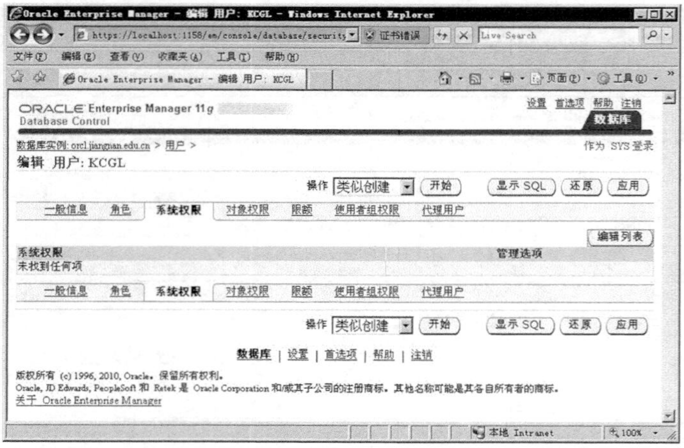

图 10-6 系统权限选项页面

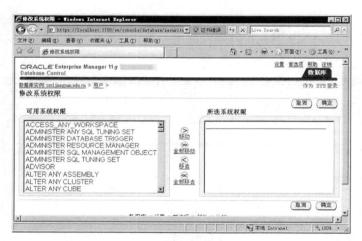

图 10-7 修改系统权限页面

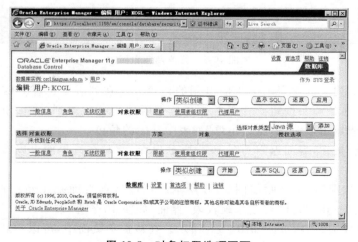

图 10-8 对象权限选项页面

（7）在"选择对象类型"下拉框选择对象,如表,单击添加,打开"表对象"添加界面,如图 10-9 所示。

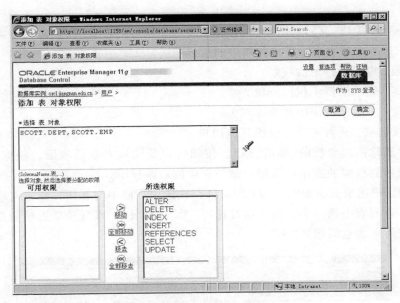

图 10-9　添加对象权限界面

（8）单击"手电筒"形状的按钮,进入"选择表对象"界面,如图 10-10 所示。勾选要赋予权限的表,单击"选择"按钮,返回到如图 10-9 所示的界面,此时在"选择表对象"列表框出现了刚才选择的所有表。

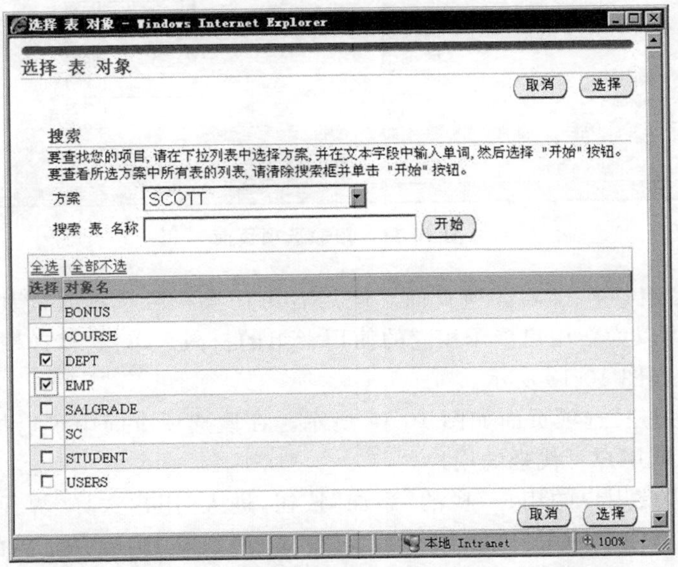

图 10-10　选择表对象界面

在"可用权限"列表框选择相应权限,使用右箭头或双击鼠标左键把选中的系统权限添加到"所选权限"列表框中;使用左箭头取消"所选权限"列表框中所列出的所有已授予的权限。

单击"确定"按钮,返回到图 10-8 所示界面,此时界面列出了所设置的表对象相应的权限情况。该界面列表列出了对象权限的信息:

① 权限:表示已授予的权限;
② 方案:表示已授予权限所属方案;
③ 对象:表示已授予的数据库对象;
④ 授权选项:是否可以授权给其他用户。

选择要删除的对象权限,单击"删除"按钮可以删除该对象的权限。根据实际情况,按照添加表对象权限的操作给新用户赋予相应的对象权限。

(9) "限额"选项页面如图 10-11 所示。在该选项页面中为新用户指定对应表空间的大小限额。在列表中选择表空间并通过选择"无"、"无限制"或"值"单选按钮指定限额大小。在此对所有表空间选择"无"。

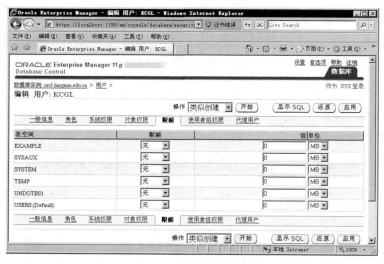

图 10-11 限额选项页面

(10) 使用者组切换权限选项页面。使用者组切换权限选项页面如图 10-12 所示。在该选项页面,可以为新用户授予相应的使用者组的权限。单击"修改"按钮,进入"修改使用者组"界面,如图 10-13 所示。

(11) "代理用户"选项页面如图 10-14 所示。在该选项页面中可以指定可代理新用户的用户和指定新用户可代理的用户。

单击"可代理此用户的用户"栏的"添加"按钮,进入"用户选择"界面,如图 10-15 所示。勾选可代理新用户的用户,单击"选择"按钮,返回到图 10-14 所示界面,此时"可代理此用户的用户"栏出现刚才勾选的所有用户。若要删除某个用户,选中用户名前的单选按钮,单击"移去"按钮,即可删除该用户。

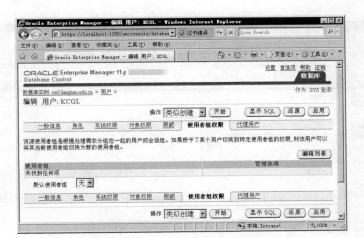

图 10-12　使用者组切换权限选项页面

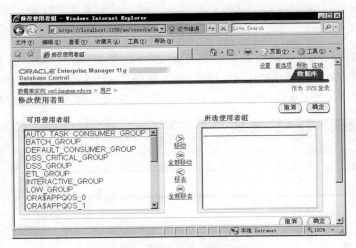

图 10-13　修改使用者组界面

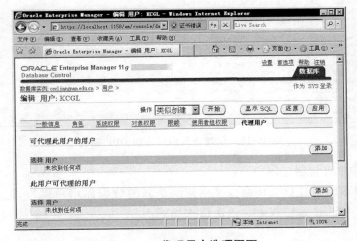

图 10-14　代理用户选项页面

图 10-15　用户选择页面

至此，新用户的所有信息以及权限都已设置完成，单击"显示 SQL"按钮，可以查看创建该用户相应的 SQL 命令，如图 10-16 所示。在图 10-15 所示的界面中单击"确定"按钮，系统完成创建工作后返回到图 10-2 所示的界面，完成创建用户操作过程。

图 10-16　创建新用户对应的 DDL 语句

2）利用 SQL 语句创建用户

可以使用 CREATE USER 命令来创建一个新的数据库用户帐户，但是创建者必须具有 CREATE USER 系统权限。语法格式如下：

　　CREATE USER user_name　　　　　　　　　　　　/*将要创建的用户名*/

```
    [IDENTIFIED BY password | EXTERNALLLY | GLOBALLY AS 'external_name']
                                                    /*如何验证用户*/
    [DEFAULT TABLESPACE tablespace_name]     /*标识用户所创建对象的默认表空间*/
    [TEMPORARY TABLESPACE tablespace_name]   /*标识用户的临时段的表空间*/
    [QUOTA integer K | integer M | UNLIMITED ON tablespace_name]
    /*用户规定的表空间存储对象,最多可达到这个定额规定的总尺寸*/
    [PROFILE profile_name]                   /*将指定的概要文件分配给用户*/
    [DEFAULT ROLE role,…|ALL[EXCEPT role,…n]|NONE]
    [PASSWORD EXPIRE] [ACCOUNT LOCK|NULOCK]  /*帐户是否锁定*/
```

其中:

user_name:将要创建用户的名称。

IDENTIFIED:表示 Oracle 如何验证用户。

BY password:创建一个本地用户,该用户必须指定 password 进行登录。password 只能包含数据库字符集中的单字节字符,而不管该字符集是否还包含多字节字符。

EXTERNALLY:创建一个外部用户,该用户必须由外部服务程序(如操作系统或第三方服务程序)来进行验证。

GLOBALLY AS 'external_name':创建一个全局用户(global user),必须由企业目录服务器验证用户。

DEFAULT TABLESPACE:标识用户所创建对象的默认表空间为 tablespace_name 指定的表空间。如果忽略该子句就放入 SYSTEM 表空间。

TEMPORARY TABLESPACE:标识用户的临时段的表空间为 tablespace_name 指定的表空间。如果忽略该子句,临时段就默认为 SYSTEM 表空间。

QUOTA:允许用户在以 tablespace_name 指定的表空间中分配空间定额并建立一个 integer 字节的定额,使用 K 或 M 来指定该定额,以 KB 或 MB 为单位。

PROFILE:将 profile_name 指定的概要文件分配给用户。该概要文件限制用户可使用的数据库资源的总量。

DEFAULT ROLE:允许将一个或多个默认角色分配给用户。role 是将要分配的预定义角色,可以分配多个,中间用","隔开。

ALL[EXCEPT] role:把所有预定义的角色分配给用户,或把指定的那些角色除外的所有角色分配给用户。

NONE:不分配给用户角色。PASSWORD EXPIRE:使用户的 password 失效。

ACCOUNT LOCK:锁定用户的帐户并禁止访问。

ACCOUNT UNLOCK:解除用户的帐户的锁定并允许访问该帐户。

例 创建一个名为 AUTHOR 的用户,口令为 ANGEL,默认表空间为 USERS,临时表空间为 TEMP。没有定额,使用默认概要文件。

```
CREATE USER AUTHOR IDENTIFIED BY ANGEL
    DEFAULT TABLESPACE USERS TEMPORARY TABLESPACE TEMP;
```

当使用 CREATE USER 语句创建用户时,该用户权限域为空。可以使用该用户登录到 Oracle，但使用该用户不能进行任何操作。

给用户授予权限可以使用 GRANT 语句来实现。语法格式如下：

GRANT system_priv|role TO user [WITH ADMIN OPTION]

其中：

system_priv：要授予的系统权限。如果把权限授予了 user，Oracle 就把权限添加到该用户的权限域，该用户立即可使用该权限。

role：要授予的角色，一旦授予用户角色，该用户就能行使该角色的权限。

WITH ADMIN OPTION：把向其他用户授权的能力传递给被授予者。

例 授予上例所创建的用户 AUTHOR 以 DBA 的角色。

GRANT DBA TO AUTHOR;

授予用户 AUTHOR 一些系统权限，并且该用户可以向其他用户授权。

GRANT CREATE ANY TABLE,CREATE ANY VIEW TO AUTHOR WITH ADMIN OPTION;

例 重新创建用户 AUTHOR，口令为 ANGEL，默认表空间为 USERS，临时表空间为 TEMP。没有定额，使用默认概要文件，授予所有预定义角色，登录数据库前修改口令。

DROP USER AUTHOR;
CREATE USER AUTHOR IDENTIFIED BY ANGEL DEFAULT TABLESPACE USERS TEMPORARY TABLESPACE TEMP PASSWORD EXPIRE;

2. 管理用户

1) 利用 OEM 管理用户

在如图 10-2 所示的界面中查找并选择要更改的用户。也可以通过搜索功能查找具体某个用户，在搜索栏的"名称"文本框输入具体用户名称，如 NICK，单击"开始"按钮，如果存在 NICK 用户，则显示在结果栏。选择 NICK 用户，单击"编辑"按钮进入"编辑用户"界面，如图 10-17 所示，可以看出，针对某一用户的管理窗口和创建用户窗口相似，具体操作和创建用户也相似。

2) 利用 SQL 语句管理用户

利用 SQL 语句的 ALTER USER、GRANT USER 和 REVOKE 命令也可以管理用户，但前提是执行者必须具有 ALTER USER 和 REVOKE 权限。更改自己的口令则不需该权限。

(1) ALTER USER 命令

语法格式如下：

ALTER USER user_name IDENTIFIED BY password|EXTERNALLY|GLOBALLY AS 'external_name'
[DEFAULT TABLESPACE tablespace_name] [TEMPORARY TABLESPACE tablespace_name]
[QUOTA integer K|integer M|UNLIMTED ON tablespace_name]

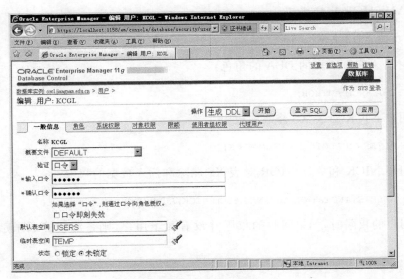

图 10-17　编辑用户界面

```
[PROFILE profile_name] DEFAULT ROLE role|ALL[EXCEPT role]|NONE
PASSWORD EXPIRE [ACCOUNT LOCK|UNLOCK]
```

其中：

IDENTIFIED GLOBALLY AS：表明用户必须通过 LDAP V3 兼容目录服务（如 Oracle Internet Directory）验证。只有当直接授给该用户的所有外部角色被收回时，才能将验证用户访问的方法更改为 IDENTIFIED GLOBALLY AS 'external_name'。

DEFAULT ROLE：只包含用 GRANT 语句直接授予用户的角色。不能用 DEFAULT ROLE 子句去启用下列角色：

① 没有授予用户的角色。

② 通过其他角色授予的角色。

③ 由外部服务（如操作系统）或 Oracle Internet Directory 管理的角色。

ALTER USER 语句中的其他关键字和参数与 CREATE USER 语句中的含义相同。

(2) REVOKE 命令

语法格式如下：

```
REVOKE system_priv|role FROM USER
```

其中：

system_priv 是赋予用户的系统权限；

role 是赋予用户的角色。

例　赋予用户权限和角色。

授予 AUTHOR 的定额 USERS 表空间中的 100MB：

```
ALTER USER AUTHOR QUOTA 100M ON USERS;
```

锁定 AUTHOR 用户帐户：

ALTER USER AUTHOR ACCOUNT LOCK;

回收用户 AUTHOR 的 DBA 的角色：

REVOKE DBA FROM AUTHOR;

回收用户 NICK 对表 XS 修改的权限：

REVOKE ALTER ON ADMIN.XS FROM NICK;

回收用户 NICK 和 AUTHOR 对表 XS 删除和插入数据的权限：

REVOKE DELETE,INSERT ON ADMINXS FROM NICK,AUTHOR;

回收用户的权限时，如果回收的权限并没有赋予用户，则系统会提示未赋予用户该权限。

3) 删除用户

在图 10-2 所示的窗口中选择要删除的用户，单击"删除"按钮，即可便捷地删除所选择的用户（还需确认）。另外，在 Oracle SQL Developer 中以系统管理员身份连接登录后，展开"其他用户"文件夹，选择要删除的用户，右击鼠标，从弹出的快捷菜单中单击"删除用户"菜单项，也能快捷启动删除用户进程。

删除用户也能通过命令方式来完成。命令格式为：

DROP USER User_Name [CASCADE];

使用 DROP 命令也可以从数据库中撤销一个用户。这个命令只有一个参数，即 CASCADE，在撤销该用户之前，它撤销用户模式中的所有对象。如果用户拥有对象，必须指定 CASCADE 以撤销用户。下面给出一个样本 DROP USER 命令：

DROP USER AUTHOR CASCADE。

例 10.2 权限和角色

当数据库较小、访问数据库的用户不多时，对用户在每个表上要求的特定访问进行授权还是可以接受的。但是，随着数据库的增大以及用户数量的增多，数据库的维护将会成为很麻烦的事情。在实际的权限分配方案中，通常是这样运用角色的，先由 DBA 为数据库定义一系列的角色，再由 DBA 将权限分配给基于这些角色的用户。

1. 定义角色

1) 两种角色

（1）安全应用角色。DBA 可以授予安全应用角色运行给定数据库应用时所有必要的权限。然后将该安全应用角色授予其他角色或用户，应用可以包含几个不同的角色，每个角色都包含不同的权限集合。

（2）用户角色。DBA 可以为数据库用户组创建用户角色，赋予一般的权限。

2) 数据库角色

(1) 角色可以被授予系统和方案对象权限。

(2) 角色可以被授予其他角色。

(3) 任何角色可以被授予任何数据库对象。

(4) 授予用户的角色,在给定的时间里,要么启用,要么禁用。

3) 角色和用户的安全域

每个角色和用户都包含自己唯一的安全域。角色的安全域包括授予角色的权限;用户的安全域包括对应方案中的所有方案对象的权限、授予用户的权限和授予当前启用的用户的角色的权限。用户安全域同样包含授予用户组 PUBLIC 的权限和角色。

4) 预定义角色

Oracle 系统在安装完成后就有整套的用于系统管理的角色,这些角色称为预定义角色。Oracle 11g 的预定义角色比以前的版本有所增加,常用预定义角色如下。

AQ_ADMINISTRATOR_ROLE:提供高级队列管理的权限。包括入队列、出队列、管理任何队列、对高级队列表查询与执行权限等。

AQ_USER_ROLE:主要保留给 Oracle 8.0,提供对包 DBMS_AQ 与 DBMS_AQIN EXECUTE 执行权限。

CONNECT:提供创建 CREATE SESSION 的系统权限,具备创建表、视图和序列等特权。通过查找 DBA_SYS_PRIVS 数据目录视图可查询该角色的详细权限。注意:该角色在新版本中可能不再支持。

Resource:具有创建过程、触发器、表、序列和聚簇等特权。

DATAPUMP_EXP_FULL_DATABASE:提供利用 Oracle 数据泵(Data Pump)从 Oracle 数据库导出数据所需的权限。

注意:这是个权限强大的角色,因为它提供用户存取数据库中任何用户模式下任何数据的权限。

DATAPUMP_IMP_FULL_DATABASE:提供利用 Oracle 数据泵(Data Pump)导入数据到 Oracle 数据库所需的权限。

注意:这是个权限强大的角色,因为它提供用户存取数据库中任何用户模式下任何数据的权限。

DBA:拥有所有系统权限。

DELETE_CATALOG_ROLE:提供对系统审计表(AUD$)删除操作的权限。

EXECUTE_CATALOG_ROLE:提供在数据目录中对象上 EXECUTE 执行的权限。

EXP_FULL_DATABASE:提供了执行全部与增量数据库导出所需的权限,包括 SELECT ANY TABLE,BACKUP ANY TABLE,EXECUTE ANY PROCEDURE, EXECUTE ANY TYPE, ADMINISTER RESOURCE MANAGER,and INSERT, DELETE,and UPDATE on the tables SYS. INCVID,SYS. INCFIL,and SYS. INCEXP,还包括角色 EXECUTE_CATALOG_ROLE 与 SELECT_CATALOG_ROLE 所具有的权限。

IMP_FULL_DATABASE：提供执行全数据库导入（或 Oracle 数据泵）所需的权限和角色 EXECUTE_CATALOG_ROLE 与 SELECT_CATALOG_ROLE 所具有的权限。

OLAP_USER：提供在 Oracle OLAP 中创建多维对象来应用开发所需的权限。包括如下系统权限：CREATE CLUSTER，CREATE INDEXTYPE，CREATE OPERATOR，CREATE PROCEDURE，CREATE SEQUENCE，CREATE TABLE，CREATE TRIGGER，CREATE TYPE。

SNMPAGENT：用于企业管理器智能管理代理。

通过查询 sys.DBA_Sys_Privs 可以了解每种角色拥有的权利。角色可以被授予给某个用户。

2. 创建角色

1）利用 OEM 创建角色

创建角色的方法和创建用户的方法类似，使用的界面也有许多相同之处。

在图 10-1 所示的界面中选中"角色"，单击左键，进入"角色搜索"界面，如图 10-18 所示。

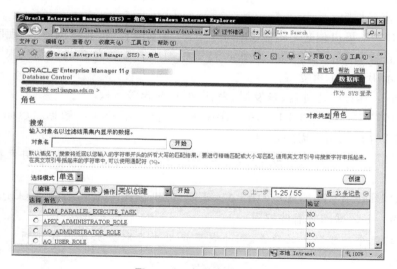

图 10-18　角色搜索界面

图 10-18 界面列出所有已存在的角色。单击"创建"按钮，进入"创建角色"界面，如图 10-19 所示，该界面包括"一般信息"、"角色"、"系统权限"、"对象权限"和"使用者组权限"5 个选项页面。

（1）"一般信息"选项页面：在"名称"文本框输入新角色名称，如 role1。Oracle 提供了下列 4 种确定启用角色时验证的方法：

无：启用角色时不用口令验证。

口令：需要口令验证，口令正确才能使用角色。

外部：验证操作系统中的用户。

实验 10　数据库安全性　　**197**

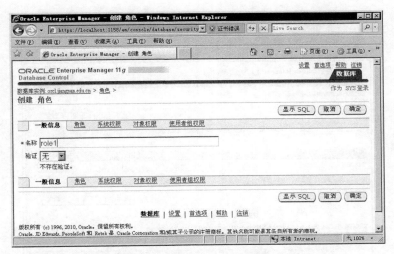

图 10-19　创建角色——一般信息界面

全局：用户在多个数据库中被全局标识。

如果选择"口令"，则需要输入两次相同的口令。在此选择"无"选项。

（2）角色选项页面：如图 10-20 所示。在该选项页面中，可以把某个角色赋予新角色，这样新角色就继承了相应角色的权限。这个选项页面中的信息和创建用户的角色选项卡类似。在此把 DBA 和 CONNECT 角色赋予新角色，这样新角色就拥有了 DBA 和 CONNECT 角色同样的权限。

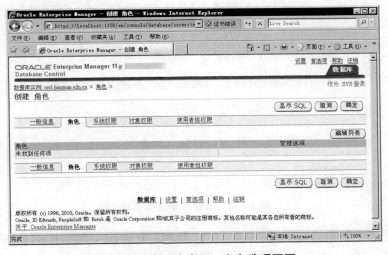

图 10-20　创建角色——角色选项页面

（3）系统权限选项页面：如图 10-21 所示。在界面中授予新角色系统权限，使之继承相应的权限。该选项页面的信息和操作方法与创建用户的系统权限选项页面类似。在此授予 SYSDBA 系统权限。

（4）对象权限选项页面：如图 10-22 所示。在该界面中授予新角色对象权限，使之继

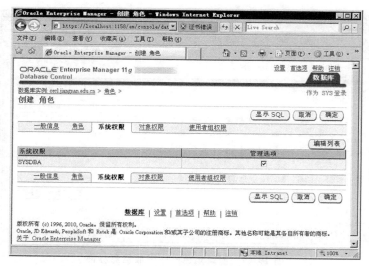

图 10-21　创建角色——系统权限选项页面

承相应的权限。该选项页面的信息和操作方法与创建用户的系统权限选项页面类似。根据需要授予新角色相应的对象权限。

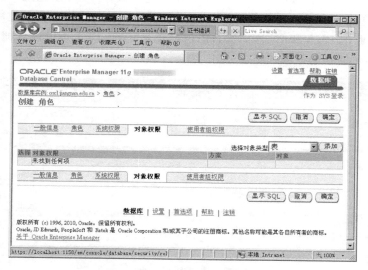

图 10-22　对象权限选项页面

（5）使用者组权限选项页面：如图 10-23 所示。在该选项页面中，可以将新角色授予相应的使用者权限。该选项页面的信息和操作方法与创建用户的系统权限选项页面类似。

根据需要授予新角色相应的使用者权限。确认 5 个选项页面设置无误后，单击"确定"按钮，创建成功后系统返回到图 10-18 所示的界面，完成创建角色的操作。

2）利用 SQL 命令创建角色

利用 CREATE ROLE 创建的新角色在最初权限是空的，可用 GRANT 语句将权限

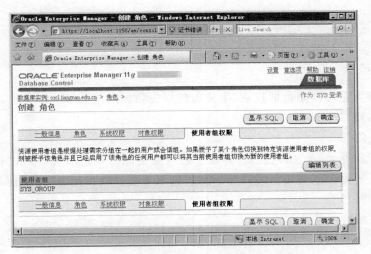

图 10-23　创建角色——使用者组权限选项页面

添加到角色中。

(1) CREATE ROLE 语句

语法格式如下：

```
CREATE ROLE role_name [NOT IDENTIFIED] [IDENTIFIED BY password|EXTERNALLY|
GLOBALLY]
```

其中：

role_name：新创建角色的名称。

NOT IDENTIFIED：该角色由数据库授权，不需要口令使该角色生效。

IDENTIFIED：在用 SET ROLE 语句使该角色生效之前必须由指定的方法来授权一个用户。

BY password：创建一个局部用户，在使角色生效之前，用户必须指定 password 定义的口令。口令只能是数据库字符集中的单字节字符。

EXTERNALLY：创建一个外部用户。在使角色生效之前，必须由外部服务（如操作系统）来授权用户。

GLOBALLY：创建一个全局用户。在利用 SET ROLE 语句使角色生效前或在登录时，用户必须由企业目录服务授权使用该角色。

(2) GRANT 语句

语法格式如下：

```
GRANT system_priv|role TO role [WITH ADMIN OPTION]
```

参数和关键字的含义与将权限添加到用户中的 GRANT 语句相同。

例　创建一个新的角色 ACCOUNT_CREATE，它只能创建用户，而不能执行其他 DBA 级命令。

```
CREATE ROLE ACCOUNT_CREATE;
GRANT CREATE SESSION,CREATE USER,ALTER USER TO ACCOUNT_CREATE;
```

3. 管理角色

角色管理就是修改角色的权限、生成角色报告和删除角色等工作。

1）利用 OEM 管理角色

（1）修改角色

如图 10-18 所示，在"角色搜索"界面中选择要更改的角色名称，单击"修改"按钮，进入"编辑角色"界面。某一角色的管理界面和创建角色界面相似，具体操作和创建角色也相似，在此不再赘述。

（2）删除角色

要删除某个角色，在如图 10-18 所示的窗口中选择要删除的角色；也可以通过搜索功能查找某个角色，然后单击"删除"按钮，在"确认"界面单击"是"按钮，即可删除角色。

2）利用 SQL 语句管理角色

利用 SQL 语句的 ALTER ROLE、GRANT ROLE 和 REVOKE 命令也可以管理角色。操作者必须被授予具有 ADMIN OPTION 的角色或具有 ALTER ANY ROLE 系统权限。

语法格式如下：

```
ALTER ROLE role_name [NOT IDENTIFIED][IDENTIFIED BY password|EXTERNALLY|
GLOBALLY]
```

ALTER ROLE 语句的关键字和参数与 CREATE ROLE 语句的相同，请参照 CREATE ROLE 语句的关键字和参数含义。使用 SQL 语句管理角色和使用 SQL 语句管理用户基本一样，请读者参照使用 SQL 语句管理用户的方法，自己尝试一下。在此说明一点，在将角色修改为 IDENTIFIED GLOBALLY 之前，必须注意：

（1）取消所有在外部识别的角色授权；

（2）取消所有用户、角色和 PUBLIC 的角色授权。

4. 权限管理

权限是执行特定 SQL 语句和访问对象的权利。权限被授予的用户能够完成这些特定的工作。一个用户可以通过两种方式得到权限：

（1）显式地将权限授予用户；

（2）可以将权限授予某个角色，然后为用户加入这个角色。

由于使用角色管理权限比较简单，所以一般先将权限授予角色，然后分配给各个用户。Oracle 支持系统权限和方案对象权限。

1）系统权限

系统权限是执行特定操作（如创建数据库、从表中删除行数据等）的权限。

Oracle 中包含 60 种不同的系统权限。可以将系统权限授予用户和角色，如果将系统权限授予某个角色，就可以使用该角色管理系统权限。有两种方法可以授予或回收系统权限，一是使用 OEM，二是使用 SQL 语句 GRANT 和 REVOKE。

注意：由于系统权限大，在数据库配置时，对于一般用户尽量不要授予其在数据字典上使用 ANY 系统权限（如 ALTER ANY TABLE）。

2）方案对象权限

方案对象权限是对特定方案对象执行特定操作的权利，这些方案对象主要包括表、视图、序列、过程、函数和包等。有些方案对象（如簇、索引、触发器和数据库链接）没有对应的对象权限，它们是通过系统权限控制的。例如，修改簇用户必须拥有 ALTER ANY CLUSTER 的系统权限。Oracle 方案对象有下列 9 种权限：

SELECT：读取表、视图和序列中的行。
UPDATE：更新表、视图和序列中的行。
DELETE：删除表和视图中的数据。
INSERT：向表和视图中插入数据。
EXECUTE：执行类型、函数、包和过程。
READ：读取数据字典中的数据。
INDEX：生成索引。
REFERENCES：生成外键。
ALTER：修改表、序列和同义词中的结构。

5. 安全特性

1）表安全

在表和视图上赋予 DELETE、INSERT、SELECT 和 UPDATE 权限可进行查询和操作表数据。可以限制 INSERT 权限到表的特定的列，而所有其他列都接受 NULL 或者默认值。使用可选的 UPDATE，用户能够更新特定列的值。

如果用户需要在表上执行 DDL 操作，那么需要 ALTER、INDEX 和 REFERNCES 权限还可能需要其他系统或者对象权限。例如，如果需要在表上创建触发器，用户就需要 ALTER TABLE 对象权限和 CREATE TRIGGER 系统权限。与 INSERT 和 UPDATE 权限相同，REFERENCES 权限能够对表的特定列授予权限。

2）视图安全

对视图的方案对象权限允许执行大量的 DML 操作，影响视图创建的基表，对表的 DML 对象权限与视图相似。要创建视图，必须满足下面两点。

（1）授予 CREATE VIEW 系统权限或 CREATE ANY VIEW 系统权限。

（2）显式授予 SELECT、INSERT、UPDATE 和 DELETE 对象权限，或者显式授予 SELECT ANY TABLE、INSERT ANY TABLE、UPDATE ANY TABLE、DELETE ANY TABLE 系统权限。

为了其他用户能够访问视图，可以通过 GRANT OPTION 子句或 ADMIN OPTION 子句授予其适当的系统权限。由于有以下两点可以增加表的安全层次，包括列层和基于值的安全性：

(1) 视图访问基表的所选择的列的数据；

(2) 在定义视图时使用 WHERE 子句控制基表的部分数据。

3) 过程安全

过程方案的对象权限(其中包括独立的过程、函数和包)只有 EXECUTE 权限。将这个权限授予需要执行的过程或需要编译的其他调用该过程的过程。

(1) 过程对象。具有某个过程的 EXECUTE 对象权限的用户可以执行该过程，也可以编译引用该过程的程序单元。过程调用时不会检查权限。具有 EXECUTE ANY PROCEDURE 系统权限的用户可以执行数据库中的任何过程。当用户需要创建过程时，必须拥有 CREATE PROCEDURE 系统权限或 CREATE ANY PROCEDURE 系统权限。当需要修改过程时，需要 ALTER ANY PROCEDURE 系统权限。

拥有过程的用户必须拥有在过程体中引用的方案对象的权限。为了创建过程，必须为过程引用的所有对象授予用户必要的权限。

(2) 包对象。拥有包的 EXECUTE 对象权限的用户，可以执行包中的任何公共过程和函数，能够访问和修改任何公共包变量的值。对于包不能授予 EXECUTE 权限，当为数据库应用开发过程、函数和包时，要考虑建立安全性。

4) 类型安全

(1) 命名类型的系统权限

Oracle 11g 为命名类型(对象类型、VARRAY 和嵌套表)定义了系统权限，主要有以下 5 个权限：

① CREATE TYPE：在用户自己的模式中创建命名类型；

② CREATE ANY TYPE：在所有的模式中创建命名类型；

③ ALTER ANY TABLE：修改任何模式中的命令类型；

④ DROP ANY TABLE：删除任何模式中的命名类型；

⑤ EXECUTE ANY TYPE：使用和参与任何模式中的命令类型。

(2) 对象权限

如果在命名类型上存在 EXECUTE 权限，那么用户可以使用命名类型完成定义表、在关系包中定义列及声明命名类型的变量和类型。

(3) 创建类型和表权限

在创建类型时，必须满足以下要求：

① 如果在自己的模式上创建类型，则必须拥有 CREATE TYPE 系统权限；如果需要在其他用户上创建类型，则必须拥有 CREATE ANY TYPE 系统权限。

② 类型的所有者必须显式授予访问定义类型引用的其他类型的 EXECUTE 权限，或者授予 EXECUTE ANY TYPE 系统权限，所有者不能通过角色获取所需的权限。

③ 如果类型所有者需要访问其他类型，则必须已经接受 EXECUTE 权限或 EXECUTE ANY TYPE 系统权限。

如果使用类型创建表，则必须满足以下要求：

① 表的所有者必须显式授予 EXECUTE 对象权限，能够访问所有引用的类型，或者授予 EXECUTE ANY TYPE 系统权限。

② 如果表的所有者需要访问其他用户的表时，则必须在 GRANT OPTION 选项中接受参考类型的 EXECUTE 对象权限，或者在 ADMIN OPTION 中接受 EXECUTE ANY TYPE 系统权限。

例 使用类型创建类型和表的权限。

假设 USER1、USER2 和 USER3 这 3 个用户都有 CONNECT 和 RESOURCE 角色。
① USER1 在自己的模式执行下面的 DDL 语句：

```
CREATE TYPE type1 AS OBJECT(attr1 number);
CREATE TYPE type2 AS OBJECT(attr2 number);
GRANT EXECUTE ON type1 TO USER2;
GRANT EXECUTE ON type2 TO USER2 WITH GRANT OPTION;
```

② USER2 在自己的模式执行下面的 DDL 语句：

```
CREATE TABLE tab1 OF USER1.type1;
CREATE TYPE type3 AS OBJECT(attr3 user1.type2);
CREATE TABLE tab2(col1 user1.type2);
```

由于 USER2 在 GRANT OPTION 中拥有对 USER1 的 TYPE2 的 EXECUTE 权限，所以能够成功执行。

```
GRANT EXECUTE ON type3 TO USER3;
GRANT SELECT ON tab2 TO USER3;
```

然而，由于在 GRANT OPTION 中 USER2 没有 USER1 的 TYPE 的 EXECUTE 权限，所以下面的授权失败：

```
GRANT SELECT ON tab1 TO USER3;
```

③ USER3 可以成功执行下面的语句：

```
CREATE TYPE type4 AS OBJECT(attr4 user2.type3);
CREATE TABLE tab3 OF type4;
```

（4）类型访问和对象访问的权限。

在列层和表层上的 DML 命令权限可以应用到对象列和行对象上。Oracle 为对象定义的权限有：
① SELECT：访问来自表的属性和对象；
② UPDATE：修改构成表行的对象的属性；
③ INSERT：向表中插入新的数据行；
④ DELETE：删除数据行。

例 10.3　概要文件和数据字典视图

概要文件用来限制由用户使用的系统和数据库资源，并管理口令限制。如果数据库中没有创建概要文件，将使用默认的概要文件。

1. 创建概要文件

可以使用 OEM 或 SQL 语句来创建概要文件。

1）使用 OEM 创建概要文件

启动并登录到 OEM，以 SYSDBA 的身份连接到要操作的数据库，如图 10-1 所示。选择"概要文件"，进入"概要文件搜索"界面，如图 10-24 所示。在该界面单击"创建"按钮，进入"创建概要文件"界面，如图 10-25 所示。该界面包括一般信息和口令两个选项页面，通过对选项页面的设置可以完成概要文件的定义。

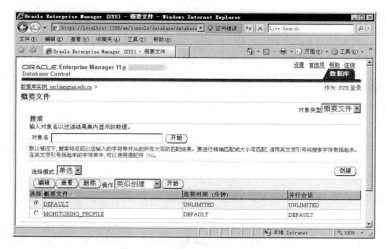

图 10-24 概要文件搜索界面

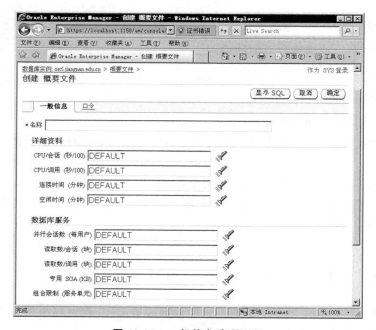

图 10-25 一般信息选项页面

(1) 一般信息选项页面。

在如图 10-25 所示的"一般信息"选项页面中，可以指定将要创建的概要文件的名称以及其他详细资料和数据库服务。

详细资料区设置的内容如下：

CPU/会话：一个会话占用 CPU 的时间总量（以秒/100 为单位）。

CPU/调用：一个调用占用 CPU 的时间最大值（以秒/100 为单位）。

连接时间：一个会话持续的时间的最大值（以分钟为单位）。

空闲时间：一个会话处于空闲状态的时间最大值（以分钟为单位）。空闲时间是会话中持续不活动的一段时间。长时间运行的查询和其他操作不受此限值的约束。

数据库服务区设置的内容如下：

并行会话数：一个用户进行并行会话的最大数量。

读取数/会话：一个会话读取的数据块总量。该限值包括从内存和磁盘读取的块。

读取数/调用：一个调用在处理一个 PL/SQL 语句时读取数据块的最大数量。

专用 SGA：在系统全局区（SGA）的共享池中，一个会话可分配的专用空间量的最大值。专用 SGA 的限值只在使用多线程服务器体系结构的情况下适用。

限制：一个会话耗费的资源总量。它包括会话占用 CPU 的时间、连接时间、会话中的读取数和分配的专用 SGA 空间量。

DEFAULT：使用 DEFAULT 概要文件中为该资源指定的限值。

UNLIMITED：可以不受限制地利用该资源。

值：在现有值中选择一个。这些默认值是该项目的常用值，这些值根据项目的不同而不同。

(2) 口令选项页面。

口令选项页面如图 10-26 所示。在该页面可以设置帐户口令的各种参数。

① 对于"口令"选项，可以设置有效期和失效后的锁定状态。

有效期：多少天后口令失效。

最大锁定天数：口令失效后第一次用它登录后多少天内可以更改此口令。

② 对于"历史记录"选项，设置如何保留口令的历史记录。

保留的口令数：口令能被重新使用前必须被更改的次数。

保留天数：限定口令失效后经过多少天才可以重新使用。

分配了该概要文件的用户，在登录到数据库时允许使用一个 PL/SQL 例行程序来校验口令。

PL/SQL 例行程序必须在本地使用，才能在应用该概要文件的数据库上执行。

Oracle 提供了一个默认脚本（utlpwdmg.sql），也可以创建自己的例行程序或使用第三方软件。检验口令的例行程序必须归 SYS 所有。默认情况下的设置为"空"，即不进行口令校验。

若选择"启用口令复杂性函数"复选框，则可以强制用户的口令符合复杂度标准。例如，可以要求口令的最小长度、不是一些简单的词以及至少包括一个数字或标点符号。

若选择"登录失败后锁定帐户"复选框，则可以设置限定用户在登录几次失败后将无法使

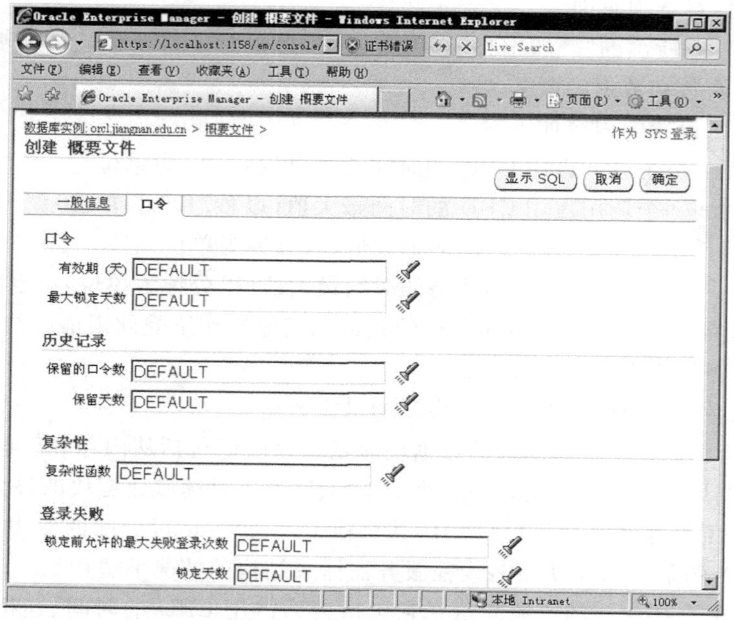

图 10-26 创建概要文件——口令选项页面

用该帐户;"锁定天数"用于设置在登录失败达到指定次数后,指定该帐户将被锁定的天数。

如果选择了"Unlimited"选项,只有数据库管理员才能为该帐户解除锁定。

单击"确定"按钮,系统创建概要文件。概要文件创建成功后,返回到图 10-24 所示的界面,完成创建操作,此时能在该界面看到上面所创建的概要文件的基本信息。

2) 使用 CREATE PROFILE 命令创建概要文件

语法格式如下:

CREATE PROFILE LIMIT profile_name resource_parameters|password_parameters

说明:

profile_name:将要创建的概要文件的名称;

resource_parameters:对一个用户指定资源限制的参数;

password_parameters:口令参数。

(1) resource_parameters 的表达式

语法格式:

```
[SESSIONS_PER_USER integer|UNLIMITED|DEFAULT]          /*限制用户并发会话个数*/;
[CPU_PER_SESSION integer|UNLIMITED|DEFAULT]
                                /*限制一次会话的 CPU 时间,以秒/100 为单位,下同*/;
[CPU_PER_CALL integer|UNLIMITED|DEFAULT]            /*限制一次调用的 CPU 时间*/;
[CONNECT_TIME integer|UNLIMITED|DEFAULT]  /*一次会话持续的时间,以分钟为单位*/;
[IDLE_TIME integer|UNLIMITED|DEFAULT]
                             /*限制会话期间的连续不活动时间,以分钟为单位*/;
```

[LOGICAL_READS_PER_SESSION integer|UNLIMITED|DEFAULT]
/*规定一次会话中读取数据块的数目,包括从内存和磁盘中读取的块数*/;
[LOGICAL_READS_PER_CALL integer|UNLIMITED|DEFAULT]
/*规定处理一个SQL语句一次调用所读的数据块的数目*/;
[COMPOSITE_LIMIT integer|UNLIMITED|DEFAULT]
/*规定一次会话的资源开销,以服务单位表示该参数值*/;
[PRIVATE_SGA integer{K|M}|UNLIMITED|DEFAULT]
/*规定一次会话在系统全局区(SGA)的共享池可分配的私有空间的数目,以字节表示。可以使用K或M来表示千字节或兆字节*/

(2) password_parameters 的表达式

[FAILED_LOGIN_ATTEMPTS expression|UNLIMITED|DEFAULT]
/*在锁定用户帐户之前登录用户帐户的失败次数。*/;
[PASSWORD_LIFE_TIME expression|UNLIMITED|DEFAULT]
/*限制同一口令可用于验证的天数*/;
[PASSWORD_REUSE_TIME expression|UNLIMITED|DEFAULT]
/*规定口令不被重复使用的天数*/;
[PASSWORD_REUSE_MAX expression|UNLIMITED|DEFAULT]
/*规定当前口令被重新使用前需要更改口令的次数,如果PASSWORD_REUSE_TIME 设置为一个整数值,则该设置UNLIMITED。*/;
[PASSWORD_LOOK_TIME expression|UNLIMITED|DEFAULT]
/*指定次数的登录失败而引起的帐户封锁的天数*/;
[PASSWORD_GRACE_TIME expression|UNLIMITED|DEFAULT]
/*在登录依然被允许但已开始发出警告之后的天数*/;
[PASSWORD_VERIFY_FUNCTION function|NULL|DEFAULT]
/*允许PL/SQL的口令校验脚本作为CREATE PROFILE语句的参数*/

例 创建一个LIMITED_PROFILE概要文件,把它提供给用户NICK使用。

CREATE PROFILE LIMITED_PROFILE LIMIT FAILED_LOGIN_ATTEMPTS 5
    PASSWORD_LOCK_TIME 10;
ALTER USER NICK PROFILE LIMITED_PROFILE;

如果连续5次与AUTHOR帐户的连接失败,该帐户将自动由Oracle锁定,此后使用AUTHOR帐户的正确口令时,系统会提示错误信息;只有对帐户解锁后,才能再使用该帐户。若一个帐户由于多次连接失败而被锁定,当超过其概要文件的PASSWORD_LOCK_TIME值时将自动解锁。例如,在本例为AUTHOR锁定10次后即被解锁。

2. 管理概要文件

1) 利用OEM管理概要文件

(1) 为用户分配概要文件

在如图10-1所示界面中单击"用户",进入"用户搜索"界面,如图10-2所示。选择要重新分配概要文件的用户名称;也可以通过搜索功能查找出该用户的名称,单击"编辑"

按钮进入"编辑用户"界面,如图 10-3 所示。从"概要文件"下拉列表中选择将要分配的概要文件,单击"应用"按钮完成为某个用户分配概要文件的操作。

(2) 修改概要文件

在如图 10-24 所示的界面中,选择要修改的概要文件名称,或是通过搜索功能查找要修改的概要文件名称,单击"编辑"按钮进入"编辑概要文件"界面,如图 10-27 所示。

图 10-27　编辑概要文件界面

(3) 删除概要文件

按照如下步骤即可删除指定的概要文件:在如图 10-24 所示的界面中选择将要删除的概要文件,单击"删除"按钮,在出现的确认界面中选择"是",就可以把指定的概要文件从当前数据库中删除。

2) 使用 SQL 语句管理概要文件

语法格式如下:

ALTER PROFILE profile LIMIT resource_parameters|password_parameters

其中:resource_parameters 和 password_parameters 表达式与 CREATE PROFILE 中一样。ALTER PROFILE 语句中的关键字和参数与 CREATE PROFILE 语句相同,请参照 CREATE PROFILE 的语法说明。注意:不能从 DEFAULT 概要文件中删除限制。

例　强制 LIMITED_PROFILE 概要文件的用户每 10 天改变一次口令。

ALTER PROFILE LIMITED_PROFILE LIMIT PASSWORD_LIFE_TIME 10;

命令修改了 LIMITED_PROFILE 概要文件,PASSWORD_LIFE_TIME 设为 10,因

此使用这个概要文件的用户在 10 天后就会过期。如果口令过期,就必须在下次注册时修改它,除非概要文件对过期口令有特定的宽限期。

例 设置 PASSWORD_GRACE_TIME 为 10 天。

```
ALTER PROFILE LIMITED_PROFILE LIMIT PASSWORD_GRACE_TIME 10;
```

为过期口令设定宽限期为 10 天,10 天过后还未修改口令,帐户就会过期。过期帐户需要数据库管理员人工干预才能重新激活。

3. 数据字典视图

(1) ALL_USERS 视图:显示当前用户可以看见的所有用户。
输入下列命令:

```
SELECT * FROM SYS.ALL_USERS;
```

执行结果如图 10-28 所示。

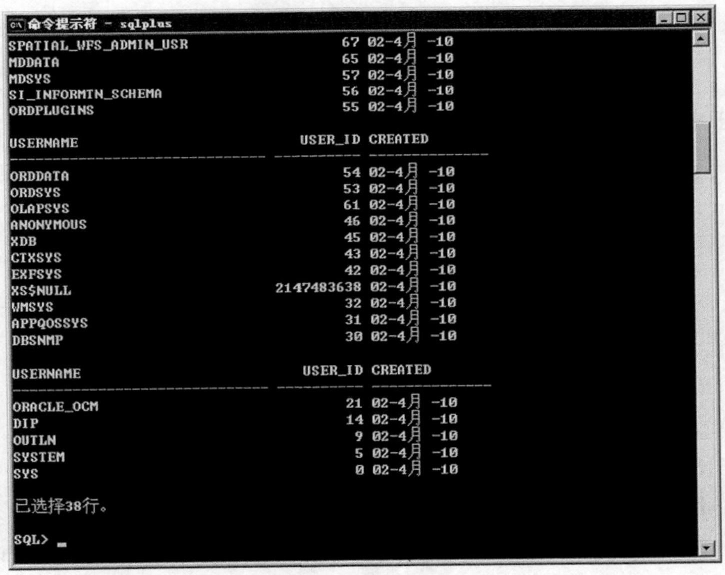

图 10-28 查看用户

(2) DBA_USERS 视图:查看数据库中所有的用户信息。
(3) USER_USERS 视图:当前正在使用数据库的用户信息。
(4) DBA_TS_QUOTAS 视图:用户的表空间限额情况。
(5) USER_PASSWORD_LIMITS 视图:分配给该用户的口令配置文件参数。
(6) USER_RESOURCE_LIMITS 视图:当前用户的资源限制。
(7) V$SESSION 视图:每个当前会话的会话信息。
(8) V$SESSTAT 视图:用户会话的统计数据。
(9) DBA_ROLES 视图:当前数据库中存在的所有角色。

(10) SESSION_ROLES 视图：用户当前启用的角色。

(11) DBA_ROLE_PRIVS 视图：授予用户（或角色）的角色，也就是用户（或角色）与角色之间的授予关系。使用如下 SQL 语句查看：

```
SELECT * FROM DBA_ROLE_PRIVS;
```

结果如下（部分）：

```
GRANTEE    GRANTED_ROLE           ADM    DEF
ADMIN      CONNECT                NO     YES
ADMIN      DBA                    NO     YES
  ⋮          ⋮                     ⋮      ⋮
DBA        RESOURCE               NO     YES
DBA        DELETE_CATALOG_ROLE    YES    YES
DBA        EXECUTE_CATALOG_ROLE   YES    YES
DBA        EXP_FULL_DATABASE      NO     YES
DBA        IMP_FULL_DATABASE      NO     YES
  ⋮          ⋮                     ⋮      ⋮
```

这里显示的是所有用户（或角色）的信息。

下面建立一个新的用户，并赋予其一些基本的权限。然后使用 SELECT * FROM DBA_ROLE_PRIVS 语句，看有什么结果。SQL 语句如下：

```
CREATE USER PRIVS_TEST IDENTIFIED BY manager PROFILE "DEFAULT"
    DEFAULT TABLESPACE "USERS" ACCOUNT UNLOCK;
GRANT CREATE ANY TABLE, EXECUTE ANY PROCEDURE,
    SELECT ANY TABLE TO PRIVS_TEST;
GRANT CONNECT, AQ_USER_ROLE, OLAP_DBA TO PRIVS_TEST;
SELECT * FROM DBA_ROLE_PRIVS;
```

(12) USER_ROLE_PRIVS 视图：授予当前用户的系统权限。

(13) DBA_SYS_PRIVS 视图：授予用户或角色的系统权限。

(14) USER_SYS_PRIVS 视图：授予当前用户的系统权限。

(15) SESSION_PRIVS 视图：用户当前启用的权限。

(16) ALL_COL_PRIVS 视图：当前用户或 PUBLIC 用户组是其所有者、授予者或被授予者的用户的所有列对象（即表中的字段）的授权。

(17) DBA_COL_PRIVS 视图：数据库中所有的列对象的授权。

(18) USER_COL_PRIVS 视图：当前用户或其所有者、授予者或者被授予者的所有列对象的授权。

(19) DBA_TAB_PRIVS 视图：数据库中所用对象的权限。

(20) ALL_TAB_PRIVS 视图：用户或 PUBLIC 是其授予者的对象的授权。

(21) USER_TAB_PRIVS 视图：当前用户是其被授予者的所有对象的授权。

例 10.4　审计

审计是监视和记录所选用户的数据活动，审计通常用于调查可疑活动和监视与收集特定数据库活动的数据。审计操作类型包括登录企图、对象访问和数据库操作。审计操作项目包括成功执行的语句或执行失败的语句、在每个用户会话中执行一次的语句和所有用户或特定用户的活动。审计记录包括被审计的操作、执行操作的用户和操作的时间等信息。审计记录被存储在数据字典中。审计跟踪记录包含不同类型的信息，主要依赖于所审计的事件和审计选项设置。每个审计跟踪记录中的信息通常包含用户名、会话标识符、终端标识符、访问的方案对象的名称、执行的操作、操作的完成代码、日期和时间戳和使用的系统权限。

管理员可以启用和禁用审计信息记录，但是，只有安全管理员才能够对审计信息记录进行管理。当在数据库中启用审计时，在语句执行阶段生成审计记录。注意，在 PL/SQL 程序单元中的 SQL 语句是单独审计的。

1. 审计启用

数据库的审计记录存放在 SYS 方案中的 AUD$ 表中。在初始状态下，Oracle 对于审计是关闭的，因此必须手动开启审计。具体步骤如下。

（1）在实验 1 中图 1-46 所示的界面中，单击"数据库配置"类别中的"初始化参数"，进入"初始化参数"界面，如图 10-29 所示。该界面有两个选项页面：当前和 SPFile 页面。"当前"页面列出所有初始化参数目前的配置值；在 SPFile 页面设置初始化参数。

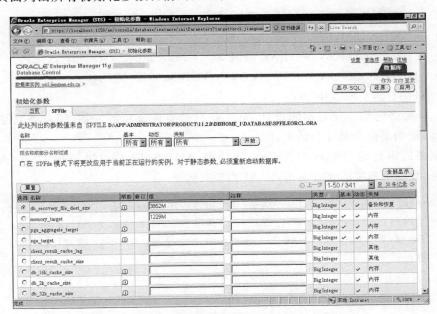

图 10-29　查看与编辑数据库例程状态等信息

（2）在如图 10-30 所示的界面中，在"过滤"文本框输入审计参数 audit_trail，单击"开始"按钮，出现如图 10-30 所示的界面。

（3）在"值"一栏输入要设置的参数值，如"db"，单击"应用"按钮，然后重新启动数据库。

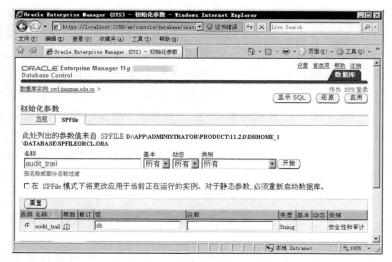

图 10-30　编辑参数值

（4）这样即启用审计了。

2. 登录审计

用户连接数据库的操作过程称为登录，登录审计用下列命令：

（1）AUDIT SESSION；

（2）AUDIT SESSION WHENEVER SUCCESSFUL；

（3）AUDIT SESSION WHENEVER NOT SUCCESSFUL；

（4）NOAUDIT SESSION；

第一条命令开启连接数据库审计，第二条只是审计成功的连接，第三条只是审计失败的连接，第四条命令禁止会话审计。

数据库的审计记录存放在 SYS 方案中的 AUD＄表中，可以通过 DBA_AUDIT_SESSION 数据字典视图来查看 SYS.AUD＄。例如：

```
SELECT OS_Username,Username,Terminal,DECODE(Returncode, '0 ', 'Connected ',
'1005 ','FailedNull','1017 ','Failed ',Returncode), TO_CHAR(Timestamp,
'DD-MON-YY HH24:MI:SS '),TO_CHAR(Logoff_time, 'DD-MON-YY HH24:MI:SS ')
FROM DBA_AUDIT_SESSION;
```

其中：

OS_Username：使用的操作系统帐户；

Username：Oracle 帐户名；

Terminal：使用的终端 ID；

Returncode：如果为 0，连接成功；否则就检查两个常用错误号，确定失败的原因。检查的两个错误号为 ORA-1005 和 ORA-1017。这两个错误代码覆盖了经常发生的登录错误。当用户输入一个用户名但无口令时就返回 ORA-1005；当用户输入一个无效口令时就返回 ORA-1017；

Timestamp：登录时间；

Logoff_time：注销的时间。

对表、数据库链接、表空间、同义词、回滚段、用户或索引等数据库对象的任何操作都可被审计。这些操作包括对象的建立、修改和删除。

语法格式：

AUDIT {statement_opt|system_priv} [BY user,…] [BY {SESSION|ACCESS}] [WHENEVER [NOT] SUCCESSFUL]

说明：

statement_opt：审计操作。对于每个审计操作，产生的审计记录含有下述信息：执行操作的用户、操作类型、操作涉及的对象及操作的日期和时间。审计记录被写入审计跟踪(audit trail)，审计跟踪包含审计记录的数据库表。可以通过数据字典视图检查审计跟踪来了解数据库的活动。

system_priv：指定审计的系统权限。Oracle 立即为指定的系统权限和语句选项组提供捷径。

BY user,…：指定审计的用户。若忽略该子句，Oracle 审计所有用户的语句。可同时指定多个用户。

BY SESSION：同一会话中同一类型的全部 SQL 语句仅写单个记录。

BY ACCESS：每个被审计的语句写一个记录。

例 使用户 HR 的所有更新操作都要被审计。

AUDIT UPDATE TABLE BY HR;

若要审计影响角色的所有命令,可输入命令：

AUDIT ROLE;

若要禁止这个设置值,可输入命令：

NOAUDIT ROLE;

被审计的操作都被指定一个数字代码，这些代码可通过 AUDIT_ACTIONS 视图来访问。例如：

SELECT Action, Name FROM AUDIT_ACTIONS;

已知操作代码,就可以通过 DBA_AUDIT_OBJECT 视图检索登录审计记录。例如：

SELECT OS_Username,Username,Terminal,Owner,Obj_Name,Action_Name,
    DECODE(Returncode,'0','Success',Returncode),
    TO_CHAR(Timestamp,'DD-MON-YYYYY HH24:MI:SS')
FROM DBA_AUDIT_OBJECT;

其中：

OS_Username：操作系统帐户；

Username：帐户名；
Terminal ：所用的终端 ID；
Action_name：操作码；
Owner：对象拥有者；
Obj_Name：对象名；
Returncode：返回代码，若是 0，则连接成功；否则就报告一个错误数值；
Timestamp：登录时间。

3. 对象审计

除了系统级的对象操作外，还可以审计对象的数据处理操作。这些操作可能包括对表的选择、插入、更新和删除操作。这种操作类型的审计方式与操作审计非常相似。

语法格式：

```
AUDIT {object_opt|ALL} ON {[schema.]object|DIRECTORY directory_name|DEFAULT}
[BY SESSION|ACCESS] [WHENEVER [NOT] SUCCESSFUL]
```

其中：

object_opt：指定审计操作。表 10-1 列出了对象审计选项。

表 10-1　对象审计选项

对象选项	表	视图	序列	过程/函数包	显形图/快照	目录	库	对象类型	环境
ALTER	×		×		×			×	
AUDIT	×	×	×		×	×		×	×
COMENT	×	×			×				
DELETE	×	×			×				
EXECUTE				×			×		
GRANT	×	×	×	×	×	×	×	×	×
INDEX	×				×				
INSERT	×	×							
LOCK	×				×				
READ						×			
RENAME	×	×			×				
SELECT	×	×	×		×				
UPDATE	×	×			×				

ALL：指定所有对象类型的对象选项。

schema：包含审计对象的方案。若忽略 schema，则对象在用户自己的模式中。

object：标识审计对象。对象必须是表、视图、序列、存储过程、函数、包、快照或库，也可是它们的同义词。

ON DEFAULT：默认审计选项，以后创建的任何对象都自动用这些选项审计。用于视图的默认审计选项总是视图基表的审计选项的联合。

ON DIRECTORY directory_name：审计的目录名。

BY SESSION：Oracle 在同一会话中对在同一对象上的同一类型的全部操作写单个记录。

BY ACCESS：对每个被审计的操作写一个记录。

WHENEVER SUCCESSFUL：只审计完全成功的 SQL 语句。

例 对 XS 表的所有 INSERT 命令进行审计；对 XS_KC 表的每个命令都要进行审计；对 KC 表的 DELETE 命令都要进行审计。

```
AUDIT INSERT ON ADMIN.XS;
AUDIT ALL ON ADMIN.XS_KC;
AUDIT DELETE ON ADMIN.KC;
```

通过对 DBA_AUDIT_OBJECT 视图进行查询，就可以看到最终的审计记录。

4. 权限审计

权限审计表示只审计某一个系统权限的使用状况。既可以审计某个用户所使用的系统权限，也可以审计所有用户使用的系统权限。

例 分别对 nick 和 admin 用户进行系统权限级别的审计。

```
SQL>audit delete any table whenever not successful;
SQL>audit create table whenever not successful;
SQL>audit alter any table,alter any procedure by nick by access Whenever not successful;
SQL>audit create user by admin whenever not successful;
```

通过查询数据字典 DBA_PRIV_AUDIT_OPTS（必须以 sys 用户连接数据库进行查询），可以了解对哪些用户进行了权限审计及审计的选项。

```
SQL> SELECT USER_NAME,PRIVILEGE,SUCCESS,FAILURE FROM DBA_PRIV_AUDIT_OPTS ORDER BY USER_NAME;
```

结果表的内容类似如下所示：

```
------------------------------------------------------
USER_NAME    PRIVILEGE              SUCCESS     FAILURE
------------------------------------------------------
ADMIN        ALTER ANY TABLE        NOT SET     BY ACCESS
ADMIN        ALTER ANY PROCEDURE    NOT SET     BY ACCESS
NICK         CREATE USER            NOT SET     BY ACCESS
(null)       CREATE TABLE           NOT SET     BY ACCESS
(null)       DELETE ANY TABLE       NOT SET     BY SESSION
```

* 实验内容与要求

1. 建立用户 jxzy，口令也为 jxzy，并设置供用户在表空间 System 上使用的最大空间为 5MB。

2. 修改用户 scott 的口令为 tiger2。

3. 管理员对用户 scott 先加锁，再解锁。

4. 删除以前建立的用户 jxzy，同时删除其建立的相关实体。

5. 授予用户 jxzy 以系统特权，包括 Create Session、Create Table、Create User、Alter User 和 Drop User 等，并赋予其再授权的能力。

6. 回收用户 jxzy 的 Create User、Alter User 和 Drop User 等系统特权。

7. 修改用户 jxzy 的密码为 Jxzy_Pw 和最大允许空间为 10MB。

8. 查询已被授予的某用户的系统级特权（从系统视图 Sys.DBA_Sys_Privs 中进行查询）。

9. 授予用户 jxzy 对表 S 的查询、插入、修改和授予他人这些权限的对象特权。

10. 对表列（HR.departments 表上 department_name 和 location_id 列）修改的权限赋予所有用户。

11. 收回用户 jxzy 的修改数据特权。

12. 收回用户 jxzy 的所有特权。

13. 显示已被授予的全部对象特权（从系统视图 Sys.DBA_Tab_Privs 中）。

14. 将 DBA 角色授予新建管理员 jxzy。

15. 创建角色 manager，对角色 manager 授予 create table 和 create view 的权限，把角色 manager 赋予用户 SCOTT2，最后再从用户 SCOTT2 处收回角色 manager 所具有的权限。

16. 创建的用户名称为 test，口令也是 test，其默认表空间为 users，在 users 表空间上的使用配额为 10MB。如果不限制使用配额，则可以用 unlimited 代替 10MB；如果不允许用户使用 users 表空间，则可以用 0 代替 10MB。其默认临时表空间为 temp。概要文件为 default。

17. 给新建的用户 test 赋予 create session、create table 权限。

18. 给新建的用户 test 赋予对象 scott.emp 上的 select 和 update 权限。

19. 以新建的用户 test 登录系统，并尝试创建表 test，对 emp 表进行查询等操作。核查看其他哪些操作可行，哪些操作不行。

20. 创建新用户 qh、qxz 和 sly。

21. 将 CREATE TABLE、CREATE VIEW 及对 S 表的查询权限授予名为 qh、qxz 和 sly 的用户。

22. 将对 S 表的插入和删除的权限授予名为 shen 的用户。

23. 将对 S 表的 Age 和 DEPT 列的修改权限授予名为 shen 的用户。

24. 从名为 sly 的用户收回创建表和创建视图的权限。

25. 从名为 qxz 和 sly 的用户收回对 S 表的查询权限。

26. 针对实验 14 中的例 14.2 的数据库 KCGL，创建不同级别的数据库用户，用创建的用户替换固有的系统用户，来尝试与系统的连接以及对系统数据的存取操作等，并记录与分析可能会遇到的问题，实践通过授予更高的权限来解决问题。

实验 11

数据完整性

实验目的

熟悉数据库的保护措施——完整性控制。选择若干典型的数据库管理系统产品,了解它们所提供的数据完整性控制的多种方式与方法,上机实践并加以比较。重点实践 Oracle 的数据完整性控制机制。

背景知识

数据完整性是指存储在数据库中的所有数据均正确的状态,它是为防止数据库中存在不符合语义规定的数据和防止因错误信息的输入/输出造成无效操作或错误信息而提出的。

数据完整性约束是数据库数据模型三要素之一。也可以说是数据库系统都应遵循与实现的指标之一。为此,无论小型、中型还是大型数据库系统,对数据完整性方面的要求与保障能力均有其共性。一般来说,数据库系统对实体完整性与参照完整性都是要完全支持的,而对用户自定义完整性等的支持方式与程度是有差异的。下面以 Oracle 为例说明实际数据库系统中数据完整性控制情况。

Oracle 中数据完整性有 4 种类型:实体完整性、域完整性、引用完整性和用户定义完整性。另外,触发器和存储过程等也能以一定方式控制数据完整性。

实验示例

例 11.1 实体完整性

实体完整性将行定义为特定表的唯一实体。实体完整性强制表的标识符列集或主键的完整性。

1. PRIMARY KEY 约束

在一个表中,不能有两行包含相同的主键值,不能在主键内的任何列中输入 NULL 值。

在数据库中 NULL 是特殊值,代表不同于空白和 0 值的未知值。一般每个表都应有一个主键。

例如,参阅实验 4 中创建"简易教学管理"数据库 jxgl 中的三表,其中要定义 Student 表的 Sno 为主码,命令为:

```
Create Table Student
(Sno CHAR(5) NOT NULL,
 Sname VARCHAR(20),
 Sage SMALLINT CHECK(Sage>=15 AND Sage<=45),
 Ssex CHAR(2) DEFAULT '男' CHECK (Ssex='男' OR Ssex='女'),
 Sdept CHAR(2),Constraint PK_sno PRIMARY KEY(Sno));
```

其中,PRIMARY KEY(Sno)表示 Sno 是 Student 表的主码,PK_sno 是此主码的自定义约束名。

当主码为单属性时,也可在该属性列定义时把 PRIMARY KEY 放在后面来指定其为关系主码,例如:

```
Create Table Student(Sno CHAR(5) NOT NULL Constraint PK_sno PRIMARY KEY,…
```

或

```
Create Table Student(Sno CHAR(5) NOT NULL PRIMARY KEY,…
```

若要在 SC 表中定义(Sno,Cno)为主码,则用下面语句建立 SC 表:

```
Create Table SC
(Sno CHAR(5) NOT NULL,Cno CHAR(2) NOT NULL,
 Grade SMALLINT CHECK ((Grade IS NULL) OR (Grade BETWEEN 0 AND 100)),
 CONSTRAINT C_PK PRIMARY KEY(Sno,Cno),
 CONSTRAINT C_F FOREIGN KEY(Cno) REFERENCES Course(Cno),
 CONSTRAINT S_F FOREIGN KEY(Sno) REFERENCES Student(Sno));
```

也可以在创建表后通过 ALTER TABLE 来追加主码,命令如下:

```
ALTER TABLE SC ADD CONSTRAINT C_PK PRIMARY KEY (Sno,Cno) DISABLE;
                                          /*加 DISABLE 暂时不起作用*/
ALTER TABLE SC MODIFY CONSTRAINT C_PK ENABLE;    /*使主码约束起作用*/
```

用 PRIMARY KEY 语句定义了关系的主码后,每当用户程序对主码列进行更新操作时,系统自动进行完整性检查,凡操作使主码值为空或使主码值在表中不唯一,系统将拒绝此操作,从而保证了实体完整性。

例如,在 Student 表中 Sno 定义为该表的主键。则 Sno 不能为空并且每行唯一。

请对 Student 表添加或修改记录,检验是否能突破该约束呢?

2. UNIQUE 约束

UNIQUE 约束在列集内强制执行值的唯一性,对于 UNIQUE 约束中的列,表中不允许有两行包含相同的非空值。主键也强制执行唯一性,但主键不允许空值。例如,通

过 ALTER TABLE 命令添加姓名唯一约束,命令如下:

```
ALTER TABLE Student ADD CONSTRAINT Sname_unq UNIQUE(Sname);
                                            /*假设姓名没有同名*/
ALTER TABLE Student drop CONSTRAINT Sname_unq;
                                            /*删除姓名唯一约束*/
```

要在创建表的同时指定唯一性约束,命令如下:

```
Create Table Student2
   (Sno CHAR(5) NOT NULL,
    Sname VARCHAR(20) CONSTRAINT Sname_unq UNIQUE,
    Sage SMALLINT CHECK(Sage>=15 AND Sage<=45),
    Ssex CHAR(2) DEFAULT '男' CHECK(Ssex='男' OR Ssex='女'),
    Sdept CHAR(2),Constraint PK_sno PRIMARY KEY(Sno));
Create Table Student2
   (Sno CHAR(5) NOT NULL,
    Sname VARCHAR(20),
    Sage SMALLINT CHECK(Sage>=15 AND Sage<=45),
    Ssex CHAR(2) DEFAULT '男' CHECK(Ssex='男' OR Ssex='女'),
    Sdept CHAR(2),
    Constraint PK_sno PRIMARY KEY(Sno),
    CONSTRAINT Sname_unq UNIQUE(Sname));
```

请对 Student2 表添加或修改记录,检验学生姓名能否出现重复呢?

3. 序列属性(SEQUENCE 属性)

序列属性能自动产生唯一的标识值,指定为序列的列一般作为主键。如对于订单表 Orders 的订单号 OrderID 列,添加时指定取值为 odid.nextval 能从 1 开始自动以步长 1 增大,它是表的非空且唯一的主键。

```
Create Sequence odid increment by 1 minvalue 1 maxvalue 9999999 cycle;
                                            /*创建序列 odid*/
CREATE TABLE Orders(OrderID int NOT NULL PRIMARY KEY,CustID char(8) NOT NULL,
OrderDate date null);                       /*创建表 Orders*/
Insert into Orders Values(odid.nextval,'00000001',sysdate);
                                            /*取值指定为 odid.nextval*/
Insert into Orders Values(odid.nextval,'00000002',sysdate);
……
```

请创建 Orders 表,并再添加几条记录,观察 OrderID 的取值情况。

例 11.2 域完整性

域完整性是指给定列的输入有效性。强制域完整性的方法有:限制类型(通过数据类型)、格式(通过 CHECK 约束和规则)或可能值的范围(通过 PRIMARY KEY 约束、UNIQUE 约束、FOREIGN KEY 约束、CHECK 约束、DEFAULT 定义和 NOT NULL

定义等）。

1. 创建用户定义的数据类型

用户定义数据类型基于 Oracle 中的系统数据类型。当多个表的列中要存储同样类型的数据，且想确保这些列具有完全相同的数据类型、长度和为空性时，可使用用户定义数据类型。用户定义数据类型的例子如下：

```
create or replace TYPE type_id3 AS OBJECT(id3 NUMBER(3));
create or replace type type1 as varray(10) of int;
CREATE OR REPLACE TYPE JXGL.TYPE2 as table of int;
```

下面通过简单的命令来说明对用户定义类型 type_id3 的使用：

```
CREATE TABLE tb_id3 OF type_id3;
INSERT INTO tb_id3 VALUES(type_id3(101));
INSERT INTO tb_id3 VALUES(type_id3(102));
INSERT INTO tb_id3 VALUES(type_id3(103));
INSERT INTO tb_id3 VALUES(type_id3(104));INSERT INTO tb_id3 VALUES(105);
CREATE TABLE tbl3(id int primary key,id3 type_id3,wname varchar(10));
INSERT INTO tbl3 VALUES(1,type_id3(101),'w0001');
INSERT INTO tbl3 VALUES(2,type_id3(102),'w0002');
INSERT INTO tbl3 VALUES(3,type_id3(103),'w0003');
INSERT INTO tbl3 VALUES(4,type_id3(104),'w0004');
```

本书不介绍对用户定义数据类型的进一步使用。

这样，相同数据类型的列均可使用某用户定义数据类型，起到了标准化与通用性的作用，从而有利于域的完整性约束要求。

2. NOT NULL

NOT NULL 指定不接受 NULL 值的列。这样系统能自动保证该列必须输入非空值，有利于域的完整性。

例如，用如下命令修改 Student，指定 Sname 不允许取空值：

```
ALTER TABLE Student MODIFY (Sname CONSTRAINT Sname_nn NOT NULL);
```

其他创建表时指定属性不允许取空值的例子请参阅上面已列出的 CREATE TABLE 命令。

3. CHECK 约束

CHECK 约束通过限制输入到列中的值来强制域的完整性。可以通过任何返回结果 TRUE 或 FALSE 的逻辑（布尔）表达式来创建 CHECK 约束。

语法：

```
CONSTRAINT [constraint_name] CHECK (condition);
```

例如：

CHECK (Ssex='男' OR Ssex='女')

这样就限定性别字段只能输入"男"或"女"两个字或值。

在输入学生记录时，在性别字段上尝试输入不同的字。

对单独一列可使用多个 CHECK 约束，按约束创建的顺序对其取值进行约束。通过在表一级上创建 CHECK 约束，可以将该约束应用到多列上（称为表级约束）。

例如，多列 CHECK 约束可以用来约束性别与年龄的关系，命令如下：

```
CREATE TABLE Student3
(Sno CHAR(5) NOT NULL PRIMARY KEY,
 Sname VARCHAR(20),
 Sage SMALLINT CHECK(Sage>=15 AND Sage<=55),
 Ssex CHAR(2) DEFAULT '男',
  ⋮
 CONSTRAINT CHK_SEX_AGE CHECK
(Ssex='男' and Sage<=50 OR Ssex='女' and Sage<=45));
```

这样，在输入学生性别与年龄值时，就要受到如下制约（只是个假设）：男生年龄要小于等于 50，而女生年龄只能小于等于 45。不妨做实验加以验证。

4. PRIMARY KEY 约束、UNIQUE 约束与 FOREIGN KEY 约束

PRIMARY KEY 约束限制主键的诸列非空与主键值唯一；UNIQUE 约束限制索引列的组合值唯一；FOREIGN KEY 约束限制外码列的取值，其值要么为空，要么是被参照关系中某个主键或唯一键的值，请参阅本实验的其他部分。

5. 默认值

如果在插入行时没有指定列的值，则以默认值作为列中所采用的值。默认值可以是任何取值为常量的对象。在 CREATE TABLE 中使用 DEFAULT 关键字创建默认定义，将常量表达式指派为列的默认值。

下例说明使用默认值的方法。在没有为列指定值的情况下，默认值将起作用。

```
CREATE TABLE test_defaults("key" int NOT NULL Primary key,process_id smallint,
date_ins date DEFAULT sysdate,mathcol smallint DEFAULT 10 * 2,
char1 char(3) DEFAULT 'xyz');
INSERT INTO test_defaults("key") VALUES(1);
SELECT * FROM test_defaults;
```

其输出如图 11-1 所示。

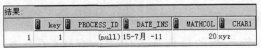

图 11-1　列采用默认值

例11.3 引用完整性

引用完整性(即参照完整性)主要由 FOREIGN KEY 约束体现,它标识表之间的关系,即一个表的外键指向另一个表的候选键或唯一键。

在输入、修改或删除记录时,引用完整性保持表之间已定义的关系。引用完整性确保键值在所有表中一致。这样的一致性要求不能引用不存在的值,如果键值更改了,那么在整个数据库中对该键值的所有引用要进行一致的更改。强制引用完整性时,Oracle禁止用户进行下列操作:

(1) 当主表中没有关联的记录时,将记录添加到相关表中。
(2) 更改主表中的值并导致相关表中的记录孤立。
(3) 从主表中删除记录,但仍存在与该记录匹配的相关记录。

CREATE TABLE 和 ALTER TABLE 语句的 REFERENCES 子句支持 ON DELETE 子句:[ON DELETE {|CASCADE|SET NULL}],当省略 ON DELETE 子句时,相当于"ON DELETE RESTRICT",即拒绝响应删除操作。

单独的 DELETE 语句可启动一系列级联引用操作。例如,如下的定义体现了 Suppliers、Products 和 OrderDetails 这3个表间的3个级联关系。

```
CREATE TABLE Suppliers(SupplierID int NOT NULL PRIMARY KEY,SupplierName
varchar(20),…);
    INSERT INTO Suppliers VALUES(1, '美的公司');
    INSERT INTO Suppliers VALUES(2, '海尔公司');
CREATE TABLE Products(ProductID int NOT NULL PRIMARY KEY,SupplierID int NULL,
ProductName varchar(10),…,CONSTRAINT FK_Products_Suppliers FOREIGN
KEY(SupplierID) REFERENCES Suppliers(SupplierID) ON DELETE CASCADE);
    INSERT INTO Products VALUES(1, 1,'空调 A');
    INSERT INTO Products VALUES(2, 1,'空调 B');
    INSERT INTO Products VALUES(3, 2,'空调 C');
    INSERT INTO Products VALUES(4, 2,'空调 D');
CREATE TABLE OrderDetails(OrderID int NOT NULL,ProductID int NOT NULL,
ProductNum int, …,CONSTRAINT PK_Order_Details PRIMARY KEY(OrderID,ProductID),
CONSTRAINT FK_Order_Details_Products FOREIGN KEY(ProductID) REFERENCES
Products(ProductID) ON DELETE CASCADE);
    INSERT INTO OrderDetails VALUES(1,1,2);
    INSERT INTO OrderDetails VALUES(1,2,1);
    INSERT INTO OrderDetails VALUES(2,2,1);
    INSERT INTO OrderDetails VALUES(2,3,1);
    INSERT INTO OrderDetails VALUES(2,4,1);
    INSERT INTO OrderDetails VALUES(3,3,1);
```

如果用 DELETE 语句删除 Suppliers 中的行,则该操作也将删除 Products 中具有与 Suppliers 中所删除的主键匹配的任何外键中的所有行(子表中的行),还将删除 OrderDetails 中具有与 Products 中所删除的主键匹配的任何外键中的所有行。

请根据以上给出的字段创建这3个表,然后按照Suppliers、Products和OrderDetails的顺序输入若干条记录。完成后删除Suppliers表的某条记录,观察这3个表间级联操作情况。如果将"ON DELETE CASCADE"改为"ON DELETE SET NULL",执行相似的操作情况又会如何?

在DELETE所产生的所有级联引用操作的各表中,每个表只能出现一次。多个级联操作中只要有一个表因完整性原因操作失败,整个操作将失败而回滚。

Oracle没有提供"ON update …"子句,说明Oracle不支持对主码实施修改,必须修改时可把修改动作分解为先删除、再添加这两个动作。

例11.4 用户定义完整性

用户定义完整性主要由Check约束所定义的列级或表级约束体现,请参阅Check约束。用户定义完整性还能由触发器、客户端或服务器端应用程序灵活定义。

例11.5 触发器

Oracle触发器是一类特殊的存储过程,被定义为在对表或视图发出UPDATE、INSERT或DELETE语句时自动触发。触发器是功能强大的工具,使每个站点可以在有数据修改时自动强制执行其业务规则。触发器可以扩展Oracle约束和默认值的完整性检查逻辑,但只要约束和默认值提供了全部所需的功能,就应使用约束和默认值。表可以有多个触发器。

约束和触发器在特殊情况下各有优势。触发器的主要优点在于它们可以包含使用PL/SQL代码的复杂处理逻辑,因此,触发器可以支持约束的所有功能;但它在所给出的功能上并不总是最好的方法。关于触发器的创建与使用,请参阅本书的相关实验。

例11.6 存储过程

在使用Oracle创建应用程序时,PL/SQL编程语言是应用程序和Oracle数据库之间的主要编程接口。使用PL/SQL程序时,可用两种方法存储和执行程序。

(1) 可以在本地存储程序,并创建向Oracle发送命令并处理结果的应用程序;

(2) 也可以将程序在Oracle中存储为存储过程,再创建执行存储过程并处理结果的应用程序。在客户端或服务器存储过程中,设计程序实现数据完整性控制也是一种可选的数据完整性方案(当然不是推荐的较好的方式)。例如,对关系SC(sno,cno,grade)插入存储过程insert_to_sc,该存储过程先对参数作正确性判定(要求成绩grade>=0且grade<=100且学号sno与课程号cno均为数字编号),参数正确时才实现插入操作。

```
create or replace PROCEDURE insert_to_sc
    (sno in VARCHAR2,cno in VARCHAR2,grade in int) as
    begin
    if (grade>100 or grade<0 or not isnumeric(sno) or not isnumeric(cno)) then
        return;
```

```
    else  begin   insert into sc values(sno,cno,grade);
      return;
      end;
      end if;
      end insert_to_sc;
```

请通过 insert_to_sc 来实现不同记录值的插入,看是否能实现这些插入操作。例如:

```
execute insert_to_sc('98001','2',89);              --能成功执行
execute insert_to_sc('A9801','B',89);              --违反完整性,添加失败
execute insert_to_sc('98002','3',-1);              --违反完整性,添加失败
```

说明:存储过程 insert_to_sc 中的函数 isnumeric()是自定义函数,其定义如下:

```
create or replace function isnumeric(p_string in varchar2) return boolean as
l_number number;
  begin
    l_number:=p_string;
    return true;
    exception when others then return false;
  end;
```

例 11.7 客户端程序

要实现数据完整性约束,当然也可以在客户端加以数据约束。如在 Visual Basic 窗体上的文本框中输入学生年龄字段值时,可由文本框 Validate 事件先加以有效性判定(Visual Basic 代码如下)。只有满足条件时,才能完成该文本框的输入操作。

```
Private Sub Sage_Validate(Cancel As Boolean)      'Sage 为文本框名
    Cancel=True                                   '未通过有效性检查
    If Val(Sage.Text)>=7 And Val(Sage.Text)<=45 Then
        Cancel=False                              '已通过有效性检查
    Else
        MsgBox "请输入正确的年龄值(7~45)!"
    End If
End Sub
```

又如,在 Web 网页上的文本框中输入学生年龄值时,也可在组合 SQL 命令实现 SQL 操作前,由脚本语言先作有限性判断。年龄字段被判断为无效时,要求重新输入。

需要说明的是客户端实现数据有效性判定的方法不具有通用性与系统性,一般应在数据库中加以各种约束限制,这样不管用户用何种方式或途径操作数据时,都能受到数据完整性制约的保护,从而能更方便、有效地保证操作数据的正确性。

例 11.8 并发控制

当多个用户并发地存取数据库时,就会产生多个事务同时存取同一数据的情况。若

对并发操作不加控制,就可能会存取和存储不正确的数据,破坏数据库的一致性,影响数据的完整性。所以数据库管理系统必须提供并发控制机制。有关并发控制保障数据完整性的内容请参阅本书相应的实验。

实验内容与要求

1. 选择若干常用的数据库管理系统产品,通过查阅帮助文件或相关书籍了解产品所提供的控制数据库完整性的措施。

2. 针对某一具体应用,分析其数据库的完整性需求及具体实现途径,并结合具体的数据库管理系统全面实现并保障数据库数据的完整性。

3. 实践 Oracle 或 SQL Server 2008/2005 数据库的完整性控制机制。

4. 实践本实验示例中陈述的各题,在掌握命令操作的同时,也能掌握界面操作的方法,即在 Oracle 集成管理器中实践各种完整性的创建与完整性约束的管理。

5. 创建一个教工表 teacher,将其教工号 tno 设为主键,在 SQL 工作表中输入以下语句,同时为性别字段创建 DEFAULT 约束,默认值为"男":

```
CREATE TABLE teacher(tno INT CONSTRAINT PK primary key,tname VARCHAR(20),
tadd CHAR(30),telephone char(8),tsex CHAR(2) DEFAULT '男');
```

6. 设有订报管理子系统数据库 DingBao 中的表 PAPER,如表 11-1 所示。

表 11-1 报纸编码表(PAPER)

报纸编号(pno)	报纸名称(pna)	单价(ppr)	报纸编号(pno)	报纸名称(pna)	单价(ppr)
000001	人民日报	12.5	000004	青年报	11.5
000002	解放军报	14.5	000005	扬子晚报	18.5
000003	光明日报	10.5			

请在数据库完整性知识的基础上,根据表内容,为其设定尽可能多的完整性规则,用于保障该表的正确性与完整性。

7. 完整性约束管理的相关实践。

完整性约束条件的创建都可以在 OEM 中实现,也可以通过 SQL 语句来实现对约束的各种管理,使用 SQL 对约束进行管理的方法介绍如下。

1)创建约束

创建约束可以用两种方法,一种是在建表时一并创建,另一种是在建表完成后添加约束。两种方法的语法结构分别如下。

(1)建表时创建约束。

```
Create Table Table_Name(Column Datatype [Default Expression]
[Column Constraint],…,[Table Constraint],[…]);
```

[Column Constraint]代表列级完整性约束,[Table Constraint]代表表级完整性约束。

例 创建学生选课信息表。要求学号和课程号不为空;学生成绩默认为 0,取值百分制,另有主键约束和外键约束。

```
SQL>Create Table SC2(Sno VarChar2(10),Cno Varchar2(10) Not Null,Score Number Default 0,Constraint Pk_S2 Primary Key(Sno,Cno),Constraint Chk_SC2 Check(Score Between 0 And 100),Constraint Fk_SC2_S Foreign Key(Sno) References S(Sno));
```

注意:Not Null 约束不能是表级约束,只能是列级约束;Foreign Key 约束只能在表级约束,不能在列级约束。

(2) 建表后添加约束。

建表后添加的约束可以分为两种情况。

① 使用 alter 添加约束,但是不能修改表结构。

```
Alter Table Table_Name Add [Constraint Cons_Name] Type (Column);
```

其中,Type 为约束的类型。

例 对学生选课表加上对课程表的外键约束。

```
SQL>Alter Table SC2 Add Constraint Fk_SC_C Foreign Key (Cno) References Course(Cno);
```

② 使用 modify 添加 not Null 约束。

例 对学生表添加姓名不为空的约束。

```
SQL>Alter Table S Modify (Sdept Constraint Name_Nn Not Null);
```

2) 删除约束

如果想删除建立好的约束,可以使用下列语法进行删除:

```
Alter Talbe Table_Name Drop Cons_Type|Constraint Cons_Name [Cascade];
```

例 删除 SC 表上的对 Ss 表的外码约束,如有其他约束与之相关则一并删除。

```
SQL>Alter Table SC2 Drop Constraint Fk_SC_S Cascade;
```

注意:Cascade 代表级联删除与之相关联的约束。

3) 禁用和启用约束

可以对建立好的约束进行禁用和禁用后的重新启用,语法格式如下:

```
Alter Table Table_Name {Disable|Enable} Constraint Cons_Name [Cascade];
```

例 禁用和启用 SC 表上的对 Ss 表的外码约束。

```
SQL>Alter Table SC2 Disable Constraint Fk_SC_S Cascade;
SQL>Alter Table SC2 Enable Constraint Fk_SC_S Cascade;
```

注意:Cascade 代表级联禁用或启用与之相关联的约束。

4) 删除级联约束

如果要删除表中的属性或属性组,可以显式地使用级联约束删除该属性组上的约束条件,语法格式如下:

```
Alter Table Table_Name Drop (Column,[Column1][…]) Cascade Constraint;
```

注意：这里的 Cascade 是删除属性组时做级联删除约束。

5) 查看约束

创建表以后，如果想查看表中创建的约束，可以使用以下语句：

```
Select Constraint_Name,Constraint_Type From User_Constraints
Where Table_Name='Table_Name';
```

例 查看学生表中建立的约束信息情况。

```
SQL>Select Constraint_Name,Constraint_Type From User_Constraints
    Where Table_Name='S';
```

注意：

(1) User_Constraints 是一个表，表中记录了所有约束；

(2) 在输入 talbe_Name＝之后的表名一定要大写；

(3) Not Null 约束实际上在数据字典里被归为 check 约束，所以要对 check 约束加以理解。

实验 12

数据库并发控制

实验目的

了解并掌握数据库的保护措施——并发控制机制,重点以 Oracle 11g 为平台加以操作实践,要求认识典型并发问题的发生现象并掌握其解决方法。

背景知识

数据库系统提供了多用户并发访问数据的能力。这是其一大优点,但同时并发操作对数据库的一致性和完整性也形成巨大的挑战,如果不对并发事务进行必要的控制,那么即使程序没有任何错误也会损坏数据库的完整性。在当前网络信息化时代,大多数应用系统都面临着并发控制问题,该技术的运用水平将极大地影响着系统开发与应用的成败。数据库系统为了保障数据的一致性和完整性,均提供了强弱不等的并发控制功能,不同的应用开发工具往往也提供了能实现数据库并发控制的表达或控制命令。这里将主要介绍基于 Oracle 11g 的并发控制技术。

在 Oracle 中,事务是数据库工作的逻辑单元,一个事务由一个或多个完成一组相关行为的 SQL 语句组成。事务是数据库维护数据一致性的单位,它将数据库从一致性状态转换成新的一致性状态,通过事务机制确保这一组 SQL 语句所做的操作要么完全成功地执行,完成整个工作单元的操作;要么一点也不执行,来确保数据库的完整性。对数据库复杂修改的一连串动作序列合并起来就是事务。例如,商业活动中的交易,对于任何一笔交易来说,都涉及两个基本动作:一手交钱和一手交货。这两个动作构成了一个完整的商业交易,缺一不可。也就是说,这两个动作都成功发生,说明交易完成;如果只发生一个动作,则交易失败。所以,为了保证交易能够正常完成,需要某种方法来保证这些操作的整体性,即这些操作要么都成功,要么都失败。

1. 事务的 ACID 特性

一组 SQL 语句操作要成为事务,数据库管理系统必须保证这组操作的原子性(Atomicity)、一致性(Consistency)、隔离性(Isolation)和持久性(Durability),这就是事务的 ACID 特性。

2. 事务的操作

在 Oracle 中用户不可以显式地使用命令来开始一个事务。Oracle 认为第一条修改数据库的语句,或者一些要求事务处理的场合都是事务隐式的开始。但是,当用户想要终止一个事务处理时,必须显式地使用 commit(提交事务)和 rollback(回滚事务)语句结束。对事务的操作有如下几种。

(1) 事务提交:即将在事务中由 SQL 语句所执行的改变永久化。数据库数据的更新操作提交以后,这些更新操作就不能再撤销。Oracle 的提交命令如下:

SQL>Commit;

(2) 事务回滚:是指撤销未提交事务中的 SQL 语句对数据所作的修改。Oracle 允许撤销未提交的整个事务,也允许撤销一个事务的一部分(需设置保存点)。回退之后,数据库将恢复事务开始时的状态或保留点状态。回滚命令如下:

SQL>Rollback;

(3) 保存点:保存点就是将一个事务划分成为若干更小的部分,以便在必要时,使当前事务只回滚一部分,而其余工作得到保留。在事务处理过程中,如果发生了错误并用 rollback 进行回滚,则整个事务处理中对数据所做的修改都将被撤销。其格式为:

SQL>Savepoint 保存点名; Rollback To 保存点名;

注意:

① 可以回滚整个事务,也可以只回滚到某个保留点;

② 已经被提交的事务不能进行回滚;

③ 回滚到某个保留点的事务将撤销保留点之后的所有修改,而保留点之前的所有操作不受影响;

④ Oracle 系统会删除保留点之后的所有保留点,而该保留点还保留。

(4) Set Transaction 语句:可用来设置事务的各种属性。该语句必须是事务处理中使用的第一个语句。该语句可让用户对事务的以下属性进行设置:

① 指定事务的隔离层;

② 规定回滚事务时所使用的存储空间;

③ 命名事务。

Set Transaction 只对当前要处理的事务进行设置,当事务终止后,对事物属性的设置也将失效。

3. 结束事务

Oracle 隐式开始一个事务,在事务结束时必须使用相关的事务控制语句显示结束。在某些情况下 Oracle 会自动结束一个事务。以下情况 Oracle 认为一个事务结束:

(1) Commit;

（2）Rollback；

（3）执行 DDL 语句，事务被提交；

（4）断开和 Oracle 的连接，事务被提交；

（5）用户进程意外被终止，事务被回滚。

4. 隔离级别（isolation level）

隔离级别定义了事务与事务之间的隔离程度。隔离级别与并发性是互为矛盾的：隔离程度越高，数据库的并发性越差；隔离程度越低，数据库的并发性越好。

ANSI/ISO SQL92 标准定义了一些数据库操作的隔离级别：未提交读（read uncommitted）、提交读（read committed）、重复读（repeatable read）和序列化（serializable）。

通过一些现象，可以反映出隔离级别的效果。这些现象有：

（1）更新丢失（lost update）：当系统允许两个事务同时更新同一数据时发生更新丢失。

（2）脏读（dirty read）：当一个事务读取另一个事务尚未提交的修改时产生脏读。

（3）非重复读（nonrepeatable read）：同一查询在同一事务中多次进行，由于其他提交事务所做的修改或删除，使得每次查询都返回不同的结果集，此时发生非重复读。

（4）幻像（phantom read）：同一查询在同一事务中多次进行，由于其他提交事务所做的插入操作，使得每次查询都返回不同的结果集，此时发生幻像读。

表 12-1 是隔离级别及其对应的可能出现或不可能出现的情况。

表 12-1　隔离级别及其对应的并发问题

	Dirty Read	NonRepeatable Read	Phantom Read
Read uncommitted	Possible	Possible	Possible
Read committed	Not possible	Possible	Possible
Repeatable read	Not possible	Not possible	Possible
Serializable	Not possible	Not possible	Not possible

5. Oracle 的隔离级别

Oracle 提供了 SQL 92 标准中的 read committed 和 serializable，同时提供了非 SQL 92 标准的 read-only。

read committed：这是 Oracle 默认的事务隔离级别。事务中的每一条语句都遵从语句级的读一致性，保证不会脏读；但可能出现非重复读和幻像，不过一般的应用还是可以使用该隔离级别的。

serializable：简单地说，该事务隔离级别就是使事务看起来像是一个接着一个地顺序地执行。仅仅能看见在本事务开始前由其他事务提交的更改和在本事务中所做的更改，保证不会出现非重复读和幻像。

serializable 隔离级别提供了 read-only 事务所提供的读一致性（事务级的读一致性），同时又允许 DML 操作。如果有在 serializable 事务开始时未提交的事务在

serializable 事务结束之前修改了 serializable 事务将要修改的行并进行了提交，则 serializable 事务不会读到这些变更，因此发生无法序列化访问的错误。（换一种解释方法：只要在 serializable 事务开始到结束之间有其他事务对 serializable 事务要修改的东西进行了修改并提交了修改，则发生无法序列化访问的错误。）

Oracle 在数据块中记录最近对数据行执行修改操作的 N 个事务的信息，目的是确定是否有在本事务开始时未提交的事务修改了本事务将要修改的行。

read-only：遵从事务级的读一致性，仅仅能看见在本事务开始前由其他事务提交的更改。不允许在本事务中进行 DML 操作。read only 是 serializable 的子集。它们都避免了非重复读和幻像。区别是在 read only 中是只读；而在 serializable 中可以进行 DML 操作。Export with CONSISTENT=Y sets the transaction to read-only。

read committed 和 serializable 的区别和联系如下：事务 1 先于事务 2 开始，并保持未提交状态。事务 2 想要修改正被事务 1 修改的行。事务 2 等待。如果事务 1 回滚，则事务 2（不论是 read committed 还是 serializable 方式）进行它想要做的修改。如果事务 1 提交，则当事务 2 是 read committed 方式时进行它想要做的修改；当事务 2 是 serializable 方式时，失败并报错"Cannot serialize access"，因为事务 2 看不见事务 1 提交的修改，且事务 2 想在事务 1 修改的基础上再做修改。

read committed 和 serializable 可以在 Oracel 并行服务器中使用。

关于 SET TRANSACTION READ WRITE：read write 和 read committed 应该是一样的。在读方面，它们都避免了脏读，但都无法实现重复读。虽然没有文档说明 read write 在写方面与 read committed 一致，但显然它在写的时候会加排他锁以避免更新丢失。在加锁的过程中，如果遇到待锁定资源无法锁定，应该是等待而不是放弃。这与 read committed 一致。

Oracle 保证语句级的读一致性，即一个语句所处理的数据集是在单一时间点上的数据集，这个时间点是这个语句开始的时间。一个语句看不见在它开始执行后提交的修改。对于 DML 语句，它看不见由自己所做的修改，即 DML 语句看见的是它本身开始执行以前存在的数据。

事务级的读一致性保证了可重复读，并保证不会出现幻像。

6. 设置隔离级别

在 Oracle 中，在事务开始之前可以通过以下方式设置一个事务的隔离级别：

```
SET TRANSACTION ISOLATION LEVEL READ COMMITTED;
SET TRANSACTION ISOLATION LEVEL SERIALIZABLE;
SET TRANSACTION READ ONLY;
```

可以在单独的会话中设置整个会话的隔离级别：

```
ALTER SESSION SET ISOLATION_LEVEL SERIALIZABLE;
ALTER SESSION SET ISOLATION_LEVEL READ COMMITTED;
ALTER SESSION SET ISOLATION_LEVEL READ ONLY;
```

7. 锁及其使用

前面已经介绍过，可以设置隔离级别来降低或消除数据的不完整性，那么数据库管理系统是怎么做到这一点的呢？答案是采用锁。锁可以保护数据，当一个事务修改数据时，锁会将该数据锁定，防止该数据在同一时刻被其他事务修改。

大多数情况下，用户可以不必自己管理锁，Oracle 会自动创建并管理锁，但是了解锁是如何工作的，对用户来说也是非常有必要的。在发生下列这些情况时 Oracle 会创建锁：

（1）当用户运行了 create、truncate、alter 语句时，Oracle 会创建锁，称之为 DDL 锁。

（2）当用户运行了 insert、update、delete 语句时，Oracle 会创建锁，称之为 DML 锁。

还有一种是内部锁，由 Oracle 在内部使用，比如管理数据文件。在这里不做介绍。

从级别上讲，锁还可以分为数据库级别锁、表级别锁、行级别锁和列级别锁（Oracle 不支持）。

（1）数据库级别锁：它会锁定数据库以禁止任何新会话和新事务。锁定数据库的最主要目的是在没有用户干扰的情况下完成维护。在 Oracle 中使用以下语句锁定数据库为限制模式：

```
alter system enable restricted session;
```

通过下列语句取消数据库限制模式：

```
alter system disable restricted session;
```

以下语句将锁定数据库为只读模式：

```
startup mount;
alter database open read only;
```

（2）表级别锁：它会锁定整张表，以防止其他事务对表结构进行修改。比如当用户运行一个 insert 语句，如果表没有锁定，其他的事务修改了一列（修改列名），这时用户运行 update 语句就会出错。所以当用户运行 DML 语句时，Oracle 会自动将表锁定，DML 语句执行完，会释放表级别锁。用户也可以通过 lock 语句锁定表。

（3）行级别锁：当用户运行 DML 语句时，Oracle 会在当前行上自动加行级别锁，防止其他事务对该行进行修改。

请看以下示例：

```
update dept set loc='北京' where deptno=40;
```

然后在 Oracle 的企业管理器中观察 Oracle 自动管理的锁，如图 12-1 所示。

从图 12-1 中可以看到，用户运行了一个 update 语句，产生了两个锁，都是 scott 用户，SID 表示会话是 10，锁类型 TM 表示表级别锁，而 TX 表示行级别锁。锁类型与锁模式组合的含义如表 12-2 所示。

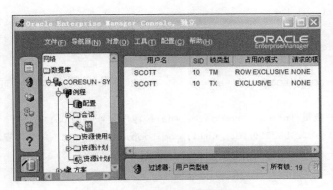

图 12-1　Oracle 自动管理的锁

表 12-2　锁类型与锁模式组合的含义

锁类型	锁模式	含　　义
TM	share	某个事务锁定了一张表,允许其他事务再锁定这张表,但不允许这个事务对这张表进行更新
TM	row share	某个事务锁定了一张表,允许其他事务再锁定这张表中的其他行
TM	row eclusive	某个事务锁定了一张表,允许其他事务以相同的锁模式锁定这张表
TM	share row eclusive	在 share 模式基础上,不允许其他事务锁定这张表
TM	eclusive	不允许其他事务再锁定该表,也不允许其他事务更新
TX	eclusive	该行已经被锁定,不允许其他事务锁定

实 验 示 例

并发控制技术的应用在于多用户同时操作数据时保障其完整性与一致性,并发控制技术应用的目标在于:能优化事务设计,能尽量避免死锁的发生,力求包含事务处理的并发应用程序运行正确、顺畅、快速。下面就典型并发控制问题的发生与解决等加以实践。

1. 丢失修改

丢失修改(LOST UPDATES)是指 A、B 事务在同时读到修改基准数据后,A 事务修改数据,紧接着 B 事务也修改数据并覆盖 A 事务的修改,使 A 事务的修改丢失,从而产生两次修改行为而只有一次修改数据保留的错误情况。丢失修改是并发控制首先要解决的并发问题,因为其直接影响数据的正确性。

事务必须运行于可重复读或更高的隔离级别以防止丢失修改。当两个事务检索相同的行,然后基于原检索的值对行进行更新时,会发生丢失修改。如果两个事务使用一个 UPDATE 语句更新行,并且不基于以前检索的值进行更新,则在默认的提交读隔离级别不会发生丢失修改。

```
create or replace procedure modi_a as
```

```
    i int; j int; sl int;
    begin
    set transaction isolation level read committed;
    i:=1;
    while (i<=6000) LOOP                              --6000 可调节
      begin
        select 数量 into sl from sales where 客户代号='A0001';
        for j in 1..9500000 loop null; end loop;      --可调节延迟时间
        update sales set 数量=sl+1 where 客户代号='A0001';
        commit; i:=i+1;
      end;
    end loop;
  end modi_a;
  create or replace procedure modi_m as
    i int; j int; sl int;
    begin
    set transaction isolation level read committed;
    i:=1;
    while (i<=6000) LOOP                              --6000 可调节
      begin
        select 数量 into sl from sales where 客户代号='A0001';
        for j in 1..8500000 loop null; end loop;      --可调节延迟时间
        update sales set 数量=sl-1 where 客户代号='A0001';
        commit; i:=i+1;
      end;
    end loop;
  end modi_m;
```

当两个存储过程同时运行时,则会发生丢失修改(检查时发现数量字段的值较原值改变了,说明中间有修改丢失)。解决的办法是:避免先 SELECT 再 UPDATE 操作的事务设计,若必须如此安排事务,则可以在事务一开始就对数据加独占锁,如:把事务中的 SELECT 语句改为"select 数量 into sl from sales where 客户代号='A0001' for update;"或在 SELECT 语句前加"UPDATE sales SET 客户代号=客户代号 WHERE 客户代号='A0001'"语句,使得事务一开始就能独占加锁表;或指定更高的事务隔离级别,如 serializable(可能会发生"无法连续访问此事务处理"的错误)。

sales 为表名,该表含有客户代号、数量等字段。先可利用"CREATE TABLE SALES (客户代号 VARCHAR2(5) NOT NULL primary key,数量 NUMBER)"命令创建该表,再利用"INSERT INTO sales VALUES('A0001',0)"命令插入初始记录。具体操作情况如下。

(1) 先创建两个存储过程,如图 12-2 所示。

(2) 然后可打开两个 MS-DOS 窗口,在这两个窗口中分别运行两个存储过程来模拟事务并行执行(执行存储过程前发"Set serveroutput on"以显示执行中打印出的提示信

图 12-2　创建存储过程 modi_a 与 modi_m

息)。如图 12-3 所示,先按 ENTER 键执行后面的 MS-DOS 窗口(执行时为当前窗口)的命令 execute modi_a,再快速移动鼠标单击前面的 MS-DOS 窗口(单击时还不是当前窗口),使其成为当前窗口,并迅速地按 ENTER 键执行当前 MS-DOS 窗口的命令 execute modi_m,这样它们可能并行执行,以下其他事务的并行运行方法相同(表现为两个存储过程的并行运行),这里将不再赘述。

图 12-3　并发运行存储过程 modi_a 与 modi_m 的两个 MS-DOS 窗口的情况

(3) 可多次运行,观察事务并发执行情况及并行运行结果(在 Oracle SQL Developer 中查看 sales 表"数量"字段的值)。可以看到,同时运行 modi_a 与 modi_m,即实现对"数量"字段加1减1各6000次操作后,"数据"字段为683、-577等(多次运行会得到不同的非0数)而不是0(本应该始终为0),说明发生了丢失修改现象。

(4) 如果把存储过程 modi_a 和 modi_m 改成如下内容:

```
create or replace procedure modi_a as i int;j int;sl int;
  begin
   set transaction isolation level read committed; i:=1;
   while (i<=9000) LOOP                                    --9000 可调节
     begin
      select 数量 into sl from sales where 客户代号='A0001' for update;
      for j in 1..9500000 loop null; end loop;             --可调节延迟时间
      update sales set 数量=sl+1 where 客户代号='A0001';
      commit; i:=i+1;
     end;
   end loop;
  end modi_a;
create or replace procedure modi_m as i int; j int; sl int;
  begin
   set transaction isolation level read committed;i:=1;
   while (i<=9000) LOOP                                    --9000 可调节
     begin
      select 数量 into sl from sales where 客户代号='A0001' for update;
      for j in 1..8500000 loop null; end loop;             --可调节延迟时间
      update sales set 数量=sl-1 where 客户代号='A0001';
      commit; i:=i+1;
     end;
   end loop;
  end modi_m;
```

(5) 再并发运行这两个存储过程,就会发现,"数量"字段的值始终是0,避免了修改丢失的发生。

(6) 设置事务隔离级别为 SERIALIZABLE,并考虑添加 exception 异常处理子句后的两个存储过程(modi_a_SERIALIZABLE 与 modi_m_SERIALIZABLE)如下,并发运行它们同样能避免丢失修改现象的发生。请读者亲自上机验证与体会。

```
create or replace procedure modi_a_SERIALIZABLE as i int;j int;sl int;
  begin
   set transaction isolation level SERIALIZABLE; i:=1;
   while (i<=6000) LOOP                                    --6000 可调节
    begin
     begin
      select 数量 into sl from sales where 客户代号='A0001' FOR UPDATE;
      exception when others then dbms_output.put_line('select sqlcode='||sqlcode);
     end;
```

```
      for j in 1..9500000 loop null; end loop;           --可调节延迟时间
      begin
        update sales set 数量=s1+1 where 客户代号='A0001';  commit;
        exception when others then dbms_output.put_line('update sqlcode='||sqlcode);
          i:=i-1; rollback;                              --修改失败,尝试再试
      end;
        i:=i+1;
    end;
    end loop;
    s1:=s1+1; dbms_output.put_line('本数量最后值='||s1);
end modi_a_SERIALIZABLE;
create or replace procedure modi_m_SERIALIZABLE as i int;j int;s1 int;
  begin
  set transaction isolation level SERIALIZABLE; i:=1;
  while (i<=6000) LOOP                                   --6000可调节
  begin
    begin
     select 数量 into s1 from sales where 客户代号='A0001' for update;
     exception when others then dbms_output.put_line('select sqlcode='||sqlcode);
    end;
      for j in 1..8500000 loop null; end loop;           --可调节延迟时间
      begin
        update sales set 数量=s1-1 where 客户代号='A0001';commit;
        exception when others then dbms_output.put_line('update sqlcode='||sqlcode);
          i:=i-1; rollback;                              --修改失败,尝试再试
      end;
        i:=i+1;
    end;
    end loop;s1:=s1-1; dbms_output.put_line('本数量最后值='||s1);
end modi_m_SERIALIZABLE;
```

2. 脏读

Oracle 未设置未提交读(READ UNCOMMITTED)隔离级别,Oracle 默认隔离级别 Read Committed,可以看到其他事务已经提交的修改,但看不到其他事务未提交的修改,为此不会发生脏读(dirty read);Oracle 设置隔离级别为 SERIALIZABLE 时,无法编辑被其他人编辑的任何数据,也无法看到其他事务提交的更新,避免了脏读等问题。

如下两个存储过程同时执行可以来检验是否有脏读现象发生。

```
create or replace procedure dirt_wroll as i int; j int; s1 int;
  begin
  set transaction isolation level read committed; i:=1;
  while (i<=16000) LOOP                                  --16000可调节
  begin
```

```
      select 数量 into sl from sales where 客户代号='A0001';
                                              --预先设置数量字段值为 1000
    begin
      update sales set 数量=sl+1 where 客户代号='A0001';   --修改数量字段值为 1001
      for j in 1..9500000 loop null; end loop;          --可调节延迟时间
      rollback;
      exception when others then dbms_output.put_line('update sqlcode='||sqlcode);
        i:=i-1; rollback;                               --修改失败,尝试再试
    end;
      i:=i+1;
    end;
  end loop;
  dbms_output.put_line('本数量最后值='||sl);
end dirt_wroll;
create or replace procedure dirt_r as i int;j int;sl int;
  begin
  set transaction isolation level read committed; i:=1;j:=0;
  while (i<=160000) LOOP                              --160000 可调节
  begin
    begin
      select 数量 into sl from sales where 客户代号='A0001';
      if sl<>1000 then
        dbms_output.put_line('发生了脏读现象'||sqlcode);j:=j+1;
      end if;
    end;
      i:=i+1;
  end;
  end loop;
  if j=0 then dbms_output.put_line('未发生脏读现象!'); end if;
  end dirt_r;
```

3. 不可重读

如下两个存储过程并行执行时,会发生不可重读(UNREPEATABLE READ)现象,如图 12-4 所示。

```
create or replace procedure rep_w as i int;j int;sl int;
  begin
  set transaction isolation level read committed; i:=1;
  while (i<=16000) LOOP                               --16000 可调节
  begin
    select 数量 into sl from sales where 客户代号='A0001';
    if SQL%Found then null; end if;
    begin
```

图 12-4　发生了不可重读现象

```
    update sales set 数量=sl+1 where 客户代号='A0001';
    commit;
    exception when others then
    dbms_output.put_line('update sqlcode='||sqlcode);
    i:=i-1; rollback;                                    --修改失败,尝试再试
  end; i:=i+1;
 end;
 end loop;
 dbms_output.put_line('本数量最后值='||sl);
end rep_w;
create or replace procedure rep_r as i int;j int;sl int;sl2 int;
  begin
set transaction isolation level read committed;i:=1;
  while (i<=16000) LOOP                                  --16000可调节
  begin
    select 数量 into sl from sales where 客户代号='A0001';
    for j in 1..9500000 loop null; end loop;             --可调节延迟时间
    select 数量 into sl2 from sales where 客户代号='A0001';
    if (sl<>sl2) then dbms_output.put_line('发生不可重复读!');end if;
    commit;i:=i+1;
  end;
  end loop; dbms_output.put_line('本数量最后值='||sl);
end rep_r;
```

从事务本身来看,发生不可重复读是非常意外与不可接受的。那么,如何才能保证在事务中重复读某数据值保持不变呢？方法是锁定查询中使用到的所有数据,以防止其他用户更新数据。如上存储过程具体解决的办法是：在 rep_r 存储过程中把"select 数量 into sl from sales where 客户代号='A0001';"改为"select 数量 into sl from sales where

客户代号='A0001' FOR UPDATE;"。

4. 幻影问题

幻影问题(phantom)是在事务并发运行中,由于未达到更高级别的事务隔离级别,在事务处理(读、写等)符合条件数据后,意外发现还有符合条件但未处理的数据存在,实际上是其他用户将新的幻影行又插入数据集中了。解决幻影问题事务需要更高的隔离级别。

隔离级别 SERIALIZABLE 能在数据集上放置一个范围锁,以防止其他用户在事务完成之前更新数据集或将行插入数据集内。以下两个存储过程同时运行时,则会发现有幻影现象,即发现事务中更新了所有满足条件的记录后,发现还有满足条件但未更新的记录,如图 12-5 所示。解决的办法是:在产生幻影的事务一开始时(如在如下 huany_u 存储过程中第 7 与第 8 行之间添加 lock table 独占锁表语句)使用 lock table 语句独占锁定某表,lock table 语句如"lock table sales in exclusive mode;"。

图 12-5 发生了幻影现象

```
create or replace procedure huany_u as i int;j int;k int;
  begin
  set transaction isolation level read committed; i:=1;k:=0;
  while (i<=200) LOOP
    begin
    update sales set 数量=数量+3 where 客户代号='A1111'; j:=0;
    select count(*) as cn into j from sales where 客户代号='A1111' and 数量=10000;
    if (j>0) then dbms_output.put_line('发生了幻影现象!');k:=k+1;end if;
    commit;
    for j in 1..9500000 loop null; end loop;          --可调节延迟时间
    exception when others then
      dbms_output.put_line('update/select sqlcode='||sqlcode);
```

```
        i:=i-1; rollback;
      end; i:=i+1;
    end loop;
    dbms_output.put_line('发生幻影现象次数：'||k);
end huany_u;
create or replace procedure huany_I as i int;j int;k int;
    begin
      set transaction isolation level read committed;i:=1;k:=0;
      delete from sales where 客户代号='A1111';
      while (i<=20000) LOOP                          --20000 可调节
        begin
          insert into sales(客户代号,数量) values('A1111',10000);commit;
          for j in 1..950000 loop null; end loop;    --可调节延迟时间
          exception when others then
          dbms_output.put_line('insert sqlcode='||sqlcode);
          i:=i-1; k:=k+1; rollback;
        end; i:=i+1;
      end loop; dbms_output.put_line('insert error 次数='||k);
end huany_I;
```

5. 抢答问题

某一件任务只需也只能由一个用户去做，但网络上可能有多个用户同时操作。哪个用户能真正去做要通过抢答来确定，即谁抢答成功谁做。抢答问题的数据访问进程一般执行的任务为"查询、加锁满足条件的记录并修改"。抢答问题中由于只需要一个进程去完成工作，加锁失败后无需等待，即无需重试加锁。两个如下的存储过程并行运行时，会发生抢答现象，记录的修改只能由满足条件并先加锁的进程抢先完成。

```
create or replace procedure qiangxian1 as i int;j int;k int;
  begin
    set transaction isolation level read committed; i:=1;k:=0;
    while (i<=5000) LOOP
      begin                                    /*以下先加锁成功者修改*/
        update sale set 数量=数量+10000 where 客户代号=i and 数量=1;
        for j in 1..9900 loop k:=k+1;k:=k-1; end loop;    --可调节延迟时间
        exception when others then dbms_output.put_line('修改失败='||sqlcode||'i='||
        i);rollback;
      end; commit; i:=i+1;
    end loop;
end qiangxian1;
create or replace procedure qiangxian2 as i int;j int;k int;
  begin
    set transaction isolation level read committed;i:=1;k:=0;
    while (i<=5000) LOOP
```

```
    begin                                           /*以下先加锁成功者修改*/
      update sale set 数量=数量+20000 where 客户代号=i and 数量=1;
      for j in 1..6990 loop k:=k+1;k:=k-1; end loop;    --可调节延迟时间
      exception when others then dbms_output.put_line('修改失败='||sqlcode||'i='||
      i); rollback;
    end; commit; i:=i+1;
  end loop;
end qiangxian2;
```

上机实践时表 SALE 由命令 CREATE TABLE SALE(客户代号 NUMBER NOT NULL PRIMARY KEY,数量 NUMBER)创建,初始化表 SALE 可由如下存储过程来完成。

```
create or replace procedure insert_sale_5000 as  i int;
begin
  set transaction isolation level read committed;
  i:=1; delete from sale; commit;
  while (i<=5000) LOOP
    insert into sale values(i,1); commit; i:=i+1;
  end loop;
end insert_sale_5000;
```

6. 编号产生问题

编号产生问题是数据库应用中广泛存在的问题,如申请单的申请号、存款单账号、股民委托申报号等。这些编号要根据数据库内已有的编号来递增产生并要求唯一,由于网络上有多个终端同时接受相同业务,因此如何保证编号的唯一性显得尤其重要。编号问题的数据访问进程一般执行的任务为"查询已有编号、产生唯一新号并插入"。编号生成问题中每个进程各自都要完成任务,若加锁失败后需等待重试加锁。并发进程不加控制会产生重复编号现象,当出现冲突时也可以尝试再试来获取唯一编号。

如下两个存储过程同时运行时会发生编号(此处为客户代号)重复现象,而且发现重复程度与并发程度成正比。但利用 sale 表"客户代号"主码取值唯一的要求,通过 exception 子句来发现错误并尝试错误补偿。

```
create or replace procedure bhsc as i int;sl int;j int;k int;
  begin
  set transaction isolation level read committed; i:=1;k:=0;sl:=0;
  while (i<=5000) LOOP
    begin
      select max(客户代号)+1 as aa into sl from sale;
      insert into sale(客户代号,数量) values(sl,10000);    /*先添加者成功*/
      for j in 1..3900 loop k:=k+1;k:=k-1; end loop;    --可调节延迟时间
      exception when others then dbms_output.put_line('添加失败='||sqlcode||
      'i='||i); i:=i-1;                                  --添加错误,尝试补偿
```

```
        rollback;
      end; commit; i:=i+1;
    end loop;
end bhsc;
create or replace procedure bhsc2 as i int;sl int;j int;k int;
  begin
    set transaction isolation level read committed;i:=1;k:=0;sl:=0;
    while (i<=5000) LOOP
      begin
        select max(客户代号)+1 as aa into sl from sale;
        insert into sale(客户代号,数量) values(sl,20000);     /*先添加者成功*/
        for j in 1..3000 loop k:=k+1;k:=k-1; end loop;       --可调节延迟时间
        exception when others then dbms_output.put_line('添加失败='||sqlcode||
        'i='||i); i:=i-1;                                    --添加错误,尝试补偿
        rollback;
      end; commit; i:=i+1;
    end loop;
end bhsc2;
create or replace procedure bhsc_sale_reset as                --为初始化存储过程
  begin
    delete from sale; insert into sale values(0,0); commit;
end bhsc_sale_reset;
```

对此编号问题的解决办法有:

(1) 设计编号产生事务一开始就加独占锁;

(2) 设计编号产生事务,其中采用插入后即查询重复编号情况,若发现重复能进行反复尝试再插入;

(3) 利用 Oracle 数据库具有的 sequence 顺序号产生器来保障编号的唯一性。下面的两个存储过程体现了第 3 种方法,当多个此类存储过程同时运行时不会再发生编号重复现象。

```
create or replace procedure bhsc_seq as i int;sl int;j int;k int;m int;
  begin
    delete from sale; commit;
    set transaction isolation level SERIALIZABLE;i:=1;k:=0;sl:=0;m:=0;
    while (i<=5000) LOOP
      begin
        insert into sale(客户代号,数量) values(type_id.nextval,10000);
                                                    /*sequence产生唯一号*/
        for j in 1..1900 loop k:=k+1;k:=k-1; end loop;   --可调节延迟时间
        commit; m:=m+1;
        exception when others then dbms_output.put_line('添加失败='
        ||sqlerrm(sqlcode)||'i='||i); i:=i-1;            --添加失败,尝试再试
        rollback;
```

```
    end; i:=i+1;
   end loop; dbms_output.put_line('添加记录数='||m);
 end bhsc_seq;
create or replace procedure bhsc_seq2 as i int;sl int;j int;k int;m int;
  begin
   set transaction isolation level SERIALIZABLE; i:=1;k:=0;sl:=0;m:=0;
   while (i<=5000) LOOP
    begin
       insert into sale(客户代号,数量) values(type_id.nextval,20000);
                                                    /* sequence 产生唯一号 */
       for j in 1..1800 loop k:=k+1;k:=k-1; end loop;    --可调节延迟时间
       commit; m:=m+1;
      exception when others then dbms_output.put_line('添加失败='
      ||sqlerrm(sqlcode)||'i='||i); i:=i-1;             --添加失败,尝试再试
      rollback;
     end; i:=i+1;
   end loop; dbms_output.put_line('添加记录数='||m);
 end bhsc_seq2;
```

其中 sequence 顺序号对象由如下命令来创建：

```
create sequence type_id increment by 1 start with 1;commit;
```

以上 6 种并发控制问题让我们领会到：缩小锁定范围,可减少资源锁的争用,但同时又增加了死锁发生的几率。了解死锁的形成、知道如何减少死锁是减少锁定争用的必备条件。测试是找出潜在死锁的有效方法。使用存储过程,使用尽可能限制最少的锁定类型,将使用户的事务能尽可能快地运行。

并发控制技术的合理应用并没有一成不变的永恒原则,实际上,只有用户在掌握基本的并发控制技术前提下,在自己的应用环境中,用自己的数据和自己的事务程序来反复测试,以寻求最优的解决方法才能算是普遍性的原则。

7. 事务处理技术在应用开发工具中运用

在实际多用户数据库应用系统开发设计中,事务处理无处不在。尽管在不同应用开发工具中事务处理语句表达形式有其多样性,然而其实质是相同的,不但其事务表达框架类似,更主要的是数据库服务器端真正的事务并发处理执行情况是一样。事务定义与处理能出现在如 Visual Basic& Visual Basic. NET、Delphi、ASP& ASP. NET 等时兴的应用开发工具中,一般开发工具支持以 ADO/ADO. NET 事务处理能力。以下列出 VB. NET 中用 ADO. NET 实现的事务处理过程,以便粗略了解开发工具中的事务处理。

```
Imports System
Imports System.Data
Imports System.Data.OracleClient
Public Class Form1
    Inherits System.Windows.Forms.Form
```

```vb
//变量定义(略)
//其他过程定义(略)
Private Sub Btn8_Click(ByVal sender As System.Object,ByVal e As
System.EventArgs) Handles Btn8.Click
Dim myConnection As New OracleConnection("Data Source=(DESCRIPTION=
(ADDRESS_LIST=(ADDRESS=(PROTOCOL=TCP)(HOST=LENOVO-8D90977E)(PORT=
1521)))(CONNECT_DATA=(SERVICE_NAME=orcl)));Initial Catalog=orcl;
User Id=KCGL;Password=KCGL")
//ADO事务连接对象的定义
    myConnection.Open()
    Dim myCommand As New OracleCommand()
    Dim myTrans As OracleTransaction,ss As String,icon,j As Integer,dr As
    OracleDataReader
    For j=1 To 100
        myTrans=myConnection.BeginTransaction(IsolationLevel.Readcommitted)
        //ADO连接事务对象的创建
        myCommand.Connection=myConnection
        myCommand.Transaction=myTrans                  //事务开始
    Try
        myCommand.CommandText="UPDATE authors SET contract=contract+1 WHERE 1=2"
        myCommand.ExecuteNonQuery()                    //事务执行SQL修改
        myCommand.CommandText="SELECT * FROM Authors WHERE au_id='111-11-1111'"
        dr=myCommand.ExecuteReader()                   //事务执行SQL查询
        dr.Read()
        icon=dr.GetInt32(8)                            //取出contract的值
        dr.Close()
        //其他事务处理(略)
        icon=icon+1
        ss="UPDATE authors SET contract="+icon.ToString+" WHERE au_id=
        '111-11-1111'"
        myCommand.CommandText=ss
        myCommand.ExecuteNonQuery()                    //事务执行SQL修改
        myTrans.Commit()                               //事务递交
        Console.WriteLine("Both records are written to database.")
    Catch err As Exception
        myTrans.Rollback()                             //若出错事务回滚
        Console.WriteLine(err.ToString())
        Console.WriteLine("Neither record was written to database.")
    Finally
    End Try
    Next
    myConnection.Close()
    myCommand.Dispose()
    myTrans.Dispose()
```

End Sub
End Class

请模仿以上事务处理技术,将其应用于自己熟悉的应用系统开发工具中。

8. 检查并处理事务并发冲突或死锁发生的命令与方法

(1) 先查出冲突事务的 session_id 和 serial#。

select a.session_id,b.serial#,a.owner,a.name,a.mode_held,b.osuser,b.logon_time,b.terminal,b.status from dba_dml_locks a, v$session b where a.session_id=b.sid order by 2,3;

(2) 再用 kill 子句解除某冲突事务。
命令格式为:

alter system kill session 'session_id,serial#';

如:

alter system kill session '280,26501';   --这里 session_id 为 280,serial# 为 26501

(3) 重启 Oracle 服务器。
① 在 SQL Plus 下:

conn sys/pwd@link_name as sysdba   --如 conn sys/orcl@orcl as sysdba
shutdown immediate;
startup 或 startup force

② 在 DOS 下:

net start OracleServiceORCL   --启动 Oracle 数据库服务
net start OracleOraDb10g_home1TNSListener
oradim.exe-startup-sid ZY-usrpwd zy-starttype   srvc,inst

9. 网上信息参阅

(1) 数据库事务与隔离级别示例(Oracle 与 SQL Server 对比)请参阅网址:
http://blog.csdn.net/mypop/article/details/6120504
(2) Oracle 的悲观锁和乐观锁请参阅网址:
http://www.pczpg.com/a/2010/0921/19759.html

﹡实验内容与要求

1. 选择若干常用的数据库管理系统产品,通过查阅帮助文件或相关书籍了解产品所提供的并发控制机制。
2. 针对某一具体应用,分析其数据并发存取的程度,并有针对性地施以并发控制措施。

3. 使用并发控制技术在不同数据库系统中加以实践。特别对 Oracle 11g 或 SQL Server 2008 加以重点操作实践。

4. 分析各典型数据库管理系统在数据库并发控制方面的异同及控制能力的强弱优劣。通过实验示例来实践在 Oracle 11g 中,并发控制问题及其解决情况。

5. 把以上的事务处理技术应用于自己熟悉的应用系统开发工具编写的程序中去,以实践应用系统中的并发事务处理。编写程序模拟两个以上事务的并发工作,观察并记录并发事务的处理情况。

实验 13

数据库备份与恢复

实验目的

熟悉数据库的保护措施之一——数据库备份与恢复。通过本次实验,在掌握备份和恢复的基本概念的基础上,掌握在 Oracle 中进行各种备份与恢复的基本方式方法。

背景知识

Oracle 备份和还原组件为存储在 Oracle 数据库中的关键数据提供了重要的保护手段。通过正确设计,可以使数据库从包括媒体故障、用户错误、服务器永久丢失等多种故障中恢复。

另外,也可出于其他目的备份和还原数据库,如将数据库从一台服务器复制到另一台服务器。通过备份一台计算机上的数据库,再将该数据库还原到另一台计算机上,可以快速地生成数据库的副本。

使用数据库时,人们总是希望数据库的内容是可靠的、正确的,但由于计算机系统的故障(包括机器故障、介质故障和误操作等),数据库有时也可能遭到破坏,这时如何尽快恢复数据就成为当务之急。如果平时对数据库做了备份,那么此时恢复数据就很容易。由此可见做好数据库的备份的重要性。Oracle 数据库有 3 种标准的备份方法,它们分别为导出/导入(Export/Import)、冷备份和热备份。导出备份是一种逻辑备份,冷备份和热备份是物理备份。

1. 逻辑备份(导出备份)

利用 Export 可将数据从数据库中提取出来,利用 Import 则可将提取出来的数据送回 Oracle 数据库中去。

1) 简单导出数据(Export)和导入数据(Import)

Oracle 支持 3 种类型的输出:

(1) 表方式(T 方式),将指定表的数据导出;

(2) 用户方式(U 方式),将指定用户的所有对象及数据导出;

(3) 全库方式(Full 方式)，将数据库中的所有对象导出。

数据导出(Import)的过程是数据导入(Export)的逆过程，它们的数据流向不同。

2) 增量导出/导入

增量导出是一种常用的数据备份方法，它只能对整个数据库来实施，并且必须作为 system 来导出。在进行此种导出时，系统不要求回答任何问题。导出文件名默认为 export.Dmp，如果不希望自己的输出文件定名为 export.Dmp，必须在命令行中指出要用的文件名。增量导出包括 3 个类型：

(1) "完全"增量导出(Complete)，即备份整个数据库；
(2) "增量型"增量导出(incremental)，即备份上一次备份后改变的数据；
(3) "累计型"增量导出(Cumulative)，只是导出自上次"完全"导出之后数据库中变化了的信息。

2. 冷备份

冷备份发生在数据库已经正常关闭的情况下，当正常关闭时会提供给用户一个完整的数据库。冷备份是将关键性文件复制到另外的位置的一种说法。对于备份 Oracle 信息而言，冷备份是最快和最安全的方法。

如果可能的话(主要看效率)，应将信息备份到磁盘上，然后启动数据库(使用户可以工作)并将所备份的信息复制到磁带上(复制的同时，数据库也可以工作)。冷备份中必须复制的文件包括：

(1) 所有数据文件；
(2) 所有控制文件；
(3) 所有联机 redo Log 文件；
(4) Init.Ora 文件(可选)。

值得注意的是，冷备份必须在数据库关闭的情况下进行，当数据库处于打开状态时，执行数据库文件系统备份是无效的。

3. 热备份

热备份是在数据库运行的情况下采用 archivelog 方式备份数据的方法。所以，如果用户有昨天的一个冷备份而且又有今天的热备份文件，在发生问题时，就可以利用这些资料恢复更多的信息。热备份要求数据库在 archivelog 方式下操作，并需要大量的档案空间。一旦数据库运行在 archivelog 状态下，就可以做备份了。

实 验 示 例

例 13.1 导入/导出

导出完成数据库的逻辑备份，导入能实现数据库的逻辑恢复。

1. 导出

数据库的逻辑备份包括读一个数据库记录集和将记录集写入一个文件中。这些记录的读取与其物理位置无关。在 Oracle 中，Export 实用程序就是用来完成这样的数据库备份的。若要恢复由 Export 生成的文件，可使用 Import 实用程序。

表 13-1 列出了 Export 指定的运行期选项。可以在命令提示符窗口输入 EXP HELP=Y 调用 EXP 命令的帮助信息。

表 13-1 Export 选项

关 键 字	描　　述
UserId	执行导出的账户的用户名和口令，如果是 EXP 命令后的第一个参数，则关键字 UserId 可省略
Buffer	用于获取数据行的缓冲区大小，默认值随系统而定，通常设定一个高值（大于 64000）
File	导出转储文件的名字
Filesize	导出的最大转储文件大小。如果 file 条目中列出多个文件，将根据 Filesize 设置值导出这些文件
Compress	一个 Y/N 标志，用于指定导出是否应把碎片压缩成单个盘区。这个标志影响将存储到导出文件中的 storage 子句
Grants	一个 Y/N 标志，指定数据库对象的权限是否导出
Indexes	一个 Y/N 标志，指定表上的索引是否导出
Rows	一个 Y/N 标志，指定行是否导出。如果设置为 N，在导出文件中将只创建数据库对象的 DDL
Constraints	一个 Y/N 标志，用于指定表上的约束条件是否导出
Full	若设置为 Y，执行 Full 数据库导出
Ower	导出数据库账户的清单；可以执行这些账户的 User 导出
Tables	导出表的清单；可以执行这些表的 Tables 导出
Recordlength	导出转储文件记录的长度，以字节为单位。除非是在不同的操作系统间转换导出文件，否则就使用默认值
Direct	一个 Y/N 标志，用于指示是否执行 direct 导出。direct 导出在导出期间绕过缓冲区，从而大大提高导出处理的效率
Inctype	要执行的导出类型（允许值为 complete（默认）、cumulative 和 incremental）
Record	用于 incremental 导出，这个 Y/N 标志指示一个记录是否存储在记录导出的数据字典中
Parfile	传递给 Export 的一个参数文件名
Statistics	这个参数指示导出参数对象的 analyze 命令是否应写到导出转储文件上。其有效值是 compute、estimate（默认）和 N
Consistent	一个 Y/N 标志，用于指示是否应保留全部导出对象的读一致版本。在 Export 处理期间，当相关的表被用户修改时需要这个标志

续表

关　键　字	描　　述
Log	一个要写导出日志的文件名
Feedback	表导出时显示进度的行数。默认值为 0,所以在一个表全部导出前没有反馈显示
Query	用于导出表的子集 select 语句
Transport_Tables pace	如果正在使用可移动表空间选项,就设置为 Y。和关键字 tablespace 一起使用
Tablespaces	移动一个表空间时应导出其元数据的表空间
Object_Consistent	导出对象时的事务集,默认为 N,建议采用默认值
Flashback_SCN	用于回调会话快照的 SCN 号,特殊情况下使用,建议不用
Flashback_time	用于回调会话快照的 SCN 号的时间,如果希望导出的不是现在的数据,而是过去某个时刻的数据的话,可使用该参数
Resumable	遇到错误时挂起,建议采用默认值
Resumable_time out	可恢复的文本字符串,默认值为 Y,建议采用默认值
Tts_full_check	对 TTS 执行完全或部分相关性检查,默认值为 Y,建议采用默认值
Template	导出的模板名

导出有 3 种模式:

(1) 交互模式。在输入 Exp 命令后,根据系统的提示输入导出参数,如用户名、口令和导出类型等。

(2) 命令行模式。命令行模式和交互模式类似,不同的是使用命令模式时,只能在模式被激活后才能把参数和参数值传递给导出程序。

(3) 参数文件模式。参数文件模式的关键参数是 Parfile。Parfile 的对象是一个包含激活控制导出对话的参数和参数值的文件名。

例 以交互模式进行数据库 jxgl 的表 student 的导出。

```
C:\>EXP                              /* 在命令提示符下输入 EXP,然后回车 */
Export: Release 11.2.0.1.0 - Production on 星期六 8月 13 22:50:03 2011
   Copyright <C>1982,2009, Oracle and/or its affiliates.  All rights reserved.
    用户名:jxgl                       /* 输入用户名和口令 */
    口令:
    连接到:Oracle Database 11g Enterprise Edition Release 11.2.0.1.0-Production
With the Partitioning, OLAP and Data Mining and Real Application Testing options
输入数组提取缓冲区大小:4096>         /* 这里使用默认值,直接回车即可 */
导出文件:EXPDAT.DMP>c:\orcl_jxgl_student.dmp        /* 输入导出文件名称 */
(2)U(用户),或 (3)T(表):(2)U>T       /* 选择要导出的类型,此处选择表 */
导出表数据(yes/no):yes>              /* 使用默认设置,导出表数据 */
压缩区(yes/no):yes>                  /* 使用默认设置,压缩区 */
已导出 ZHS16GBK 字符集和 AL16UTF16 NCHAR 字符集
```

即将导出指定的表通过常规路径…
要导出的表(T)或分区(T:P)：(RETURN 退出)>student   /*在此输入要导出的表名称*/
…正在导出表 student 导出了   6 行
要导出的表(T)或分区(T:P)：(RETURN 退出)>
/*导出表 XS 完毕,直接按回车键即可完成导出工作。若要导出其他表,在此输入表名即可*/
成功终止导出,没有出现警告。
C:\>

2. 导入

导出数据可以通过 Oracle 的 Import 实用程序来完成。可以导入全部或部分数据。

如果导入一个全导出的导出转储文件,则包括表空间、数据文件和用户在内的所有数据库对象都会在导入时创建。不过,为了在数据库中指定对象的物理分配,通常需要预先创建表空间和用户。如果只从导出转储文件中导入部分数据,那么表空间、数据文件和用户必须在导入前设置好。

当数据库出现错误的修改或删除操作时,利用导入操作通过导出文件恢复重要的数据。在使用应用程序前对其操作的表导出到一个概要中,这样,如果由于应用程序中的错误而删除或修改了表中数据时,可以从已经导出到概要的备份表中恢复误操作的数据。

导入操作可把一个操作系统中的 Oracle 数据库导出后再导入到另一个操作系统中。

导入操作可以交互进行,也可通过命令进行。导入操作选项同导出的选项基本一样,表 13-2 给出导入操作的参数,其他参数请参照表 13-1 中的导出参数。

表 13-2 Import 选项

关 键 字	描 述
UserId	需执行导入操作的账户的用户名/口令。如果这是 imp 命令后的第一个参数,就不必指定 UserId 关键字
Buffer	取数据行用的缓冲区大小。默认值随系统而定;该值通常设为一个高值(大于 10000)
File	要导入的导出转储文件名
Show	一个 Y/N 标志,指定文件内容显示而不是执行
Ignore	一个 Y/N 标志,指定在发出 Create 命令时遇到错误是否忽略。若要导入的对象已存在就使用这个标志
Grants	一个 Y/N 标志,指定数据库对象上的权限是否导入
Indexes	一个 Y/N 标志,指定表上的索引是否导入
Constraints	一个 Y/N 标志,指定表上的约束条件是否导入
Rows	一个 Y/N 标志,确定行是否导入。若将其设为 N,就只对数据库对象执行 DDL
Full	一个 Y/N 标志,如果设置为 Y,就导入 Full 导出转储文件

续表

关 键 字	描 述
Fromuser	应从导出转储文件中读取其对象的数据库账户的列表(当 Full=N 时)
Touser	导出转储文件中的对象将被导入到数据库账户的列表。Fromuser 和 Touser 不必设置成相同的值
Table	要导入的表的列表
Recordlength	导出转储文件记录的长度,以字节为单位。除非要在不同的操作系统间转换,否则都用默认值
Inctype	要被执行导入的类型(有效值是 complete[默认]、cumulative 和 incremental)
commit	一个 Y/N 标志,确定每个数组导入后 Import 是否提交(其大小由 buffer 设置),如果设置为 N,在每个表导入后都要提交 Import。对于大型表,Commit=N 需要同样大的回滚段
Parfile	传递给 Import 的一个参数名,这个文件可以包含这里所列出的全部参数的条目
Indexfile	一个 Y/N 标志,指定表上的索引是否导入
Charset	在为 V5 和 V6 执行导入操作期间使用的字符集(过时但被保留)
Point_in_time_recover	一个 Y/N 标志,确定导入是否是表空间时间点恢复的一部分。
Destroy	一个 Y/N 标志,指示是否执行在 Full 导出转储文件中找到的 create tablespace 命令(从而破坏正在导入的数据库数据文件)
Log	Import 日志将要写入的文件名
Skip_unusable_indexes	一个 Y/N 标志,确定 Import 是否应跳过那些标有 unusable 的分区索引。可能要在导入操作期间跳过这些索引,然后用人工创建它们以改善创建索引的功能
Analyze	一个 Y/N 标志,指示 Import 是否应执行在导出转储文件中找到的 analyze 命令
Feedback	表导入时显示进展的数。默认值为 0,所以在没有完全导入一个表前不显示反馈
Tiod_novalidate	使 Import 能跳过对指定对象类型的确认。这个选项通常与磁带安装一起使用。可以指定一个或多个对象
Filesize	如果参数 Filesize 用在 Export 上,这个标志就是对 Export 指定的最大转储文件大小
Recalculate_statistics	一个 Y/N 标志,确定是否生成优化程序统计
Transport_Tablespace	一个 Y/N 标志,指示可移植的表空间元数据被导入到数据库中
Tablespace	要传送到数据库中的表空间名字和名字清单
Datafiles	要传送到数据库的数据文件清单
Tts_owner	可移植表空间中数据拥有者的名字和名字清单
Resumable	导入时若遇到与使用 Resumable_name 编码的字符串有关的问题时,延缓执行。延缓时间由 Resumable_timeout 参数确定

(1) 交互模式导入

例 以交互模式进行 jxgl 数据库中 student 表的导入。

```
C:\>imp                                          /*在命令提示符下输入 IMP,然后回车*/
Import: Release 11.2.0.1.0 - Production on 星期六 8月 13 23:12:10 2011
Copyright <C>1982,2009 Oracle and/or its affiliates.  All rights reserved.
用户名:jxgl                                       /*输入用户名和口令*/
口令:
连接到:Oracle Database 11g Enterprise Edition Release 11.2.0.1.0 - Production
With the Partitioning, OLAP and Data Mining and Real Application Testing options
仅导入数据(yes/no):no>
导入文件:EXPDAT.DMP>c:\orcl_jxgl_student.dmp       /*输入要导入的导出转储文件名*/
输入插入缓冲区大小(最小为 8192)30720>              /*使用默认设置,然后按回车键*/
经由常规路径导出由 EXPORT:V11.02.00 创建的导出文件
已经完成 ZHS16GBK 字符集和 AL16UTF16 NCHAR 字符集中的导入
只列出导入文件的内容(yes/no): no>
        由于对象已存在,忽略创建错误(yes/no): no>
        导入权限(yes/no): yes>
        导入表数据(yes/no): yes>
        导入整个导出文件(yes/no): no>
用户名:admin                                      /*输入用户名,导入的数据将会在此用户模式下创建*/
输入表(T)或分区(T:P)名称。空列表表示用户的所有表
输入表(T)或分区(T:P)名称。如果完成:student        /*输入要创建的表的名称*/
输入表(T)或分区(T:P)名称。如果完成:
正在将 JXGL 的对象导入到 JXGL
···正在导入表 "STUDENT" 6行被导入
成功终止导入,但出现警告。
```

(2) 参数模式导入

参数模式其实就是将命令行中命令后面所带的参数写在一个参数文件中,在使用命令时,在命令后面带一个调用该文件的参数。可以通过普通的文本文件编辑器来创建这个文件。为了便于标识,将该参数文件命名为.parfile 的后缀。以下是一个参数文件的内容:

```
USERID=jxgl/jxgl
FULL=N
BUFFER=10000
FILE=c:\orcl_jxgl_student2.dmp
TABLES=student
```

使用参数模式执行过程如图 13-1 所示。

例 13.2 脱机备份

脱机备份又称冷备份。冷备份是数据库文件的物理备份,需要在数据库关闭状态下

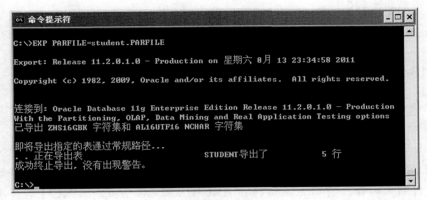

图 13-1　使用参数模式执行 EXP

进行。通常在数据库通过一个 shutdown normal 或 shutdown immediate 命令正常关闭后进行。当数据库关闭时,其使用的各个文件都可以进行备份。脱机备份一般采用操作系统的物理复制来完成文件系统的备份。这些文件构成一个数据库关闭时的一个完整映像。冷备份要备份的文件包括所有数据文件、所有控制文件、所有联机重做日志、init.ora 文件和 SPFILE 文件(可选)。

脱机备份耗时可能比较长,并要求关闭数据库,会影响用户的正常使用,不适合做为 7×24 小时运行的数据库备份策略。在磁盘空间容许的情况下,首先将这些文件复制到磁盘上,然后在空闲时候将其备份到磁带上。冷备份一般在 SQL * Plus 中进行。

例　把 jxgl 数据库的所有数据文件、重做日志文件和控制文件等做好备份。

(1) 正常关闭要备份的实例:

```
C:\>sqlplus /nolog
SQL>connect system/orcl as sysdba
SQL>shutdown normal                          --或 shutdown immediate
```

(2) 备份数据库。使用操作系统的备份工具来备份所有的数据文件、重做日志文件、控制文件和参数文件等。具体的备份文件可以通过数据库的数据字典来获取。

```
SQL>select file_name from dba_data_files;    --数据库数据文件内容参考如下:
FILE_NAME
-----------------------------------------
C:\APP\QXZ\ORADATA\ORCL\USERS01.DBF
C:\APP\QXZ\ORADATA\ORCL\UNDOTBS01.DBF
C:\APP\QXZ\ORADATA\ORCL\SYSAUX01.DBF
C:\APP\QXZ\ORADATA\ORCL\SYSTEM01.DBF
C:\APP\QXZ\ORADATA\ORCL\EXAMPLE01.DBF
SQL>select * from v$logfile;                 --文件情况略
SQL>select * from v$controlfile;             --文件情况略
```

(3) 重新启动数据库：

```
SQL>startup mount
```

例 13.3 联机备份

联机备份又可称为热备份或 ARCHIVELOG 备份。联机备份要求数据库运行在 ARCHIVELOG 方式下。

Oracle 是以循环方式写联机重做日志文件，写满第一个日志后，开始写第二个，依次类推。当最后一个联机重做日志文件写满后，LGWR(Log Writer)后台进程开始重新向第一个文件写入内容。当 Oracle 运行在 ARCHIVELOG 方式时，ARCH 后台进程重写重做日志文件前将每个重做日志文件复制一份。

1. 以 ARCHIVELOG 方式运行数据库

进行联机备份可以使用 PL/SQL 语句，也可以使用备份向导，但都要求数据库运行在 ARCHIVELOG 方式下。下面说明如何进入 ARCHIVELOG 方式。

(1) 进入命令提示符操作界面：

```
C:\>sqlplus/nolog
```

(2) 以 SYSDBA 身份和数据库相连：

```
SQL>connect system/manager as sysdba         --manager 为用户 system 的口令
```

(3) 使数据库运行在 ARCHIVELOG 方式下：

```
SQL>shutdown immediate
SQL>startup mount
SQL>alter database archivelog;
SQL>archive log start;
SQL>alter database open;
```

下面的命令将从 Server Manager 中显示当前数据库的 ARCHIVELOG 状态：

```
SQL>archive log list
```

联机备份后，若要使数据库恢复为 NO ARCHIVELOG 方式。可执行如下命令：

```
(1) SQL>alter database close;              --关闭数据库
(2) SQL>alter database noarchivelog;       --数据库改为 noarchivelog
(3) SQL>archive log list;                  --显示数据库 archive log 情况
(4) SQL>startup force                      --强制关闭并重新启动数据库
```

2. 执行数据库备份

联机备份指当表空间处于 ONLINE 状态时备份表空间的所有数据文件或单个数据

文件的过程。联机备份适用 ARCHIVELOG 模式。其优点是不影响表空间上的业务操作；其缺点是会生成更多的 REDO 信息和归档信息。

1) 使用命令方式进行备份

(1) 逐个表空间备份数据文件。过程如下：

设置表空间为备份状态→备份表空间的数据文件→将表空间恢复到正常状态。

下面具体举例说明对表空间 USERS 的联机备份。

① 确定表空间所包含的数据文件。

当备份表空间时，首先确定其所包含的数据文件。如果备份某个数据文件，则需要确定表空间（如 USERS）所包含的数据文件。

```
SQL>select file_name from dba_data_files where tablespace_name='USERS';
FILE_NAME
----------------------------------------
C:\APP\QXZ\ORADATA\ORCL\USERS01.DBF
```

② 设置表空间为备份模式。

联机备份表空间时，必须将表空间设置为备份模式。此后，系统会在数据文件头块上加锁，使得数据文件头不会发生改变。并且头块会记录将来恢复时的日志序列号 SCN 的信息。

```
SQL>ALTER tablespace users begin backup;
```

表空间已更改。

③ 复制数据文件。可以备份表空间的所有数据文件，也可以备份表空间的某个数据文件。

```
SQL>host copy C:\APP\QXZ\ORADATA\ORCL\USERS01.DBF d:\bak
```

④ 设置表空间为正常模式。

```
SQL>ALTER tablespace users end backup;
```

(2) 备份归档重做日志文件。过程如下：

记录归档重做日志目标目录中的文件→备份归档重做日志文件（操作系统直接用 copy 命令完成）→有选择地删除或压缩它们→通过 alter database backup controlfile 命令备份控制文件。例如：

```
alter database backup controlfile to 'c:\qxz.bak'
```

2) 使用备份向导进行备份

备份向导可以用来备份数据库、数据文件、表空间和重做日志文件等各种对象。备份向导也可以制作数据文件和重做日志文件的映像副本。

例 对 jxgl 数据库进行备份。

(1) 在如图 13-2 所示的界面中单击"调度备份"，进入"调度备份"界面，如图 13-3 所示。

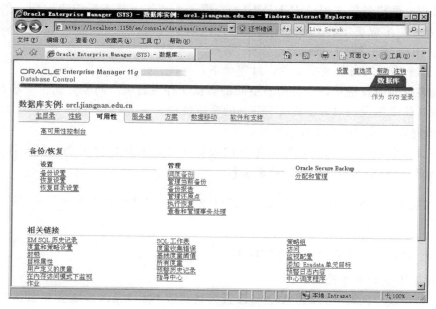

图 13-2　Oracle 企业管理器

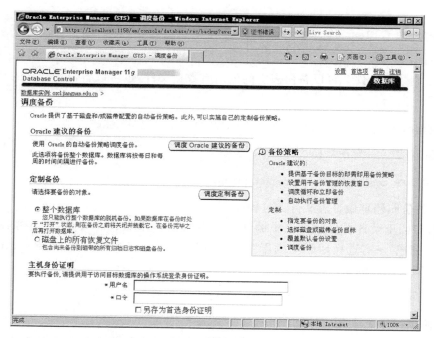

图 13-3　调度备份

（2）单击"调度定制备份"，进入"选项"界面，如图 13-4 所示。

（3）单击"下一步"按钮，进入"设置"界面，如图 13-5 所示。指定要将数据库备份到的介质类型。

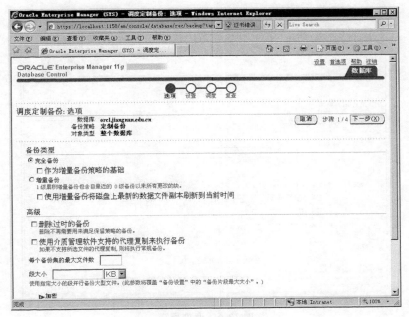

图 13-4　选项界面

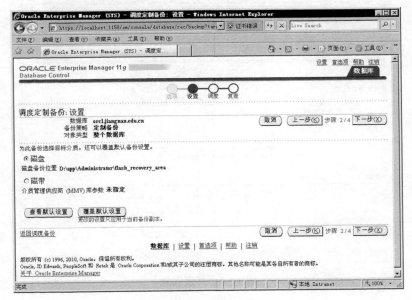

图 13-5　设置界面

（4）单击"下一步"按钮，进入"调度"界面，如图 13-6 所示。在该界面可以设置调度备份开始的日期和时间。可以选择立即开始备份作业，也可以选择以后再执行，还可以使用"重复"和"一直重复到"部分来设置重复执行备份的各种参数。

（5）单击"下一步"按钮，进入"复查"界面，如图 13-7 所示。在此可以复查调度备份向导的前几步中所作的选择。

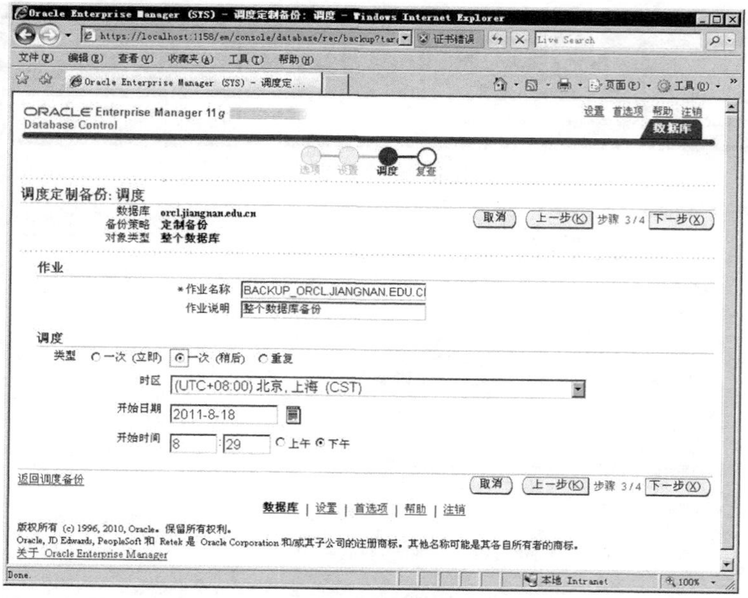

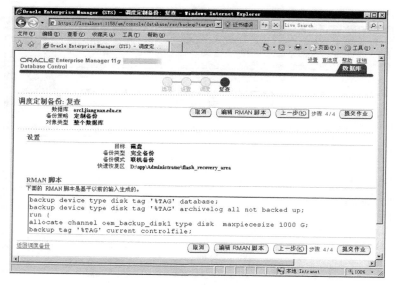

图 13-6 调度界面

图 13-7 复查界面

（6）单击"提交作业"按钮，进入"状态"界面，至此备份操作完成。

例 13.4 恢复

最简单的恢复是使用最新的导出转储文件，使用 Import 命令有选择地导入所需要的对象和用户。关于 Import 命令的使用，在例 13.1 中已有介绍。

下面简单介绍数据库运行在 ARCHIVELOG 下使用恢复向导进行恢复的步骤。

（1）若数据库还未处于 ARCHIVELOG 模式下，请在如图 13-8 所示"可用性"选项页面中单击"恢复设置"进入图 13-9 所示的恢复设置界面，其中有"ARCHIVELOG 模式"复选框，选中该复选框后单击"应用"按钮来启动完成模式的设置工作（其中需根据操作界面提示完成相关操作，具体略）。

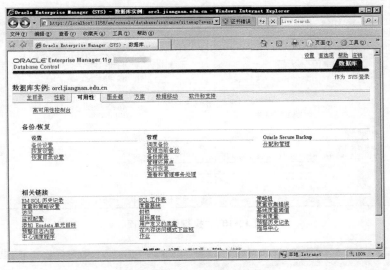

图 13-8　"可用性"选项页面

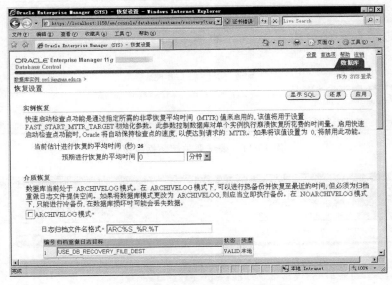

图 13-9　设置 ARCHIVELOG 模式页面

（2）在图 13-8 的"可用性"选项页面中单击"执行恢复"，进入"执行恢复"页面，如图 13-10 所示。恢复范围选定为整个数据库，并输入主机身份证明，即主机用户名和口令后，单击"恢复"按钮。系统会判断是否在可恢复状态，若数据库不在装载状态，会出现对话框提示先关闭数据库，如图 13-11 所示，再启动/装载数据库，并重定向到恢复进程，如图 13-12 所示。

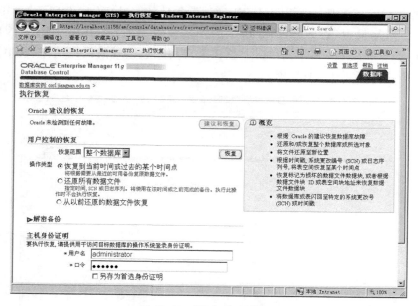

图 13-10 "执行恢复"页面

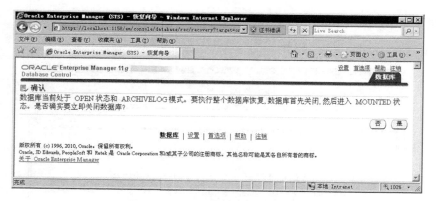

图 13-11 确认要关闭数据库页面

图 13-12 重新定向到恢复向导

（3）此时数据库已处于装载状态，如图13-13所示，单击"执行恢复"按钮，系统会要求输入主机身份证明与数据库登录信息（对话框略），系统信息核查正确后，将再次进入"执行恢复"页面，如图13-14所示。可以选择是对整个数据库还是某个对象进行恢复。

图13-13　数据库已处于装载状态

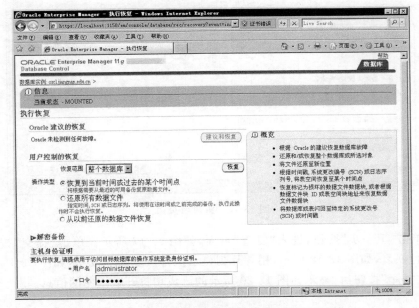

图13-14　执行恢复页面（当前状态 MOUNTED）

选择"整个数据库恢复"类别的"恢复到当前时间或过去的某个时间点"。在"主机身份证明"类别的用户名和口令文本框输入操作系统的用户名和对应的口令。

单击"执行整个数据库恢复"，进入"时间点"页面，如图13-15所示。在此设置将整个数据库恢复到当前时间还是以前某个时间点。

图 13-15　时间点页面

（4）选中"恢复到当前时间"单选按钮，单击"下一步"按钮，进入"重命名"页面，如图 13-16 所示。设置是否将文件还原至其他位置。如果选择"是。将文件复原到新的公用位置。"选项，那么将控制文件更新为使用新位置。

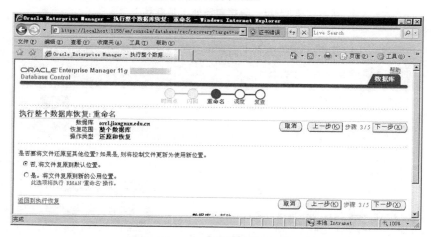

图 13-16　重命名页面

（5）单击"下一步"按钮，进入"复查"页面，如图 13-17 所示。单击"提交"按钮后，显示正在执行恢复，如图 13-18 所示，稍等片刻显示执行恢复操作成功，如图 13-19 所示，单击"打开数据库"按钮后，显示如图 13-20 所示的已成功打开数据库的信息。

例 13.5　数据泵

数据泵（Data Pump）是 Oracle 11g 新增的实用程序，它是可以从数据库中高速导出或加载数据库的方法，可以自动管理多个并行的数据流。数据泵可以实现在测试环境、开发环境、生产环境以及高级复制或热备份数据库之间的快速数据迁移；数据泵还能实

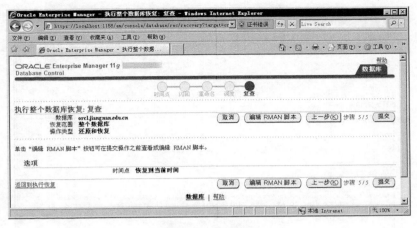

图 13-17　复查页面

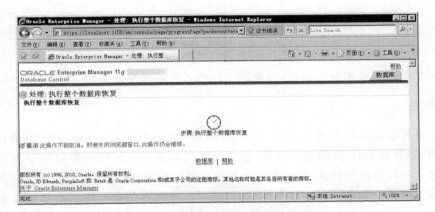

图 13-18　执行整个数据库恢复进行中

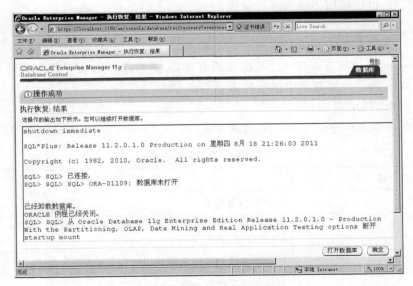

图 13-19　恢复成功

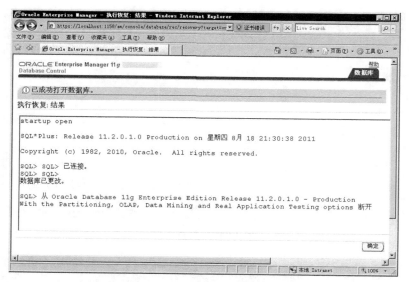

图 13-20 已成功打开数据库

现部分或全部数据库的逻辑备份,以及跨平台的可传输表空间备份。

1. 概述

数据泵技术对应的工具是 Data Pump Export 和 Data Pump Import。它的功能与前面介绍的 EXP 和 IMP 类似,所不同的是数据泵的高速并行的设计使得服务器运行时能够执行导入和导出任务快速装载或卸载大量数据。另外,数据泵可以实现断点重启,即一个任务无论是人为地中断还是意外中断,都可以从断点位置重新启动。数据泵技术是基于 EXP/IMP 的操作,主要用于对大量数据的大的作业操作。在使用数据泵进行数据导出与加载时,可以使用多线程并行操作。

2. 数据泵的使用

在 Oracle 11g 中,有两种使用数据泵的方式,一是在命令方式下导出与导入数据;二是在基于 Web 的企业管理器中进行导入导出。

1) 使用 EXPDP 导出

EXPDP 可以交互进行,也可以通过命令进行。表 13-3 给出 EXPDP 命令的操作参数。

表 13-3 EXPDP 参数

关 键 字	描 述
ATTACH	连接到现有作业
CONTENT	指定要导出的数据,其中有效关键字为 ALL、DATA_ONLY 和 METADATA_ONLY
DIRECTORY	供转储文件和日志文件使用的目录对象
DUMPFILE	目标转储文件(expdat.dmp)的列表

续表

关 键 字	描 述
ESTIMATE	计算作业的估计值,其中有效关键字为 BLOCK 和 STATISTICS
ESTIMATE_ONLY	在不执行导出的情况下计算作业估计值
EXCLUDE	排除特定的对象类型
FILESIZE	以字节为单位指定每个转储文件的大小
FLASHBACK_SCN	用于将会话快照设置回以前的状态的 SCN
FLASHBACK_TIME	用于获取最接近指定时间的 SCN 的时间
FULL	导出整个数据库
HELP	显示帮助信息
INCLUDE	包括特定的对象类型
JOB_NAME	要创建的导出作业的名称
LOGFILE	日志文件名(export.log)
NETWORK_LINK	链接到源系统的远程数据库的名称
NOLOGFILE	不写入日志文件
PARALLEL	更改当前作业的活动 worker 的数目
PARFILE	指定参数文件
QUERY	用于导出表的子集的谓词子句
SCHEMAS	要导出的方案的列表
STATUS	在默认值(0)将显示可用时的新状态的情况下,要监视的频率(以秒计)作业状态
TABLES	列出要导出的表的列表
TABLESPACES	列出要导出的表空间的列表
TRANSPORT_FULL_CHECK	验证所有表的存储段
TRANSPORT_TABLESPACES	要从中卸载元数据的表空间的列表
VERSION	要导出的对象的版本,其中有效关键字为 COMPATIBLE、LATEST 或任何有效的数据库版本

例 使用 EXPDP 导出 jxgl 用户的表 sc。

(1) EXPDP 的准备工作。在使用 EXPDP 之前,需要创建一个目录(一般在 Oracle 默认目录 C:\app\qxz\admin\orcl\dpdump 下创建子目录),用来存储数据泵导出的数据。使用如下方法创建目录:

```
SQL>CREATE DIRECTORY dpump_dir as ' C:\app\qxz\admin\orcl\dpdump\bak ';
```

在目录创建后,必须给导入导出的用户赋予目录的读写权限:

```
SQL>GRANT READ,WRITE ON DIRECTORY dpump_dir TO jxgl;
```

(2) 使用 EXPDP 导出数据。

例 使用 EXPDP 导出 jxgl 用户的表 sc。

```
C:\>expdp jxgl/jxgl dumpfile=sc.dmp directory=dpump_dir tables=sc job_name=sc_job
Export: Release 11.2.0.1.0-Production on 星期日 8 月 14 21:49:24 2011
Copyright (c) 1982, 2009, Oracle and/or its affiliates.  All rights reserved.
;;;
连接到: Oracle Database 11g Enterprise Edition Release 11.2.0.1.0-Production
With the Partitioning, OLAP, Data Mining and Real Application Testing options
启动 "JXGL"."SC_JOB":  jxgl/********dumpfile=sc.dmp directory=dpump_dir tables=
sc job_name=sc_job
正在使用 BLOCKS 方法进行估计...
处理对象类型 TABLE_EXPORT/TABLE/TABLE_DATA
使用 BLOCKS 方法的总估计: 64 KB
处理对象类型 TABLE_EXPORT/TABLE/TABLE
处理对象类型 TABLE_EXPORT/TABLE/INDEX/INDEX
处理对象类型 TABLE_EXPORT/TABLE/CONSTRAINT/CONSTRAINT
处理对象类型 TABLE_EXPORT/TABLE/INDEX/STATISTICS/INDEX_STATISTICS
处理对象类型 TABLE_EXPORT/TABLE/CONSTRAINT/REF_CONSTRAINT
处理对象类型 TABLE_EXPORT/TABLE/STATISTICS/TABLE_STATISTICS
..导出了 "JXGL"."SC"                             5.914 KB       7 行
已成功加载/卸载了主表 "JXGL"."SC_JOB"
******************************************************************************
JXGL.SC_JOB 的转储文件集为: C:\APP\QXZ\ADMIN\ORCL\DPDUMP\BAK\SC.DMP
作业 "JXGL"."SC_JOB" 已于 21:49:46 成功完成
```

2）使用导出向导导出

使用导出向导导出数据时首先要创建目录对象。

（1）创建目录对象。

① 在如图 13-21 所示的 Oracle 企业管理器中，在"方案"类别选择"目录对象"，单击鼠标进入"目录对象搜索"页面，如图 13-22 所示。

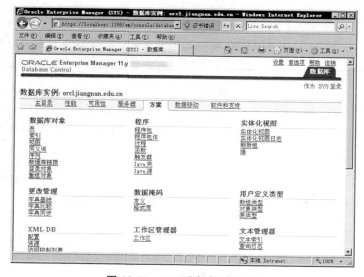

图 13-21　OEM"方案"主页面

图 13-22　目录对象搜索页面

② 单击"创建"按钮,进入"创建目录对象"页面,如图 13-23 所示。该页面包含一般信息和权限两个选项页面。在"一般信息"页面可以指定目录对象的详细资料。

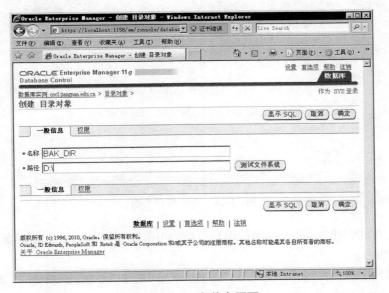

图 13-23　一般信息页面

在"名称"文本框输入名称,在"路径"文本框输入路径名称。可以单击"测试文件系统"以确保输入的路径信息有效。

③ 单击"权限"选项页面,出现如图 13-24 所示的页面。在该页面中指定或修改活动表中所列数据库用户的目录对象权限。

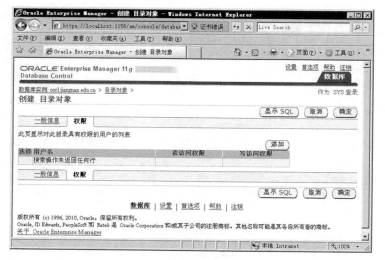

图 13-24　权限页面

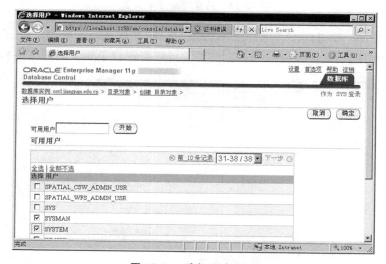

图 13-25　选择用户页面

④ 单击"添加"按钮,进入"选择"用户页面,如图 13-25 所示,为目录对象选择可访问它的数据库用户。

⑤ 选择"SYSMAN"和"SYSTEM"用户,单击"确定"按钮,返回图 13-24 所示的页面,此时在页面中可以看到所选择的用户,如图 13-26 所示。

⑥ 在图 13-26 所示的页面中,为 SYSMAN 和 SYSTEM 用户对新建目录对象的访问权限赋予读写权限。勾选"读访问权限"和"写访问权限"复选框。

⑦ 单击"确定"按钮,完成目录对象的创建。

(2) 使用导出向导导出

该导出操作从数据库中提取各种对象定义和数据存储到二进制格式的导出转储文

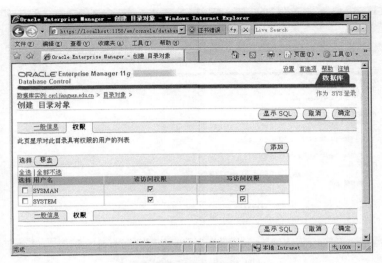

图 13-26　选择用户后权限页面

件中。所有用户都可以按用户类型和表类型导出自己的数据库对象,只有拥有 EXP_FULL_DATABASE 角色的用户可以按全局类型导出对象。对以 SYSDBA 角色登录的用户,Oracle 11g 数据库不支持进行导出和导入操作,请使用其他角色登录。

① 使用 system 用户以 normal 身份登录企业管理器。在如图 13-27 所示的 Oracle 企业管理器中选择"数据移动"类别的"导出到导出文件",单击鼠标,进入"导出类型"页面,如图 13-28 所示。

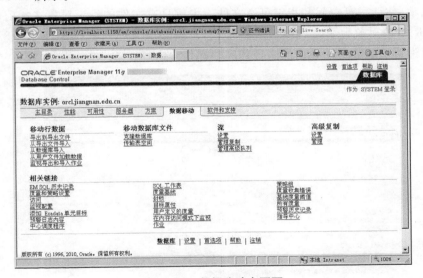

图 13-27　数据移动主页面

该页面列出了下列 4 种导出类型:

数据库:导出整个数据库。

方案:选择一个或多个方案,并导出这些方案的对象。

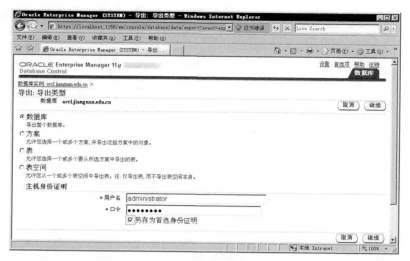

图 13-28 导出类型页面

表：选择一个或多个要从所选方案导出的表。

表空间：从一个或多个表空间中导出表。需要注意的是，选择该类型仅导出表，而不是导出表空间本身。

选择"数据库"类型进行导出，在"主机身份证明"类别的用户名和口令文本框输入操作系统的用户名以及对应的口令。

② 单击"继续"按钮，进入"选项"页面，如图 13-29 所示。该页面可以为导出操作设置线程选项、估计磁盘空间和指定可选文件。生成日志文件的目录对象选择前面创建的 BAK_DIR 目录对象。单击"高级选项"按钮，出现导出其他选项设置，如图 13-30 所示。在此可以设置从源数据库导出的内容和闪回操作等内容。

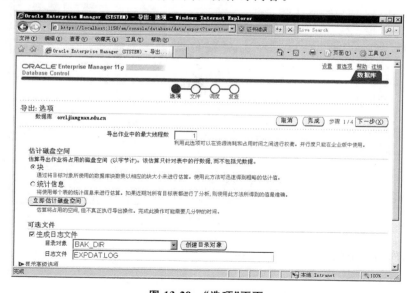

图 13-29 "选项"页面

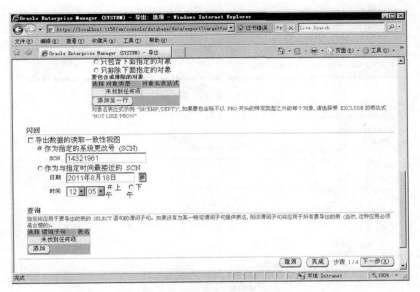

图 13-30 "高级选项"页面

③ 单击"下一步"按钮,进入"文件"页面,如图 13-31 所示。在该页面可以为导出文件指定目录名、文件名(EXPDAT1.DMP)和最大文件大小。

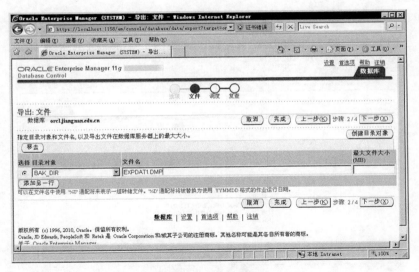

图 13-31 文件页面

④ 单击"下一步"按钮,进入"调度"页面,如图 13-32 所示。在"作业参数"类别的"作业名称"和"说明"文本框输入名称和说明性文字。

Oracle 提供了下列两种作业的处理方法:

立即:马上提交,准备执行;

以后:设置作业启动的具体时间。

图 13-32　调度页面

这里选择"立即"提交作业。

⑤ 单击"下一步"按钮,进入"复查"页面,如图 13-33 所示。

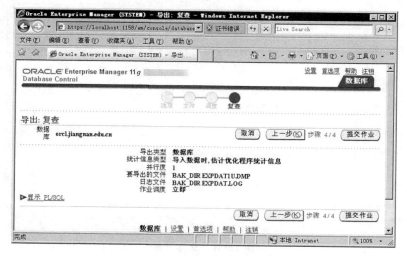

图 13-33　复查页面

⑥ 单击"提交作业"按钮,进入如图 13-34 所示的页面。系统正在处理导出作业。导出成功后,进入"作业活动"页面,如图 13-35 所示。

⑦ 在图 13-35 所示的页面中,单击导出作业名称 SYSTEM_BAK1,进入"作业运行情况"页面,如图 13-36 所示。该页面显示导出正在进行中的基本信息,运行完成后会显示"成功"状态。

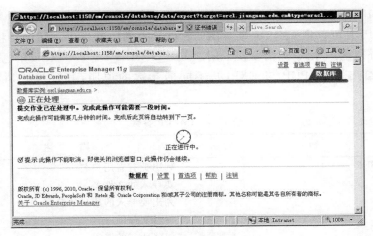

图 13-34 正在处理导出作业

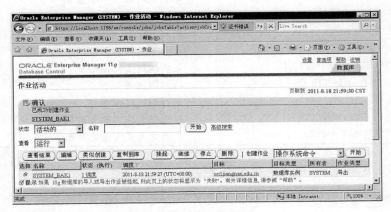

图 13-35 作业活动页面

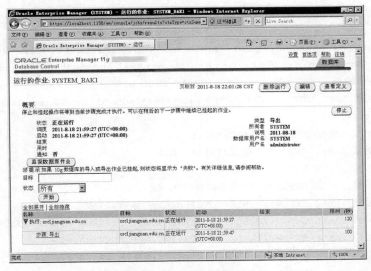

图 13-36 作业运行情况页面

3) 使用 IMPDP 导入

使用 IMPDP 可以将 EXPDP 所导出的文件导入到数据库中。如果要将整个导出的数据库对象进行全部导入，还需要授予用户 IMP_FULL_DATABASE 角色。

表 13-4 给出了 IMPDP 与 EXPDP 不同的参数的说明，其余参数请参考 EXPDP 参数。

表 13-4　IMPDP 参数

参　　数	描　　述
FROMUSER	列出拥有者用户名
FILE	要导入的文件名
TOUSER	列出要导入的用户的名字
SHOW	仅看文件的内容
IGNORE	忽略所有的错误
COMMIT	是否及时提交数组数据
ROWS	是否要导入行数据
DESTROY	遇到与原来一样的数据文件时是否要覆盖
INDEXFILE	是否写表和索引到指定的文件
SKIP_UNUSABLE_INDEXES	是否跳过不使用的索引
TOID_NOVALIDATE	跳过闲置的类型
COMPILE	是否编译过程和包
STREAMS_CCONFIGURATION	是否导入流常规元数据
STREAMS_INSTANTIATION	是否导入流实例元数据

例　使用 SC.dmp 导出文件导入表 SC。

```
C:\> impdp jxgl/jxgl dumpfile=SC.dmp directory=dpump_dir
;;;
Import: Release 11.2.0.1.0-Production on 星期日 8月 14 22:16:26 2011
Copyright (c) 1982, 2009, Oracle and/or its affiliates.  All rights reserved.
;;;
连接到: Oracle Database 11g Enterprise Edition Release 11.2.0.1.0-Production
With the Partitioning, OLAP, Data Mining and Real Application Testing options
已成功加载/卸载了主表 "JXGL"."SYS_IMPORT_FULL_01"
启动 "JXGL"."SYS_IMPORT_FULL_01": jxgl/********dumpfile=SC.dmp directory=dpump_dir
处理对象类型 TABLE_EXPORT/TABLE/TABLE
处理对象类型 TABLE_EXPORT/TABLE/TABLE_DATA
..导入了 "JXGL"."SC"                          5.914 KB       7 行
处理对象类型 TABLE_EXPORT/TABLE/INDEX/INDEX
处理对象类型 TABLE_EXPORT/TABLE/CONSTRAINT/CONSTRAINT
处理对象类型 TABLE_EXPORT/TABLE/INDEX/STATISTICS/INDEX_STATISTICS
处理对象类型 TABLE_EXPORT/TABLE/CONSTRAINT/REF_CONSTRAINT
处理对象类型 TABLE_EXPORT/TABLE/STATISTICS/TABLE_STATISTICS
作业 "JXGL"."SYS_IMPORT_FULL_01" 已于 22:16:34 成功完成
```

4）通过向导进行导入操作

使用"导入"向导可以导入数据库的内容、对象和表，对于 Oracle 11g 数据库，Oracle 企业管理器的导入和导出作业是作为数据泵作业执行的。下面介绍导入的操作过程。

（1）在如图 13-27 所示的页面中单击"从导出文件中导入"，进入"文件"界面，如图 13-37 所示，填写目录对象 BAK_DIR，文件名 EXPDAT1.DMP，导入类型选择"整个文件"。

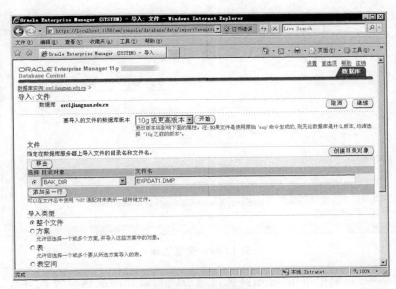

图 13-37　文件页面

（2）单击"继续"按钮，进入"重新映射"页面，如图 13-38 所示。在该页面指定是采用将每个用户的数据导入同一个用户的方案，还是采用导入源用户和目标用户字段中指定

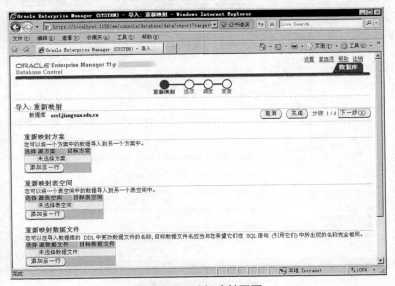

图 13-38　重新映射页面

的不同用户的方案。

（3）单击"下一步"按钮，进入"选项"页面，如图 13-39 所示。在该页面设置导入作业的最大线程数以及是否生成日志文件。如果勾选了生成日志文件，则要在目录对象下拉框选择生成日志文件的存放路径，在"日志文件"文本框输入日志文件名称。

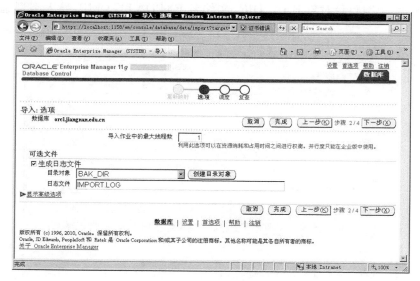

图 13-39　选项页面

（4）在"选项"页面中单击"显示高级选项"按钮，展开高级选项设置页面，如图 13-40 所示。在"高级选项"中可以设置数据如何从源数据库中导入，是否导入全部对象或只是有条件的导入，表存在时采取跳过、附加、截断或替换操作等。

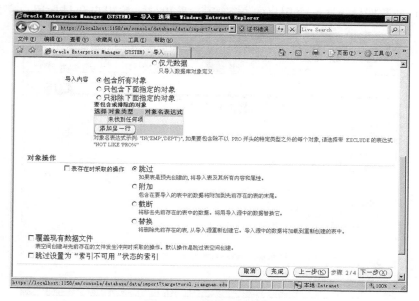

图 13-40　高级选项页面

（5）单击"下一步"按钮，进入"调度"页面，如图 13-41 所示，输入作业参数和作业调度等信息。

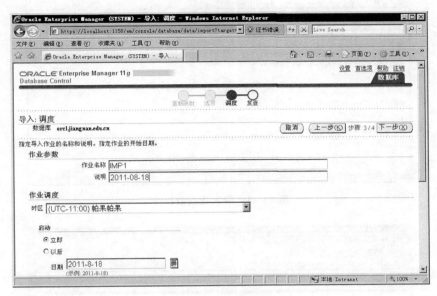

图 13-41　调度页面

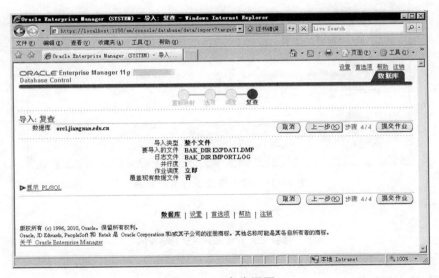

图 13-42　复查页面

（6）单击"下一步"按钮，进入"复查"页面，如图 13-42 所示，确认后单击"提交作业"按钮，开始导入过程，如图 13-43 所示。

导入成功后，进入"作业活动"页面（页面类似于图 13-35），在其中单击作业名"IMP1"，显示如图 13-44 的导入作业运行情况页面，运行完成后会显示"成功"状态。

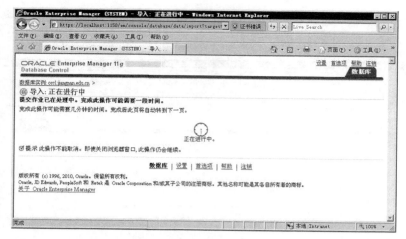

图 13-43　导入正在进行中

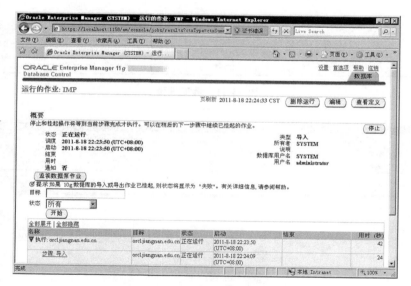

图 13-44　导入作业运行情况页面

* 实验内容与要求

实验总体要求

（1）选择若干常用的数据库管理系统产品，通过查阅帮助文件或相关书籍了解产品所提供的数据库备份与恢复措施的实施细节；

（2）针对某一具体应用，考虑其备份与恢复方案和措施等；

（3）针对 Oracle 或 SQL Server 2005 数据库系统，具体学习其备份与恢复操作步骤与操作方式方法。

实验内容

1. 用 Exp 命令方式将数据库导出

基本格式:

`Exp 用户名/口令@数据库 File=导出文件名…`

(1) 将数据库 orcl 完全导出,用户名为 system,密码为 orcl,导出到 d:\daochu.dmp 中。

`Exp system/orcl@orcl file=到 d:\daochu.dmp full=y`

(2) 将数据库中 scott 用户的表导出到 d:\daochu2.dmp 中。

`Exp system/orcl@orcl file=d:\daochu2.dmp owner=(scott)`

(3) 将数据库中的表 Dept 和 Emp 导出到 d:\daochu3.dmp 中。

`Exp system/orcl@orcl file=d:\daochu3.dmp tables=(Dept,Emp)`

2. 用 Imp 命令方式将数据库导入新的例程中

基本格式:

`Imp 用户名/口令@数据库 File=导入文件名……`

(1) 将 d:\daochu.dmp 中的数据导入 orcl 数据库中。

`Imp system/orcl@orcl file=d:\daochu.dmp ignore=y full=y`

(2) 将 d:\daochu3.dmp 中的表 Dept 导入 orcl 数据库中。

`imp system/orcl@orcl file=d:\daochu3.dmp tables=(Dept)`

上面的操作可能会出现问题,因为有的表已经存在,在遇到这种情况时系统就报错,对该表就不进行导入。请读者自己实践。

3. 表间数据的复制

命令示例如下:

```
create table scott.test2 as (select distinct empno,ename,hiredate from
scott.emp where empno>=7000);        --将满足条件的表数据复制到 scott.test2 新表中
create table scott.test3 as select * from scott.emp;
                                     --复制表 scott.emp 到新表 scott.test3 中
```

4. 冷、热备份与恢复实践

1) 归档日志的设置

在 Oracle 中要进行备份恢复,一般要先把数据库设置为归档模式,否则所作备份必须是完整的全库备份,如果不是做全库备份,则在非归档模式下,这些备份是没有意义的。具体操作请参阅例 13.3 中的"以 ARCHIVELOG 方式运行数据库"的内容。

2) 备份与恢复实验

（1）关闭数据库,复制整个数据库文件目录,注意不要复制日志文件;

（2）打开数据库,对数据做更改（稍后看通过备份能否恢复）;

（3）执行命令 Alter system switch logfile,生成若干归档日志;

（4）关闭数据库,把某数据文件删除;

（5）重启数据库,这时 Oracle 报错;

（6）把删除的数据文件从备份处复制回来;

（7）执行命令 Alter database open,这时 Oracle 报错,指出数据库需要恢复;

（8）执行命令 Recover database,这时 Oracle 提出恢复建议选项,可以输入 auto 使 Oracle 进行自动恢复。如果这时还未生成归档日志,则输入命令后,Oracle 即可完成自动恢复,不需要用户参与;

（9）执行命令 Alter database open,这时数据库正常可用。

5. 逻辑备份与恢复实践

上面进行的备份是通过复制数据库的物理数据文件到备份目录来完成的,这种方法的缺陷是,要复制整个数据文件,即使其中只有很少的数据,显然这样会造成存储空间的很大浪费。除了上述备份方法外,Oracle 还提供了逻辑备份以及 rman 备份方式,这两种方式只复制数据文件中的数据。rman 备份是利用 rman 这个备份工具,其原理与上面的物理备份类似,因为其命令比较复杂,这里不再叙述。

逻辑备份一般更多地被称为导出/导入或 exp/imp。就是把数据库中的逻辑数据导出到一个文件,到需要时再把这个文件的内容导入到原来的数据库或其他的数据库。导出的内容可以是整个数据库、若干表、某个用户下的表以及表空间。

1) 用户模式

（1）导出用户 scott：

```
C:\>exp userid=system/orcl file=d:\backuptest\scott.dmp owner=scott log=
d:\backuptest\scott.log
```

（2）创建新用户 scott2,并利用导出文件导入 scott 模式到 scott2：

```
C:\>sqlplus system/orcl as sysdba
SQL>CREATE USER scott2 IDENTIFIED BY scott2 DEFAULT TABLESPACE USERS TEMPORARY
TABLESPACE TEMP;
SQL>grant create session to scott2;
SQL>alter user scott2 default role "RESOURCE";
SQL>exit
C:\>imp userid=system/orcl file=d:\backuptest\scott.dmp touser=
scott2 fromuser=scott
C:\>sqlplus scott2/scott2
```

```
SQL>select * from tab;                        --查看现有表的情况
SQL>exit
```

(3) 也可以只导入 scott 的指定的几个表：

```
C:\>sqlplus scott/scott
SQL>drop table emp;                           --先删除几个表
SQL>drop table dept;
SQL>host imp userid=system/oracle fromuser=scott touser=scott file=
d:\backuptest\scott.dmp tables=(emp,dept)     --再导入已删除的表
SQL>select * from tab;                        --查看现有表的情况
```

2) 表模式

(1) 导出一个数据表：

```
C:\>exp scott/tiger file=d:\backuptest\emp.dmp tables=emp
```

可以在上面命令的最后加入 rows=n，则只导入表的结构，不导入数据。也可以导出多个表，如：

```
C:\>exp scott/tiger file=d:\backuptest\emp.dmp tables=(emp,dept),
```

还可以加上 query 参数，导出满足指定条件的数据：

```
C:\>exp scott/tiger file=d:\backuptest\query.dmp tables=emp query=
"""where sal>2000"""
```

导入时可以只导入其中若干个表。

(2) 把 scott2 模式的 emp 表删除（否则由于对象已经存在，导入时会出错），然后从导出文件导入 emp 表：

```
C:\>sqlplus scott2/scott2
SQL>drop table emp;
SQL>exit
C:\>imp system/orcl file=d:\backuptest\emp.dmp touser=scott2 tables=emp
```

(3) 验证导入结果：

```
C:\>sqlplus /nolog
SQL>conn scott2/scott2
SQL>select table_name from user_tables;
```

6. 备份例 14.2 中的数据库 KCGL

针对实验 14 中的例 14.2 中的数据库用户 KCGL 制定备份计划，备份数据库 KCGL，并掌握还原方法。

7. 对数据库 JXGL 的备份与还原操作

(1) 为 JXGL 数据库做完全备份；

(2) 向 S 表中插入一行数据；
(3) 为 JXGL 数据库做差异备份；
(4) 删除 JXGL 数据库；
(5) 为 JXGL 数据库进行完全备份的恢复，查看 S 表的内容；
(6) 为 JXGL 数据库进行差异备份的恢复，查看 S 表的内容。

8. 不同数据库间的数据交换

Oracl 数据库间、Oracl 数据库与 MySQL 或 SQL Server 2005 数据库间进行数据交换。可以以文本文件、SQL 脚本等通用格式文件为中介，或建立 ODBC 数据源后借助数据库产品可能有的导入/导出功能等来实现数据交换。例如：

(1) 安装 Oracle 数据库系统后，系统中已有 Oracle ODBC 驱动程序。
(2) 创建一个空的 Oracle 数据库或 Oracle 用户模式。
(3) 选择 Windows→控制面板→管理工具→数据源(ODBC)，在其中添加一个类型为 Oracle ODBC Driver 的用户 DSN。
(4) 打开 Microsoft SQL Server 2000 的数据转换服务导入/导出向导(DTS)。数据源选择用于 SQL Server 的 Microsoft OLE DB 提供程序，数据库选择要转换的 Microsoft SQL Server 2000 数据库，目的选择 Oracle ODBC Driver，用户/系统 DSN 选择刚刚添加的用户 DSN。
(5) 从源数据库复制表和视图，全选，直至完成。

实验 14

数据库应用系统设计与实现

实 验 目 的

掌握数据库设计的基本方法；了解 C/S 与 B/S 结构应用系统的特点与适用场合；了解 C/S 与 B/S 结构应用系统的不同开发设计环境与开发设计方法；综合运用前面实验掌握的数据库知识与技术设计开发出小型数据库应用系统。

背 景 知 识

"数据库原理及应用"课程的主要学习目标是能利用课程中学习到的数据库知识与技术较好地设计开发出数据库应用系统，去解决各行各业信息化处理的要求。本实验主要的目的是巩固学生对数据库基本原理和基础理论的理解，掌握数据库应用系统设计开发的基本方法，进一步提高学生综合运用所学知识的能力。

数据库应用设计是指对于一个给定的应用环境，构造最优的数据库模式，建立数据库及其应用系统，有效地存储数据，满足用户的信息要求和处理要求。

为了使数据库应用系统开发设计合理、规范、有序、正确和高效地进行，现在广泛采用工程化 6 阶段开发设计过程与方法，这 6 个阶段是需求分析阶段、概念结构设计阶段、逻辑结构设计阶段、物理结构设计阶段、数据库的实施及数据库系统运行与维护阶段。以下实验示例的介绍就是力求按照 6 阶段开发设计过程展开的，以求给读者一个开发设计数据库应用系统的样例。

本实验除了要求学习者较好地掌握数据库知识与技术外，还要求学习者掌握某种客户端开发工具或语言。这里分别采用 JAVA、.NET 平台的 C# 与 ASP.NET 来实现两个简单应用系统。

如果学习者对本实验给出的系统所采用的开发工具不熟悉也没有关系。因为实验示例重点是给出开发设计过程及如何利用嵌入的 SQL 命令操作数据库数据的技能，利用其他工具或语言开发设计系统的过程及操作数据库的技术是相同的，完全可以利用自己掌握的工具或语言来实现相应系统。

Oracle Database 11g 是一个集成的平台,它支持 SQL、XML 和过程化语言(如 PL/SQL、Java 和 C/C++),不但使用简单,而且还具有很高的性能和可伸缩性。Oracle Database 11g 数据库应用程序开发包括支持的语言、工具、连通性和技术。

1. 语言

SQL/XML:Oracle Database 11g 支持 SQL/XML 标准特性(它们是 SQL 2003 标准中的新特性,位于该标准的第 14 部分)。SQL/XML 标准定义了如何在数据库中结合使用 SQL 和 XML,包括新 XML 类型的详细定义、XML 类型的值、SQL 结构和 XML 结构之间的映射以及用于从 SQL 数据生成 XML 的函数。

PL/SQL:是 Oracle 对行业标准 SQL 的过程化扩展。PL/SQL 自然、高效和安全地扩展了 SQL。其主要优势是提供一种服务器端的存储过程化语言,该语言易于使用,与 SQL 无缝结合,同时还具有强健、可移植及安全的特性。

.NET:Oracle 为使用 VisualStudio .NET 和 .NET Web Services 开发企业应用程序的开发人员提供了强大的支持和丰富的产品。

数据库中的 Java:Java、JDBC 以及 Web 服务功能提高了数据库的生产率、安全性、可伸缩性、可靠性以及性能,并使其可与现有软件资产集成、与支持网格的数据库连接、通过 Web 服务支持非连接的客户端,以及实现远程和动态数据与本地数据的整合。

XML DB:Oracle XML DB 提供一种原生的高性能 XML 存储和检索技术。该技术将 W3C XML 数据模型完全集成到 Oracle 数据库中,并提供浏览和查询 XML 的新的标准访问方法。

PHP:PHP 革命终于影响到了企业,PHP 正在影响着大型企业的开发,并且此开放源代码脚本语言正在向新的方向发展。

2. 工具

Oracle SQL Developer:是一个免费的图形化数据库开发工具。使用 SQL Developer 可以浏览数据库对象、运行 SQL 语句和 SQL 脚本,并且还可以编辑和调试 PL/SQL 语句。

Oracle SQL Developer Data Modeler:作为独立的产品,它具有完备的数据和数据库建模工具和实用程序。

Oracle Application Express(Oracle APEX):以前称为 HTML DB,是一个用于 Oracle 数据库的快速 Web 应用程序开发工具。只需要一个 Web 浏览器和有限的编程经验,用户就可以快速、安全地开发和部署专业的应用程序。

迁移技术:Oracle 提供了能将用户的数据库和应用程序迁移到 Oracle 平台的工具、服务和合作伙伴的相关技术。

SQL*Plus:是 Oracle 数据库服务器最主要的接口,它提供了一个功能强大且易于使用的查询、定义和控制数据的环境。此外,SQL*Plus 还提供了一个 Oracle SQL 和 PL/SQL 的完整实现以及一组丰富的扩展。

3. 连接

即时客户端:利用即时客户端,无需安装标准 Oracle 客户端或拥有 ORACLE_

HOME 即可运行应用程序。OCI、OCCI、Pro*C、ODBC 和 JDBC 应用程序无需进行修改即可运行,同时显著地节省磁盘空间。甚至 SQL*Plus 也可以与即时客户端一起使用,而无需重新编译。

Oracle 调用接口(OCI):提供了对所有 Oracle 数据库功能的最全面访问。OCI API 中包含了最新的性能、可伸缩性和安全性特性。

Oracle 网络服务:为分布式的异构计算环境提供企业级连接解决方案。此外,它降低了网络配置和管理的复杂性,使性能最大化,并提高了网络安全性和诊断能力。

预编译器:Oracle 11g 包括 Pro*C/C++、Pro*COBOL、Pro*FORTRAN 和 Pro*PL/1。

Oracle XML Developer's Kit(XDK) 10g:是在 Oracle Database 10g、Oracle Application Server 10g 和 OTN 中提供的一系列用 Java、C 和 C++ 编写的组件、工具和实用程序,它们包含一个商业再发行许可,使构建和部署基于 XML 的应用程序的工作变得简单。

4. 技术

全球化:全球化支持使客户能够在全世界同时运行 Oracle 产品,并根据用户的母语和区域设置选项显示内容。也许更为重要的是,全球化支持使客户可以使用 Oracle 技术系列(包括全球化开发工具包(GDK))开发自己的多语言应用程序和软件产品。

可扩展性框架:Oracle Database 11g 可扩展性框架提供了前所未有的功能,可以高效地存储、检索、查询和处理专用的数据类型(如空间数据、多媒体数据和生物信息数据等)。很多数据类型已经远远超出了传统数据库的范围。

数据库 Web 服务:Oracle 数据库可以在两个不同的模式下工作,从而支持 Web 服务开发和部署:数据库作为 Web 服务提供者,或者数据库作为 Web 服务使用者。作为 Web 服务提供者,通过 Web 服务机制执行数据库操作和数据检索。通过与 Oracle 应用服务器 Web 服务框架结合使用,Oracle 数据库实现了快速的互操作性和一致的 Web 服务开发与部署。作为 Web 服务使用者,将外部 Web 服务作为 SQL 查询或数据库批处理的一部分包含在其中。

实 验 示 例

例 14.1 企业员工管理系统

随着企业对人才需求的加大以及对人力资源管理意识的提高,传统的人事档案管理已经不能满足各个企业对人员管理的需求,企业迫切需要采用新的管理方法与技术来管理员工的相关信息。本系统在极大简化的情况下力求体现企业员工管理系统的基本雏形,力求体现 Java 技术在传统 C/S 模式、多窗体方式下数据库应用系统的开发方法。本系统的设计与实现能充分体现出 Java 的编程技术,特别是 Java 操作数据库数据的技术。

1. 开发环境与开发工具

系统开发环境为局域网或广域网网络环境,网络中有一台服务器上安装 SQL Server

2008/2005/2000、Oracle、MySQL 或 PostgreSQL 这样的数据库管理系统，本子系统采用 Java 语言设计实现，使用 jdk1.5.0_15 及 Eclipse SDK Version 3.3.2（http://www.eclipse.org/platform）为开发工具，服务器操作系统为 Windows Server 2003 family Build 3790 Service Pack 2。

2. 系统需求分析

企业可以通过员工管理系统实现对企业人员信息及其相关信息的管理。简化的企业员工管理系统具有如下功能。

（1）系统的用户管理：包括用户的添加、删除和密码修改等。
（2）员工的信息管理：包括员工基本信息的查询、添加、删除和修改等。
（3）员工的薪资管理：包括员工薪资的查询、添加、删除和修改等。
（4）员工的培训管理：包括员工培训计划的查询、添加、删除和修改等。
（5）员工的奖惩管理：包括对员工的奖惩信息的查询、添加、删除和修改等。
（6）部门的信息管理：包括部门查询、添加、修改和删除等。
（7）其他充分实现对员工信息高效率管理的内容。

3. 功能需求分析

1）系统功能的描述

企业员工管理系统按如上设想，管理功能是比较简单的，主要实现了对员工的基本信息、薪资、奖惩和培训以及部门信息等的管理，具体管理功能有添加、修改、删除、查询和统计等。系统功能布局如图 14-1 所示。

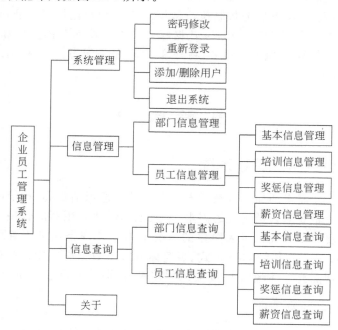

图 14-1　系统功能模块图

2) 系统功能模块图

其中"信息管理"板块中的每一个功能管理项都包括查看、添加、删除和修改等功能。

4. 系统设计

1) 数据概念结构设计

(1) 数据流程图

系统数据流程图如图 14-2 所示。

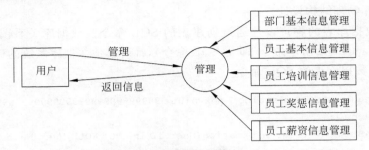

图 14-2　简易系统的数据流程图

(2) 系统 E-R 图

经调研分析后得到简化企业员工管理系统整体基本 E-R 图，如图 14-3 所示。

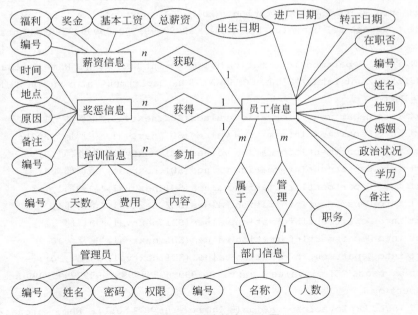

图 14-3　系统基本 E-R 图

2) 数据库逻辑结构(关系模式)设计

按照 E-R 图到逻辑关系模式的转换规则，可得到系统如下 6 个关系。

(1) 员工信息(员工编号,姓名,性别,学历,政治状况,婚姻,出生日期,在职否,进厂

日期,转正日期,部门编号,职务,备注)

(2) 奖惩信息(<u>顺序号</u>,奖惩编号,员工编号,奖惩时间,奖惩地点,奖惩原因,备注)

(3) 培训信息(<u>顺序号</u>,培训编号,员工编号,培训天数,培训费用,培训内容)

(4) 薪资信息(<u>顺序号</u>,薪资编号,员工编号,基本工资,奖金,福利,总薪资)

(5) 部门信息(<u>部门编号</u>,部门名称,部门人数)

(6) 管理员信息(<u>编号</u>,姓名,密码,权限)

其中带下划线的为关系关键字(即主码)。

3) 数据库物理结构设计

本系统数据库表的物理设计通过创建表的 SQL 命令及数据库关系图来呈现,下面只列出 Transact SQL 创建命令(即 T-SQL 命令),针对其他数据库系统的创建命令略。

(1) 创建数据库表的 SQL 命令

```
create sequence SQID minvalue 1 maxvalue 999999999999999999999999 start with 1 increment by 1;
CREATE TABLE SCOTT.UserInformation(User_ID int NOT NULL,User_Name varchar2(20) NOT NULL,Password varchar2(20) NOT NULL,Authority varchar2(20) NULL,CONSTRAINT PK_UserInformation PRIMARY KEY(User_ID));
alter table SCOTT.UserInformation modify Authority default 'B';
insert into SCOTT.UserInformation values(SQID.nextval,'管理员','1','A');
insert into SCOTT.UserInformation values(SQID.nextval,'admin','123456','B');
insert into SCOTT.UserInformation values(SQID.nextval,'GM','11','B');
create sequence SDI minvalue 1 maxvalue 999999999999999999999999 start with 1 increment by 1;
CREATE TABLE DepartmentInformation(D_Number int NOT NULL,D_Name varchar2(20) NOT NULL,D_Count int NOT NULL, CONSTRAINT PK_DepartmentInformation PRIMARY KEY(D_Number));
insert into DepartmentInformation values(SDI.nextval,'市场部',10);
insert into DepartmentInformation values(SDI.nextval,'生产部',200);
insert into DepartmentInformation values(SDI.nextval,'财务部',5);
insert into DepartmentInformation values(SDI.nextval,'培训部',4);
insert into DepartmentInformation values(SDI.nextval,'后勤部',1);
insert into DepartmentInformation values(SDI.nextval,'策划部',3);
insert into DepartmentInformation values(SDI.nextval,'销售部',15);
insert into DepartmentInformation values(SDI.nextval,'食堂',10);
insert into DepartmentInformation values(SDI.nextval,'医院',30);
create sequence SEI minvalue 1 maxvalue 999999999999999999999999 start with 1 increment by 1;
CREATE TABLE EmployeeInformation(E_Number int NOT NULL,E_Name varchar2(30) NOT NULL,E_Sex varchar2(2) NOT NULL,E_BornDate date NOT NULL,E_Marriage varchar2(4) NOT NULL,E_PoliticsVisage varchar2(20) NOT NULL,E_SchoolAge varchar2(20) NULL,E_EnterDate date NULL,E_InDueFormDate date NOT NULL,D_Number int NOT NULL,E_Headship varchar2(20) NOT NULL,E_Estate varchar2(10) NOT NULL,E_Remark varchar2(500) NULL,CONSTRAINT PK_EmployeeInformation PRIMARY KEY(E_Number));
```

```sql
insert into EmployeeInformation values(SEI.nextval,'张勇','男',
to_date('1983-5-17','YYYY-MM-DD'),'未婚','党员','本科',to_date('2002-8-17',
'YYYY-MM-DD'),to_date('2008-8-17','YYYY-MM-DD'),1,'厂长','在职','');
insert into EmployeeInformation values(SEI.nextval,'钱力','男',
to_date('1996-1-2','YYYY-MM-DD'),'未婚','党员','本科',to_date('2004-9-10',
'YYYY-MM-DD'),to_date('2006-6-5','YYYY-MM-DD'),2,'厂长','在职','高级工程师');
create sequence STI minvalue 1 maxvalue 9999999999999999999999999999 start with 1
increment by 1;
CREATE TABLE TrainInformation(ID int NOT NULL,T_Number varchar2(20) NOT NULL,
T_Content varchar2(100) NOT NULL,E_Number int NOT NULL,T_Date int NULL,T_Money
int NULL,CONSTRAINT PK_TrainInformation PRIMARY KEY(ID));
insert into TrainInformation values(STI.nextval,'200701','职业素质',2,30,7000);
insert into TrainInformation values(STI.nextval,'200702','职业素质',1,31,7000);
create sequence SWI minvalue 1 maxvalue 9999999999999999999999999999 start with 1
increment by 1;
CREATE TABLE WageInformation(ID int NOT NULL,W_Number int NOT NULL,E_Number int
NOT NULL,W_BasicWage decimal(18,2) NOT NULL,W_Boon decimal(18,2) NOT NULL,W_
Bonus decimal(18,2) NOT NULL,W_FactWage decimal(18,2) NOT NULL,CONSTRAINT PK_
WageInformation PRIMARY KEY(ID));
insert into WageInformation values(SWI.nextval,2,2,2111.00,2300.00,1100.00,
5511.00);
insert into WageInformation values(SWI.nextval,3,1,3000.00,2300.00,1200.00,
6500.00);
create sequence SRI minvalue 1 maxvalue 9999999999999999999999999999 start with 1
increment by 1;
CREATE TABLE RewardspunishmentInformation(ID int NOT NULL,R_Number int NOT NULL,
E_Number int NOT NULL,R_Date date NOT NULL,R_Address varchar2(50) NOT NULL,
R_Causation varchar2(200) NOT NULL,R_Remark varchar2(500) NULL,CONSTRAINT
PK_EncouragementPunishInf PRIMARY KEY (ID));
insert into RewardspunishmentInformation values(SRI.nextval,1,1,
to_date('2005-5-3','YYYY-MM-DD'),'教学馆二楼','演讲比赛一等奖','');
insert into RewardspunishmentInformation values(SRI.nextval,2,2,
to_date('2004-5-3','YYYY-MM-DD'),'教学馆二楼','演讲比赛一等奖','');
ALTER TABLE EmployeeInformation ADD CONSTRAINT FK_EmployeeInf_DepartmentInf
FOREIGN KEY(D_Number) REFERENCES DepartmentInformation(D_Number);
ALTER TABLE TrainInformation ADD CONSTRAINT FK_TrainInf_EmployeeInf FOREIGN
KEY(E_Number) REFERENCES EmployeeInformation(E_Number);
ALTER TABLE WageInformation ADD CONSTRAINT FK_WageInf_EmployeeInf FOREIGN
KEY(E_Number) REFERENCES EmployeeInformation(E_Number);
ALTER TABLE RewardspunishmentInformation ADD CONSTRAINT FK_EncouragePInf_
EmployeeInf FOREIGN KEY(E_Number) REFERENCES EmployeeInformation(E_Number);
```

(2) 数据库关系图

数据库关系图如图14-4所示。

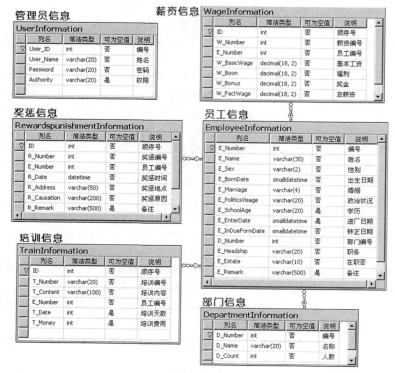

图 14-4　数据库关系图

按照系统需求还可创建索引及视图等,此处略。

5．系统功能的实现

1) 数据库连接通用模块

数据库连接、公用操作函数等代码见如下数据库类 Database。

```
package qxz;
import java.sql.*;
import javax.swing.JComboBox;
import javax.swing.JList;
import javax.swing.JOptionPane;
import javax.swing.table.DefaultTableModel;
    public class Database {
    public static Connection cn;
    public static Statement st;
    public static Statement st2;
    public static ResultSet rs;
    public static String dbms;
    //below for SQL Server
    static String user=ConfigIni.getIniKey ("UserID");
```

```java
static String pwd    =ConfigIni.getIniKey ("Password");
static String ip     =ConfigIni.getIniKey ("IP");
static String acc    =ConfigIni.getIniKey ("Access");
static String dbf    =ConfigIni.getIniKey ("DataBase");
//below for Oracle
static String UID=ConfigIni.getIniKey ("UID");
static String Passd=ConfigIni.getIniKey ("Passd");
static String Server=ConfigIni.getIniKey ("Server");
static String DB=ConfigIni.getIniKey ("DB");
static String Port=ConfigIni.getIniKey ("Port");
//below for MySQL
static String UID2=ConfigIni.getIniKey ("UID2");
static String Passd2=ConfigIni.getIniKey ("Passd2");
static String Server2=ConfigIni.getIniKey ("Server2");
static String DB2=ConfigIni.getIniKey ("DB2");
static String Port2=ConfigIni.getIniKey ("Port2");
//below for PostgreSQL
static String UID3=ConfigIni.getIniKey ("UID3");
static String Passd3=ConfigIni.getIniKey ("Passd3");
static String Server3=ConfigIni.getIniKey ("Server3");
static String DB3=ConfigIni.getIniKey ("DB3");
static String Port3=ConfigIni.getIniKey ("Port3");
static {
  try {
    if(ConfigIni.getIniKey ("Default_Link").equals ("1")) {//JDBC
    --SQL Server 2005
      DriverManager.registerDriver (new com.microsoft.sqlserver.jdbc.
      SQLServerDriver());           //注册驱动
      String url="jdbc:sqlserver://"+ip+":"+acc+";"+"databasename=
      "+dbf;                         //获得一个连接
      cn=DriverManager.getConnection (url, user, pwd);dbms="SQL Server";
    }else if(ConfigIni.getIniKey ("Default_Link").equals ("2")) {
    //JDBC-SQL Server 2000
      DriverManager.registerDriver (new com.microsoft.jdbc.sqlserver.
      SQLServerDriver());           //注册驱动
      String url="jdbc:microsoft:sqlserver://"+ip+":"+acc+";
      "+"databasename="+dbf;         //获得一个连接
      cn=DriverManager.getConnection (url, user, pwd);
      dbms="SQL Server";
    }else if(ConfigIni.getIniKey ("Default_Link").equals ("4")) {
    //JDBC-ODBC to Oracle
      DriverManager.registerDriver(new sun.jdbc.odbc.JdbcOdbcDriver());
      cn=DriverManager.getConnection ("jdbc:odbc:"+
      ConfigIni.getIniKey("LinkNameORA").trim(),UID,Passd);
```

//获得一个连接
```
       dbms="Oracle";
    }else if(ConfigIni.getIniKey ("Default_Link").equals ("5")) {
    //JDBC to Oracle
        DriverManager.registerDriver(new oracle.jdbc.driver.OracleDriver());
        String url="jdbc:oracle:thin:@"+Server+":"+Port+":"+DB;
        cn=DriverManager.getConnection (url, UID, Passd); dbms="Oracle";
    }else if(ConfigIni.getIniKey("Default_Link").equals ("6")) {
    //JDBC to MySQL
       try {Class.forName("com.mysql.jdbc.Driver").newInstance();
       } catch (Exception ex) {  }
         String url="jdbc:mysql://localhost/"+DB2+"?"+"user="+UID2+
         "&"+"password="+Passd2;
       try {   cn=DriverManager.getConnection(url);
       } catch (SQLException ex) {
          System.out.println("SQLException:"+ex.getMessage());
          System.out.println("SQLState: "+ex.getSQLState());
          System.out.println("VendorError:"+ex.getErrorCode());
       }
       dbms="MySQL";
    }else if(ConfigIni.getIniKey ("Default_Link").equals ("7")) {
    //JDBC-ODBC to MySQL
        DriverManager.registerDriver(new sun.jdbc.odbc.JdbcOdbcDriver());
        cn=DriverManager.getConnection ("jdbc:odbc:"+
        ConfigIni.getIniKey("LinkNameMySQL").trim(),UID2,Passd2);
        dbms="MySQL";
        Linknum="7";
    }else if(ConfigIni.getIniKey ("Default_Link").equals ("8")) {
    //JDBC-ODBC to postgresql
        Class.forName("org.postgresql.Driver");
        String url="jdbc:postgresql://"+Server3+":"+Port3+"/"+DB3;
        cn=DriverManager.getConnection(url, UID3, Passd3); dbms="PostgreSQL";
    }else if(ConfigIni.getIniKey ("Default_Link").equals ("9")) {
    //JDBC-ODBC to PostgreSQL
        DriverManager.registerDriver(new sun.jdbc.odbc.JdbcOdbcDriver());
        cn=DriverManager.getConnection ("jdbc:odbc:"+
        ConfigIni.getIniKey("LinkNamePostgreSQL").trim(),UID3,Passd3);
        dbms="PostgreSQL";
    }else {//ConfigIni.getIniKey("Default_Link").equals("3")
    //JDBC-ODBC to SQL Server
        DriverManager.registerDriver(new sun.jdbc.odbc.JdbcOdbcDriver());
        cn=DriverManager.getConnection ("jdbc:odbc:"+
        ConfigIni.getIniKey("LinkName").trim(),user,pwd);dbms="SQL Server";
    }
```

```java
        st=cn.createStatement
        (ResultSet.TYPE_SCROLL_SENSITIVE,ResultSet.CONCUR_READ_ONLY);
        st2=cn.createStatement
        (ResultSet.TYPE_SCROLL_SENSITIVE,ResultSet.CONCUR_READ_ONLY);
     }catch (Exception ex) {
        System.out.println(ex.getMessage().toString()+"--");
        JOptionPane.showMessageDialog (null, "数据库连接失败...", "错误",
        JOptionPane.ERROR_MESSAGE);
        System.exit(0);
     } //End try
}
//执行查询 SQL 命令,返回记录集对象函数
public static ResultSet executeQuery(String sql) {
    ResultSet rs=null ;
    try {st2=cn.createStatement(ResultSet.TYPE_SCROLL_SENSITIVE,
    ResultSet.CONCUR_READ_ONLY);              //需要此句,否则相互干扰
        rs=st2.executeQuery(sql);
    }catch(Exception e){e.printStackTrace();}   //End try
    return rs;
}
//执行更新类 SQL 命令的函数
public static int executeUpdate(String sql) {
    int i=0 ;
    try {st2=cn.createStatement(ResultSet.TYPE_SCROLL_SENSITIVE,
    ResultSet.CONCUR_READ_ONLY);
        i=st2.executeUpdate(sql); cn.commit();
    }catch(Exception e){e.printStackTrace();} return i;
}
//执行查询 SQL 命令,返回是否成功的函数
public static boolean query(String sqlString){
    try {rs=null; rs=st.executeQuery(sqlString);
    }catch (Exception Ex){System.out.println("sql exception:"+Ex);
        return false;
    } return true;
}
//执行更新类 SQL 命令,返回是否成功的函数
public static boolean executeSQL(String sqlString){
    boolean executeFlag;
    try{st.execute(sqlString);executeFlag=true;
    } catch (Exception e){executeFlag=false;
        System.out.println("sql exception:"+e.getMessage());
    } return executeFlag;
}
//执行 SQL 查询命令,初始化到组合框的函数
```

```
        public static void initJComboBox (JComboBox jComboBox, String sqlCode){
            jComboBox.removeAllItems();
            try{ResultSet rs=executeQuery (sqlCode);
            int row=recCount (rs);
            //从结果集中取出 Item 加入 JComboBox 中
            if(row !=0) rs.beforeFirst();
            for (int i=0;i<row;i++){rs.next();jComboBox.addItem(rs.getString(1));}
            jComboBox.addItem("");
            }catch (Exception ex){System.out.println ("sunsql.initJComboBox():false");}
        }                                            //其他公用函数略
        ……
    }
```

本程序通过 ConfigIni.java 文件中的 ConfigIni 类来获取连接数据库的相关信息。这些连接数据库的相关信息组织存放于 Config.ini 系统配置文件中，这样便于修改与配置连接数据库的相关参数值。该文件的参考内容如下：

```
[SOFTINFO]=
  UserName=qxz
  CompName=jndx
[CONFIG]=
  Soft_First=0
  Default_Link=6
  Default_Page=1
[JDBC 1--SQL Server 2005, 2--SQL Server 2000]=
  IP=127.0.0.1
  Access=1433
  DataBase=EmployeeIMS
  UserID=sa
  Password=sasasasa
[ODBC 3--odbc to SQL Server]=
  LinkName=EmployeeIMS
[ODBC 4--odbc to Oracle]=
LinkNameORA=EmployeeIMSORA
[JDBC 5--Oracle]=
  UID=scott
  Passd=tiger
  Server=qxz1
  DB=qxz1
  Port=1521
[JDBC 6--MySQL]=
  UID2=root
  Passd2=qxz
  Server2=qxz1
  DB2=EmployeeIMS
```

```
    Port2=3306
[ODBC 7--odbc to MySQL]=
    LinkNameMySQL=EmployeeMySQL
[JDBC 8--PostgreSQL]=
    UID3=qxz
    Passd3=qxz
    Server3=localhost
    DB3=EmployeeIMS2
    Port3=5432
[ODBC 9--odbc to PostgreSQL]=
    LinkNamePostgreSQL=EmployeePostgreSQL
```

其中"Default_Link＝"指定 1～9 中的某个数字，代表着连接数据库的某种方式方法。各数值所代表的连接方式如下：

Default_Link＝1 表示通过 JDBC 连接到 SQL Server 2005；

Default_Link＝2 表示通过 JDBC 连接到 SQL Server 2000；

Default_Link＝3 表示通过 JDBC-ODBC 桥连接到 SQL Server 2000 或 SQL Server 2005；

Default_Link＝4 表示通过 JDBC-ODBC 桥连接到 Oracle；

Default_Link＝5 表示通过 JDBC 连接到 Oracle；

Default_Link＝6 表示通过 JDBC 连接到 MySQL；

Default_Link＝7 表示通过 JDBC-ODBC 桥连接到 MySQL；

Default_Link＝8 表示通过 JDBC 连接到 PostgreSQL；

Default_Link＝9 表示通过 JDBC-ODBC 桥连接到 PostgreSQL。

要说明的是：要使 1～9 种连接数据库方法能正常工作，需要先在服务器端安装相应的数据库管理系统并正确配置，再通过执行 SQL 脚本等方法在某数据库系统下创建系统库表等对象，在 Config.ini 系统配置文件中正确配置相应某数据库的连接选项值，只有这样才能成功地运行。

2）部分功能界面的实现

（1）系统登录及主界面类模块

```
//用户登录类
package qxz;
import java.awt.*;
import java.awt.event.*;
import javax.swing.*;
public class Login extends JFrame{
    JFrame jf ;
    JTextField textName=new JTextField("admin");
    JPasswordField textPassword=new JPasswordField("123456");
    JLabel label=new JLabel("企业员工管理系统");
    ……                          //其他界面元素及变量等定义略
```

```java
public Login(){
    jf=this;
    setTitle("登录");
    Font f=new Font("新宋体",Font.PLAIN,12);
    Container con=getContentPane();
    con.setLayout(null);
    label.setBounds(80,10,140,20);
    label.setFont(new Font("新宋体",Font.BOLD,16));
    con.add(label);
    labelName.setBounds(55,45,55,20);
    labelName.setFont(f);
    con.add(labelName);
    textName.setBounds(105,45,120,20);
    con.add(textName);
    ……                              //其他界面元素定义、属性赋值等略
    //登录的鼠标监听
    buttonEnter.addMouseListener(new MouseAdapter(){
        public void mouseClicked(MouseEvent me){
        if(textName.getText().equals("")){new
        JOptionPane().showMessageDialog(null,"用户名不能为空!");
        }else if(textPassword.getText().equals("")){new
        JOptionPane().showMessageDialog(null,"密码不能为空!");}
        else{String sql="select * from UserInformation where User_Name='"+
        textName.getText()+"' and Password='"+textPassword.getText()+"'";
        //查找是否有该用户的SQL查询命令
            Judge(sql);              //调用判断函数}
    }});
    //登录的键盘监听
    buttonEnter.addKeyListener(new KeyAdapter(){
        public void keyPressed(KeyEvent e){//此处代码略}});
    buttoncancel.setBounds(155,115,60,20);
    buttoncancel.setFont(f); con.add(buttoncancel);
    //清空按钮的鼠标监听方法
    buttoncancel.addMouseListener(new MouseAdapter(){
    public void mouseClicked(MouseEvent me){textName.setText("");
    textPassword.setText("");}});
    setResizable(false);            //窗口大小不可调
    Image img=Toolkit.getDefaultToolkit().getImage("image\\main.gif");
                                    //窗口图标
    setIconImage(img); Toolkit t=Toolkit.getDefaultToolkit();
    int w=t.getScreenSize().width;  int h=t.getScreenSize().height;
    setBounds(w/2-150,h/2-90,300,180); setVisible(true);
    buttonEnter.grabFocus();         //获取焦点
    buttonEnter.requestFocusInWindow();}
```

```java
    private void Judge(String sqlString) {
      if (Database.joinDB()) {
        if (Database.query(sqlString))
          try{   if(Database.rs.isBeforeFirst()){System.out.println("密码正确");
                 jf.setVisible(false);   new Main();}
              else{System.out.println("错误");
                new JOptionPane().showMessageDialog(null,"
                用户名或密码错误!","",JOptionPane.ERROR_MESSAGE);
              }
            }catch(Exception ex) {System.out.println(ex.getMessage());}
      }else{System.out.println("连接数据库不成功!!!");}
}
public static void main(String args[]){new Login();}
```

运行界面如图 14-5 所示。

```java
//主程序类,可以独立运行
package qxz;
import java.awt.*;
import java.awt.event.*;
import javax.swing.*;
public class Main extends JFrame implements Runnable{
    Thread t=new Thread(this);                    //在窗体中创建线程并实例化
    JDesktopPane deskpane=new JDesktopPane();     //在窗体中建立虚拟桌面并实例化
    JPanel p=new JPanel();                        //创建一个面板并实例化
    Label lp1=new Label("欢迎使用企业员工管理系统!本系统纯属练习!");
    //菜单上的图标创建并实例化------------------------------
    ImageIcon icon1=new ImageIcon("image//tjsc.gif");
    …… //其他代码略---------------------------
    public Main(){                                //构造函数
        setTitle("企业员工管理系统");               //设置窗体标题
        Container con=getContentPane();
        con.setLayout(new BorderLayout());        //创建一个布局
        con.add(deskpane,BorderLayout.CENTER);    //实例虚拟桌面的布局
        Font f=new Font("新宋体",Font.PLAIN,12);
                                                  //设置一个字体,以后都使用这种字体
        JMenuBar mb=new JMenuBar();               //实例化菜单栏
        //实例化菜单开始
        JMenu systemM=new JMenu("系统管理");systemM.setFont(f);
        JMenu manageM=new JMenu("信息管理");
        manageM.setFont(f);……                     //其他代码略
        this.addWindowListener(new WindowAdapter(){   //退出窗体事件
           public void windowClosing(WindowEvent e){System.exit(0);}});
        //为系统管理菜单添加事件
```

图 14-5 系统登录界面

```java
        password.addActionListener(new ActionListener(){            //密码修改监听
            public void actionPerformed(ActionEvent e){
                System.out.println("AmendPassword");
                deskpane.add(new AmendPassword());}});
        ……  //其他事件略
        p.setLayout(new BorderLayout()); p.add(lp1,BorderLayout.EAST); t.start();
        con.add(p,BorderLayout.SOUTH);
        Toolkit t=Toolkit.getDefaultToolkit();
        int width=t.getScreenSize().width-120;
        int height=t.getScreenSize().height-100;
        setSize(width,height);
        setLocation(50,25);
        setVisible(true);
        setResizable(false);
    }
    //线程的方法
        public void run(){
        System.out.println("线程启动了!");
        Toolkit t=Toolkit.getDefaultToolkit();
        int x=t.getScreenSize().width;
        lp1.setForeground(Color.red);
        while(true)
        {   if(x<-600){x=t.getScreenSize().width;}
            lp1.setBounds(x,0,700,20); x-=10;
            try{Thread.sleep(100);}catch(Exception e){}}
    }
    //退出窗体事件
    public void windowClosing(WindowEvent e) {System.exit(0);}
    public static void main(String[] args){//主函数 new Main();}
}
```

运行界面如图14-6所示。

(2) 员工基本信息维护类模块

```java
//员工信息管理类
package qxz;
import java.awt.*;import javax.swing.*;import javax.swing.text.DateFormatter;
import java.awt.event.*;import java.sql.*;import java.text.DateFormat;
import java.text.SimpleDateFormat;import java.util.Date;
public class Employeemanage extends JInternalFrame{
    JInternalFrame jif;
    public Employeemanage() {jif=this; initComponents();}
    private JTextField tdepartment;
    private JComboBox jComboBox,jComboBoxCode;
    private ResultSet rs;
```

图 14-6 系统主界面

```
private void initComponents() {          //初始化界面组件
    jComboBox=new JComboBox();           //定义与初始化组合框
    jComboBox.addItem("");
    jComboBox.setBackground(new Color(204, 204, 204));
    jComboBox.setPreferredSize(new Dimension(100, 20));
    ……//其他初始化略        //部门编码信息添加到组合框 jComboBox,jComboBoxCode
    jComboBox.removeAllItems();
    try {ResultSet rs2=Database.executeQuery("select D_Name,D_Number from
    DepartmentInformation order by D_Name");
    int row=Database.recCount(rs2);
    //从结果集中取出 Item 加入 jComboBox 中
    if(row !=0) rs2.beforeFirst ();
    for (int i=0; i<row; i++) {rs2.next();
    jComboBox.addItem (rs2.getString (1));
    jComboBoxCode.addItem (rs2.getString (2));}
    jComboBox.addItem(""); jComboBoxCode.addItem(""); rs2.close();}
    catch (Exception ex) {System.out.println ("initJComboBox (): false");}
    //初始化窗体数据
    String csql="select E_Number,E_Name,E_Sex,E_BornDate,D_Number,
    E_Marriage,E_Headship,E_InDueFormDate,E_PoliticsVisage,E_SchoolAge,
    E_EnterDate,E_Estate,E_Remark from EmployeeInformation";
    try{rs=Database.executeQuery(csql);
      if(Database.recCount(rs)>0){
        rs.next();txt_number.setText(""+rs.getInt("E_Number"));
        txt_name.setText(rs.getString("E_Name"));
        if(rs.getString("E_Sex").equals("男")){sex_cb.setSelectedIndex(0);}
        else{sex_cb.setSelectedIndex(1);}
```

```java
            txt_borndate.setValue(rs.getDate("E_BornDate"));
            tdepartment.setText(rs.getString("D_Number"));
   if(rs.getString("E_Marriage").equals("未婚"))
   {marriage_cb.setSelectedIndex(0);}
   else if(rs.getString("E_Marriage").equals("已婚")){
       marriage_cb.setSelectedIndex(1);}
   else{marriage_cb.setSelectedIndex(2);}
   headship_cb.setSelectedItem(rs.getString("E_Headship"));
   txt_InDueFormDate.setValue(rs.getDate("E_InDueFormDate"));
   if(rs.getString("E_PoliticsVisage").equals("党员")){
       politicsVisage_cb.setSelectedIndex(0);}
   else{politicsVisage_cb.setSelectedIndex(1);}
   schoolage_cb.setSelectedItem(rs.getString("E_SchoolAge"));
   txt_enterdate.setValue(rs.getDate("E_EnterDate"));
   if(rs.getString("E_Estate").equals("在职"))
       {estate_cb.setSelectedIndex(0);}
   else if(rs.getString("E_Estate").equals("停薪留职"))
       {estate_cb.setSelectedIndex(1);}
   else{estate_cb.setSelectedIndex(2);}
    remark_ta.setText(rs.getString("E_Remark"));}
   jComboBoxCode.setSelectedItem(tdepartment.getText());
   jComboBox.setSelectedIndex(jComboBoxCode.getSelectedIndex());
    } catch(Exception e){System.out.println(e);};
   rm_bt.addActionListener(new ActionListener(){        //上一条按钮事件
       ……   //具体代码略    });
   lm_bt.addActionListener(new ActionListener(){        //下一条按钮事件
       ……   //具体代码略    });
   left_bt.addActionListener(new ActionListener(){      //最前一条按钮事件
       ……   //具体代码略    });
   right_bt.addActionListener(new ActionListener(){……//具体代码略});
   append_bt.addActionListener(new ActionListener(){//为添加保存按钮添加事件
   public void actionPerformed(ActionEvent e){
      save_bt.setEnabled(true);
      txt_number.setText("");
      txt_number.setEditable(false);
      txt_name.setText("");sex_cb.setSelectedIndex(0);
      txt_borndate.setValue(new Date());
      marriage_cb.setSelectedIndex(0);
      txt_InDueFormDate.setValue(new Date());
      politicsVisage_cb.setSelectedIndex(0);
      txt_enterdate.setValue(new Date());
      estate_cb.setSelectedIndex(0);remark_ta.setText("");}});
   jComboBox.addItemListener(new ItemListener() {       //组合框,选项事件
     public void itemStateChanged(ItemEvent e){
```

```java
        jComboBoxCode.setSelectedIndex(jComboBox.getSelectedIndex());}});
save_bt.addActionListener(new ActionListener(){        //为添加保存按钮添加事件
    public void actionPerformed(ActionEvent e){
     if(txt_name.getText().equals("")
        ||txt_borndate.getText().equals("")
        ||txt_InDueFormDate.getText().equals("")
        ||txt_enterdate.getText().equals("")){
    new JOptionPane().showMessageDialog(null,"除备注外,
其余数据均不能为空!");}
    else{String name=txt_name.getText();String borndate=
txt_borndate.getText();
     String department=tdepartment.getText();
     String headship= (""+headship_cb.getSelectedItem());
     String indueformdate=txt_InDueFormDate.getText();
     String schoolage= (""+schoolage_cb.getSelectedItem());
     String enterdate=txt_enterdate.getText(); String remark=
     remark_ta.getText();
     String sex= (""+sex_cb.getSelectedItem());
     String marriage= (""+marriage_cb.getSelectedItem());
     String estate= (""+estate_cb.getSelectedItem());
     String politicsVisage= (""+politicsVisage_cb.getSelectedItem());
jComboBoxCode.setSelectedIndex(jComboBox.getSelectedIndex());
     String sInsert="";
     if(Database.dbms.equals("SQL Server")){sInsert=
"insert EmployeeInformation values('"+name+"','"+sex+"',
'"+borndate+"',"+"'"+marriage+"','"+politicsVisage+"',
'"+schoolage+"','"+enterdate+"','"+indueformdate+"',
"+jComboBoxCode.getSelectedItem()+",'"+headship+"',
'"+estate+"','"+remark+"')";}
     if(Database.dbms.equals("Oracle")){
sInsert="insert into EmployeeInformation values(SEI.nextval,
'"+name+"','"+sex+"',to_date('"+borndate+"','YYYY-MM-DD'),
"+"'"+marriage+"','"+politicsVisage+"','"+schoolage+"',
to_date('"+enterdate+"','YYYY-MM-DD'),to_date('"+indueformdate+"',
'YYYY-MM-DD'),"+jComboBoxCode.getSelectedItem()+",'"+headship+"',
'"+estate+"','"+remark+"')";}
     if(Database.dbms.equals("MySQL")){
sInsert="insert into EmployeeInformation values(null,'"+name+"',
'"+sex+"','"+borndate+"',"+"'"+marriage+"','"+politicsVisage+"',
'"+schoolage+"','"+enterdate+"','"+indueformdate+"',
"+jComboBoxCode.getSelectedItem()+",'"+headship+"','"+estate+"',
'"+remark+"')";}
     if(Database.dbms.equals("PostgreSQL")){
sInsert="insert into EmployeeInformation values(nextval
```

```
        ('EmployeeInformation_E_Number_seq'),'"+name+"','"+sex+"',
        '"+borndate+"','"+'"+marriage+"','"+politicsVisage+"',
        '"+schoolage+"','"+enterdate+"','"+indueformdate+"',
        "+jComboBoxCode.getSelectedItem()+",'"+headship+"','"+estate+"',
        '"+remark+"')";}
   try{if(Database.executeUpdate(sInsert)!=0)
   {txt_number.setEditable(true); save_bt.setEnabled(false);
   new JOptionPane().showMessageDialog(null,"添加数据成功!");
        String sql="select
        E_Number,E_Name,E_Sex,E_BornDate,D_Number,E_Marriage,E_Headship,
        E_InDueFormDate,E_PoliticsVisage,E_SchoolAge,E_EnterDate,E_Estate,
        E_Remark from EmployeeInformation";
        rs=Database.executeQuery(sql);rs.last();txt_number.setText(""+
        rs.getInt("E_Number"));}
   }catch(Exception einsert){System.out.println(einsert);}
        save_bt.setEnabled(false);}}});
         amend_bt.addActionListener(new ActionListener(){   //为修改按钮添加事件
   public void actionPerformed(ActionEvent e){//详细代码略}});
         delet_bt.addActionListener(new ActionListener(){    //为删除按钮添加事件
   public void actionPerformed(ActionEvent e){//详细代码略}});
        …… //其他事件略
   Dimension screenSize=Toolkit.getDefaultToolkit().getScreenSize();
   setBounds((screenSize.width-658)/2,(screenSize.height-607)/2, 558, 455);
   this.setClosable(true); this.setMaximizable(true); setVisible(true);}
        private JButton save_bt; …… //其他界面元素定义略
}
```

运行界面如图 14-7 所示。

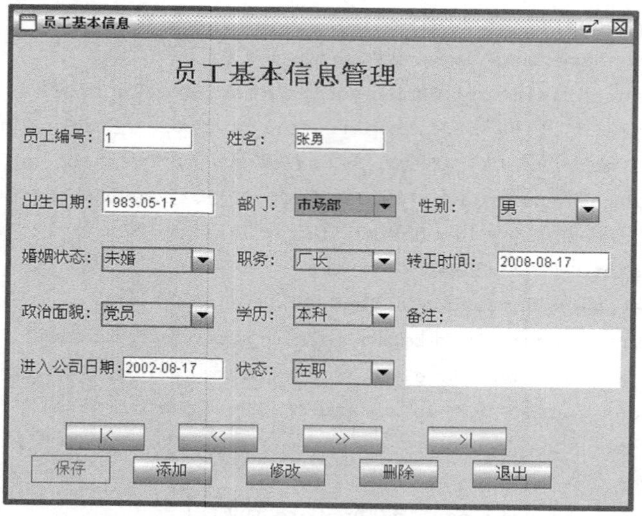

图 14-7 员工基本信息管理操作界面

（3）查询与统计类模块界面

部门查询类代码略，运行界面如图14-8所示。

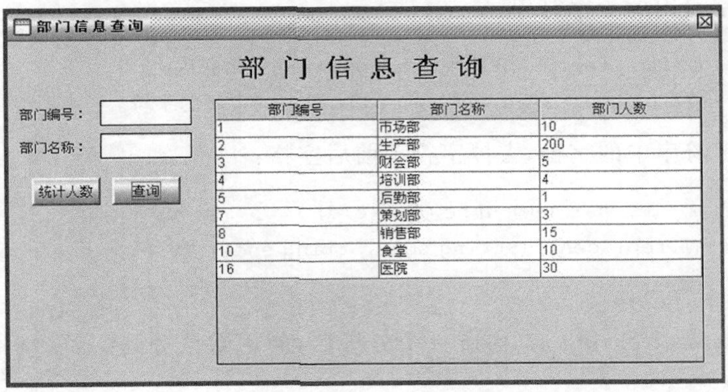

图14-8　员工基本信息管理操作界面

3）Java常用方法

（1）获取字符串的长度：

`s.length()`

（2）比较两个字符串：

`s1.equals(String s)`
`int s1.compareTo(String anotherString)`

（3）把字符串转化为相应的数值：

`int 型：Integer.parseInt(字符串)`
`Integer.valueOf(my_str).intValue()`
`long 型：Long.parseLong(字符串)`
`float 型：Folat.valueOf(字符串).floatValue()`
`double 型：Double.valueOf(字符串).doubleValue()`

（4）将数值转化为字符串：

`String.valueOf(数值)`
`Integer.toString(i)`

（5）将字符串转化为日期：

`java.sql.Date.valueOf(dateStr)`

（6）将日期转化为字符串：

`java.sql.Date.toString()`

（7）字符串检索：

`s1.indexOf(Srting s)` 从头开始检索；

s1.indexOf(String s, int startpoint) 从 startpoint 处开始检索,如果没有检索到,将返回-1。

(8) 得到字符串的子字符串:

s1.substring(int startpoint) 从 startpoint 处开始获取;
s1.substring(int start, int end) 从 start 到 end 中间的字符。

(9) 替换字符串中的字符,去掉字符串前后空格:

replace(char old, char new) 用 new 替换 old;
s1.trim(); s1.replaceAll(String sold, String snew)

(10) 分析字符串:

StringTokenizer(String s) 构造一个分析器,使用默认分隔字符(空格,换行,回车,Tab 和进纸符);
StringTokenizer(String s, String delim) delim 是自定义的分隔符。

(11) 文本框:

TextField(String s) 构造文本框,显示 s;
setText(String s) 设置文本为 s;
getText() 获取文本;
setEchoChar(char c) 设置显示字符为 c;
setEditable(boolean) 设置文本框是否可以被修改;
addActionListener() 添加监视器;
removeActionListener() 移去监视器。

(12) 按钮:

Button() 构造按钮;
Button(String s) 构造按钮,标签是 s;
setLabel(String s) 设置按钮标签是 s;
getLabel() 获取按钮标签;
addActionListener() 添加监视器;
removeActionListener() 移去监视器。

(13) 标签:

Label() 构造标签;
Label(String s) 构造标签,显示 s;
Label(String s, int x) x 是对齐方式,取值为 Label.LEFT、Label.RIGHT 和 Label.CENTER;
setText(String s) 设置文本 s;
getText() 获取文本;
setBackground(Color c) 设置标签背景颜色;
setForeground(Color c) 设置字体颜色。

(14) 类型及其转换：Java 基本类型有以下 4 种：

int 长度数据类型：byte(8b)、short(16b)、int(32b)、long(64b)；

float 长度数据类型：单精度(32b float)、双精度(64b double)；

boolean 类型变量：取值为 ture 和 false；

char 数据类型：unicode 字符，16 位。

对应的类类型为 Integer、Float、Boolean、Character、Double、Short、Byte、Long。从低精度向高精度转换依次为 byte、short、int、long、float、double、char。类型转换举例如下。

① int i=Integer.valueOf("123").intValue()

将一个字符串转化成一个 Integer 对象，然后再调用这个对象的 intValue()方法返回其对应的 int 数值。

② float f=Float.valueOf("123").floatValue()

将一个字符串转化成一个 Float 对象，然后再调用这个对象的 floatValue()方法返回其对应的 float 数值。

③ double d=Double.valueOf("123").doubleValue()

将一个字符串转化成一个 Double 对象，然后再调用这个对象的 doubleValue()方法返回其对应的 double 数值。

④ int i=Integer.parseInt("123") 此方法只能适用于字符串转化成整型变量。

⑤ float f=Float.valueOf("123").floatValue()

将一个字符串转化成一个 Float 对象，然后再调用这个对象的 floatValue()方法返回其对应的 float 数值。

⑥ long l=Long.valueOf("123").longValue()

将一个字符串转化成一个 Long 对象，然后再调用这个对象的 longValue()方法返回其对应的 long 数值。

(15) 获取记录集记录字段的值：

```
i=rs.getInt(编号字段);
s1=rs.getString(名称字段);
```

6. 测试运行和维护

1) 系统运行与维护

经测试，系统功能运行良好。虽然在不同操作系统中系统运行方式有所不同，但系统在多种操作系统下都能正常运行，可见本系统的兼容性是不错的。这里说明本系统在两个操作系统平台下的运行方式：

(1) Windows XP：直接双击 qxz.jar 文件包(下文将说明其如何制作)即可运行，前提是先附加数据库，而且建立数据源(若直接使用 JDBC 驱动则不必建数据源)。

(2) Windows 2000：不能直接运行 jar 文件。在附加数据库并建立数据源之后，打开 MS-DOS 命令窗体，改变当前目录到 qxz.jar 文件所在的目录，运行如下命令即可：

```
java -jar qxz.jar
```

维护阶段最主要的是保存好最新的数据库文件,可以定期周期性地做好系统的备份。

系统编码完成后,要经过反复调试、测试与试用运行后,才能正式交付企业使用。

2) 系统的相关文件及制作 jar 文件包

下面说明本系统的相关文件及制作 jar 文件包。

(1) 本系统的文件组成

本系统在 Eclipse SDK Ver 3.3.2 集成环境下编辑、调试与运行。通过新建项目来组织系统文件,如图 14-9 所示。左边子窗体呈现了项目 yuangong2 及其所包含的系统组成部分:

① image 目录存放系统使用的图形图像文件;
② qxz 目录存放系统所有 Java 源程序及其编译产生的 class 目标文件;
③ JRE System Library[jdk1.5.0_15]引用的系统库文件;
④ Referenced Libraries 引用的其他库文件;
⑤ sqlserver20002005jdbc 存放连接 SQL Server 2000/2005 的 JDBC 库文件目录;
⑥ oraclejdbc 存放连接 Oracle 数据库的 JDBC 库文件目录;
⑦ mysql-connector 存放连接 MySQL 的 JDBC 库文件目录;
⑧ postgresql-jdbc 存放连接 PostgreSQL 的 JDBC 库文件目录;
⑨ Config.ini 系统配置文件;
⑩ 其他相关系统文件。

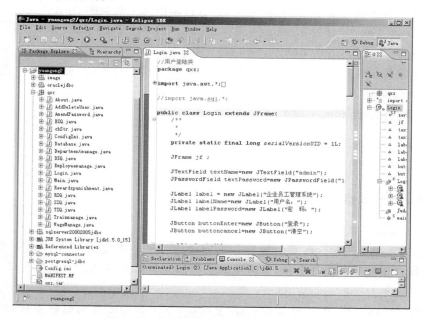

图 14-9　本系统的 Eclipse 集成开发环境

(2) 制作本系统的 jar 文件包

制作可执行的 jar 文件包要利用 jar 命令。jar 命令文件一般位于 Java jdk 安装目录的 bin 子目录中，如 C:\jdk1.5.0_15\bin。在 DOS 窗口中运行不带参数的 jar 命令能得到该命令的参数说明（注意：运行前应通过 set path 命令设置路径，如 set path= C:\jdk1.5.0_15\bin），这里不再展开，只对制作本系统的 jar 文件包举例加以说明。

以下命令把系统所有相关文件压缩制作到 qxz.jar 文件包中：

```
jar-cvfm qxz.jar MANIFEST.MF qxz\*.* image\*.* Config.ini
sqlserver20002005jdbc\msbase.jar sqlserver20002005jdbc\mssqlserver.jar
sqlserver20002005jdbc\msutil.jar sqlserver20002005jdbc\sqljdbc.jar
mysql-connector\mysql-connector-java-5.0.8-bin.jar oraclejdbc\classes12.jar
postgresql-jdbc\postgresql-8.2-506.jdbc3.jar
```

以下命令只把所有系统程序的 class 字节码文件压缩制作到 qxz.jar 文件包中：

```
jar -cvfm qxz.jar MANIFEST.MF qxz\*.class
```

以上两命令中使用到清单文件 MANIFEST.MF（为文本文件），其内容如下：

```
Manifest-Version: 1.0
Created-By: 1.5.0_15 (Sun Microsystems Inc.)
Class-Path: sqlserver2000&2005jdbc\msbase.jar sqlserver20002005jdbc\mssqlserver.jar
sqlserver20002005jdbc\msutil.jar sqlserver20002005jdbc\sqljdbc.jar mysql-
connector\mysql-connector-java-5.0.8-bin.jar
oraclejdbc\classes12.jar postgresql-jdbc\postgresql-8.2-506.jdbc3.jar
Main-Class: qxz.Login
```

该文件中的以上内容主要指定了引用到的 JDBC 类库及系统的主类为 qxz.Login（即 qxz 目录中 Login.class 中的 Login 类）。

说明：以上两种情况，运行时 qxz.jar 所在的目录中都需要有 image 目录及其文件、sqlserver2000&2005jdbc 目录及其文件，sqlserver2000&2005jdbc 目录及其文件，sql-server2000&2005jdbc 目录及其文件，及 Config.ini 系统配置文件。

以下命令把所有系统程序的 class 字节码文件及 com 子目录下的所有类文件（是把 SQL Server 数据库的 JDBC 类库释放后得到的，即 JDBC 类文件）压缩制作到 qxz.jar 文件包中：

```
jar-cvfm qxz.jar MANIFEST2.MF qxz\*.class com\*.*
```

其中命令中的清单文件 MANIFEST2.MF（为文本文件）的内容为：

```
Manifest-Version: 1.0
Created-By: 1.5.0_15 (Sun Microsystems Inc.)
Main-Class: qxz.Login
```

这样运行 qxz.jar 时，其所在的目录中不再需要 sqlserver20002005jdbc 目录及其类库文件了。

说明：其他 JDBC 类库也可以释放成文件夹及文件后，直接压缩到系统文件包中，这样运行时就不再需要相应目录及其类库文件了。

例 14.2 企业库存管理及 Web 网上订购系统

企业库存管理子系统往往是企业众多管理子系统中企业物资供应管理子系统或企业产品销售管理子系统的核心模块。有的企业在管理系统规划设计时,根据企业管理的现状或重点对仓库进行管理的需要,专门设置仓库管理子系统,实际上核心管理内容主要是对出入仓库的各类物品的管理,或者说是对仓库中物品库存的有效管理。

天辰冷拉型钢有限公司是无锡的小型钢铁加工企业,本案例介绍的企业库存管理系统的原型就来自该企业,该企业以钢铁产品的物理加工如拉伸、压制、锻造等为主,为此,企业的加工原料与生产产品的描述属性相似。企业在原料(即坯料)采购与产品销售中原根据手工制作的 Excel 表格来管理库存数据,现在希望开发库存管理子系统能对原料与产品的库存利用计算机自动管理,原料采购与产品销售中能实时获取库存信息,以利于更有效地开展企业活动。

Web 网上订购系统是企业为适应不断发展的 Internet 电子商务活动的需要,通过 Web 网页方式更好地宣传企业,扩大影响力,且能方便快捷地开展网上产品销售活动。

企业库存管理与 Web 网上订购系统对整个企业管理信息系统来说是较小范围的局部系统,然而,它较具典型性与实用性,把它应用于本书,用来介绍数据库应用系统的设计与开发是较适合的,因为简单小系统能让初学者更容易了解与把握系统全貌,学习与借鉴系统的分析、设计与实现,更能说明问题,章节的篇幅也较小。

1. 开发环境与开发工具

该公司内部已有局域网,网络中有若干配置较高的台式机可以用作服务器,服务器上安装 Oracle 或 SQL Server,其中有一台服务器能以 ADSL 方式宽带上网并安装有 IIS Web 服务器。服务器或各部门的客户机都安装了各种类型的 Windows 操作系统,一般还安装了如 Word、Excel 等 OFFICE 软件。

为此,开发设计的库存管理子系统首先是基于局域网的客户机/服务器系统(C/S 模式),支持企业信息集中存放在 Oracle 等数据库中,承担数据服务器功能;使用系统的客户机上安装有将开发设计出的库存管理子系统,多客户机同时共享使用服务器中的库存系统数据。随着 Internet 上企业商务活动的广泛开展,本 C/S 模式的库存管理子系统可以容易地扩展成支持 B/S 模式的 Internet 上的商务系统,因为未来的企业管理系统往往是 C/S、B/S、基于 Web 服务等模式共存的系统,如图 14-10 所示。

本子系统可以使用 Visual C# 2005 与 ASP.NET 2005 或 Visual Basic 6.0 与 ASP 等开发工具开发,系统能在企业内部局域网上共享使用,库存查询与网上订购功能的网页发布到 Web 服务器上能支持在 Internet 上使用 Web 网上订购系统。

2. 系统需求分析

经过调查,对企业库存管理和 Web 网上订购的业务流程进行分析。库存的变化通常是通过入库、出库操作来进行。系统对每个入库操作均要求用户填写入库单,对每个出库操作均要求用户填写出库单,网上订购则更直接,通过订购系统在网上直接下单。

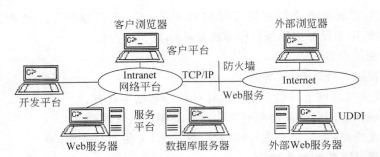

图 14-10 C/S、B/S、基于 Web 服务等模式共存的系统示意图

在完成出入库操作的同时,可以进行增加、删除和修改数据记录等操作。用户可以随时进行各种查询、统计、报表打印和账目核对等工作。另外,需要时也可以用图表等形式来反映查询结果。

在使用本系统之前,企业通过手工维护 Excel 表格来管理原料与产品库存的数据。但是在使用中遇到很多问题,例如:

(1) 采用文件级共享,共享性差,安全性低;

(2) 实时性差,Excel 表中的内容只有及时保存后,其他电脑才能读到,另外,不能允许两个以上的人同时更新库存文件;

(3) 查询、统计等操作不方便;

(4) 根本不能实现 Web 网上订购功能;等等。

在充分了解原来的 Excel 工作模式,多次深入询问调研后,基本了解了企业在库存管理及网上订购系统方面对数据与处理的需求。

本系统主要要处理的数据有:产品与坯料的入、出库信息;产品与坯料的实时库存信息;产品与坯料月明细库存信息(如包括每产品每天的入、出库信息);产品与坯料月区段统计表(包括累计月初值、月入库、月出库、月末库存值等情况);产品与坯料月末累计统计表(包括累计入库、累计出库、月末库存值等情况);模具库存信息。网上订购需要有:用户一次订购信息,包括订购明细信息;月份的设定信息(如某月从某日到某日的信息等);其他还包括从安全性与权限控制考虑的各级别用户信息等。总体上而言,输入入、出库信息后,能得到库存、各种统计、汇总和分类信息等,Web 用户能查阅库存信息,决定网上订购量等。

基于以上系统涉及的处理数据,C/S 模式实现的库存管理系统具体涉及以下功能:

① 能方便、及时、多用户地录入产品、坯料和模具等入出库单数据;

② 能方便查阅、核对入出库单数据,并能方便维护产品、坯料和模具等入出库单原始数据;

③ 能以组合方式快速查阅产品、坯料和模具等入出库单原始数据;

④ 能按一键完成对库存、按月或分日对产品和坯料的统计;

⑤ 能自动产生产品或坯料的实时库存;

⑥ 能以树型结构或表格方式方便地查阅各类各种产品或坯料的实时库存;

⑦ 能由分类统计值反查其明细清单;

⑧ 能把主要表或查询信息按需导出到 Excel 中，支持原有手工处理要求，导出到 Excel 的数据能用于保存或排版打印等需要；

⑨ 分级别用户管理；

⑩ 月份设定与统计管理，等等。

B/S 模式实现的网上订购系统的具体处理与数据主要有：

① 能实现网上用户的注册与登录和对登录用户的管理；

② 能方便查阅（如分页查询）产品及库存信息，方便产品选购；

③ 能实现基本的购物车功能；

④ 能完成订购，实现网上支付过程，并自动产生订购明细数据，产生产品 Web 销售对应的出库记录，自动更改产品库存；

⑤ 事后能查阅自己的历史订单及明细数据；

⑥ 具有商务网站的基本功能，如网站公告、系统简介、自己的用户信息维护、找回密码、联系我们、友情链接等。

C/S 与 B/S 两类系统共用同一个数据库，数据间紧密依赖、密切关联与联动，数据库则集中存放在企业服务器上的 Oracle 或 SQL Server 数据库管理系统中。

1) 系统数据流图

在仔细分析调查有关信息需要的基础上，能得到库存管理的产品库存管理系统的基本模型图，如图 14-11 所示。产品库存管理系统的功能级（1 级）数据流图如图 14-12 所示（坯料或原料库存系统的功能级数据流图略，请读者参照完成）。对图 14-12 中的"处理事务"分解后的 2 级数据流图如图 14-13 所示。

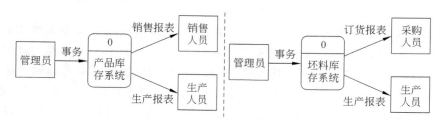

图 14-11 坯料与产品库存系统的基本系统模型

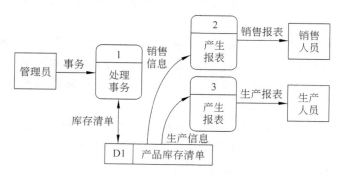

图 14-12 产品库存系统的功能级数据流图

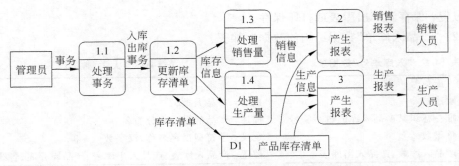

图 14-13　产品库存系统中"处理事务"分解后的数据流图

Web 网上订购系统的基本模型图如图 14-14 所示,系统的功能级(1 级)数据流图如图 14-15 所示。对图 14-15 中的"网上订购"分解后的 2 级数据流图如图 14-16 所示。

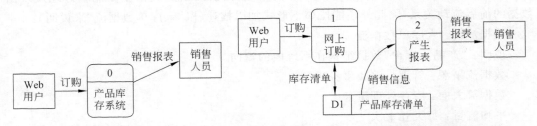

图 14-14　Web 网上订购系统的基本系统模型

图 14-15　Web 网上订购系统的功能级数据流图

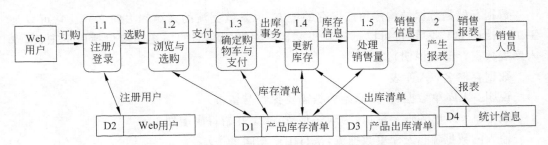

图 14-16　Web 网上订购系统中"网上订购"分解后的数据流图

2) 系统数据字典

数据流图表达了数据和处理的关系,数据字典则是系统中各类数据描述的集合,是进行详细的数据收集和数据分析所获得的主要成果。数据字典通常包括数据项、数据结构、数据流、数据存储和处理过程 5 个部分。下面以数据字典卡片的形式来举例说明。

(1) "产品入库单"数据结构如下:

名字:产品入库单

别名:产品生产量

描述:每天生产或加工车间以入库单形式来记录其产量,并登记入库。

定义:产品入库单＝入库单号＋大类＋规格＋材质＋单位＋生产车间＋成本＋日期＋入库值＋经办人

位置：保存到入出库表或打印保存。

(2)"产品入库单"数据结构的数据项如下：

表 14-1 "入库单号"数据项

名字：入库单号
别名：顺序号
描述：唯一标识某产品入库的数字编号
定义：整型数
位置：产品入库表、产品入出库表

表 14-2 "大类"数据项

名字：大类
别名：产品大类名
描述：产品的第一大分类名
定义：字符型汉字名称,汉字数≤3
位置：产品入库表、产品入出库表、产品库存表、各统计表

其他数据项的定义略。

(3) 数据流

数据流是数据结构在系统内传输的路径。前面已画出的数据流图能较好地反映出数据的前后流动关系,除此外还能按如下形式加以描述(以"入库单数据流"来说明)：

数据流名：入库单数据流

说明："产品入库单"数据结构在系统内的流向

数据流来源：管理员接收事务

数据流去向：库存处理事务

平均流量：每天几十次

高峰期流量：每天上百次

(4) 数据存储

数据存储是数据结构停留或保存的地方,也是数据流的来源和去向之一。它可以是手工文档或手工凭单,也可以是计算机文档。对数据存储的描述通常包括以下项目(以入库表数据存储来说明)：

数据存储名：入库表

说明：入库单数据,作为原始数据需要保存与备查

编号：入库单的唯一标识,为顺序整数,从 1 开始每次增加 1

输入的数据流：入库单数据流,来自生产车间

输出的数据流：出库单数据流,用于销售部门销售

数据结构："产品入库单"、"产品出库单"、"产品库存"

数据量：一天,100 * 100＝10000B

存取频度：每小时存取更新 10～20 次,查询＞＝100 次

存取方式：联机处理、检索与更新,顺序检索与随机检索

(5) 处理过程

处理过程的具体处理逻辑一般用判定表或判定树来描述。数据字典中只需要描述处理过程的说明性信息。如"实时产品库存计算"的处理过程说明如下：

处理过程名：实时产品库存计算

说明：随着入库单、出库单的不断输入,要能实时计算出当前各产品的库存

输入：入库单数据流,来自生产车间;出库单数据流,来自销售部门销售

输出：计算出各产品当前库存

处理：在发生入库或出库信息时实时计算产品库存

处理频度：每小时 20～40 次，每当有入库单数据流或出库单数据流发生都要引发库存计算事务

计算库存涉及的数据量：每小时 4KB～10KB

以上通过几个例子说明了数据字典的基本表示方法，只是起到引导的作用。完整、详尽的系统数据字典是在需求分析阶段充分调研、分析和讨论的基础上建立的，并将在数据库设计过程中不断地修改、充实和完善，它是数据库应用系统良好设计与实现的基础与保障。

3) 本系统需要管理的实体信息

本系统需要管理的实体信息如下：

（1）Web 订单：顺序号、订单号、订单日期、订购总额、支付方式、确认标志、地址、Email 地址、备注等；

（2）Web 用户表：用户编号、用户名、口令、Email 地址、地区、地址、邮编、QQ 号、电话、用户级别等；

（3）产品年月设置：年月、起始日期、终止日期、创建标志、生成次数、已结转、已删除等；

（4）产品入库单：顺序号、大类、规格、材质、单位、生产车间、成本、日期、入库值、经办人、处理标记等；

（5）产品出库单：顺序号、大类、规格、材质、单位、发货去向、单价、日期、出库值、经办人、处理标记等；

（6）产品实时库存：大类、规格、材质、产品入库、产品出库、产品库存、图片、图片文件、单价、折扣率、产品说明、顺序号等；

（7）坯料年月设置：年月、起始日期、终止日期、创建标志、生成次数、已结转、已删除等；

（8）坯料入库单：顺序号、材质、钢号、规格、单位、钢产地、单价、日期、入库值、经办人、处理标记等；

（9）坯料出库单：顺序号、材质、钢号、规格、单位、领用车间、单价、日期、出库值、经办人、处理标记等；

（10）坯料实时库存：材质、钢号、规格、入库量、出库量、库存量、图片等；

（11）模具库存：顺序号、分类、厚度、乘、宽度、库存数量、备注等；

（12）系统用户：用户编号、用户姓名、口令、等级等。

4) 本系统要管理的实体联系信息

本系统要管理的实体联系信息如下：

（1）Web 订单与产品库存间的"Web 订单明细"联系：订单号、产品编号、订购量等；

（2）"月累计库存"联系：年月、大类、规格、产量、销量、产品库存等；

（3）"产品月区段库存"联系：年月、大类、规格、期初值、产量、销量、期末值等；

（4）"月产品明细库存"（不同月份属性个数也不同）联系：年月、大类、规格、材质、单

位、发货去向、期初值、期末值、1号、2号、…、31号等；

（5）"坯料累计库存"联系：年月、规格、钢产地、入库量、出库量、库存量等；

（6）"坯料月区段库存"联系：年月、规格、钢产地、期初值、入库、出库、期末值等；

（7）"坯料月区段库存2"联系：年月、规格、钢产地、期初值、入库、出库、期末值等；

（8）"月坯料明细库存"（不同年月属性个数也不同）联系：年月、材质、钢号、规格、单位、钢产地、期初值、期末值、1号、2号、…、31号等。

3. 功能需求分析

在数据库服务器如 Oracle 9i/10g/11g、SQL Server 2008/2005/2000 中，创建 KCGL 数据库，在数据库上建立各关系模式对应的库表信息，并确定主键、索引、参照完整性、用户自定义完整性等约束要求。

1) C/S 模式实现的库存管理系统功能需求

（1）能对各原始数据表实现输入、修改、删除、添加、查询和打印等基本操作；

（2）能方便、及时、多用户地录入产品、坯料和模具等入出库单数据；

（3）能方便查阅、核对入出库单数据，并能方便维护产品、坯料和模具等入出库单原始数据；

（4）能以组合方式快速查阅产品、坯料和模具等入出库单原始数据；

（5）能按一键完成对库存、按月或分日对产品或坯料的统计；

（6）能自动产生产品或坯料的实时库存；

（7）能以树型结构或表格方式方便地查阅各类各种产品或坯料的实时库存；

（8）能由分类统计值反查其明细清单；

（9）能把主要表或查询信息按需导出到 Excel 中，支持原有手工处理要求，导出到 Excel 的数据能用于保存或排版打印等需要；

（10）分级别用户管理；

（11）月份设定与统计管理；

（12）高级管理员的管理操作，如系统数据的备份与恢复、系统用户的维护、动态 SQL 命令操作、系统日志查阅等；

（13）系统设计成传统的 Windows 多文档多窗口操作界面，要求系统具有操作方便、简捷等特点；

（14）用户管理功能，包括用户登录、注册新用户、更改用户密码等功能；

（15）其他你认为子系统应有的查询和统计功能；

（16）要求所设计的系统界面友好，功能安排合理，操作使用方便，并能进一步考虑子系统在安全性、完整性、并发控制和备份恢复等方面的功能要求。

2) B/S 模式实现的网上订购系统功能需求

（1）能实现网上用户的注册与登录以及登录用户的管理；

（2）能方便查阅（如分页查询）产品及库存信息，方便产品选购；

（3）能实现基本的购物车功能；

（4）能完成订购，实现网上支付过程，并自动产生订购明细数据，产生产品 Web 销售

对应的出库记录,自动更改产品库存;

(5) 事后能查阅自己的历史订单及明细数据;

(6) 具有商务网站的基本功能,如网站公告、系统简介、自己的用户信息维护、找回密码、联系我们、友情链接等;

(7) 要求 Web 网页系统要运行稳定可靠,操作简单方便。

4. 系统设计

1) 数据库概念结构设计

数据库在一个信息管理系统中占有非常重要的地位,数据库结构设计的好坏将直接对应用系统的效率以及实现的效果产生影响。合理的数据库结构设计可以提高数据存储的效率,保证数据的完整和一致。同时,合理的数据库结构也将有利于程序的实现。

在充分需求分析的基础上,经过逐步抽象、概括、分析和充分研讨,可画出如下反映产品库存管理与产品网上订购的数据的整体 E-R 图(如图 14-17、图 14-18 和图 14-19 所示)。由于原料(坯料)库存管理及其网上订购的数据的 E-R 图部分类似,其余部分可以请读者自己设计出来,此处略。

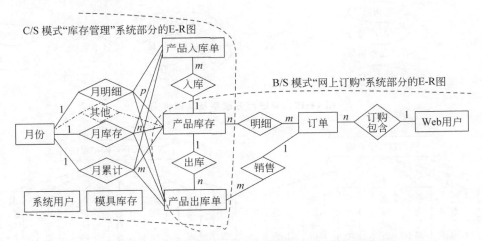

图 14-17 产品库存管理与网上订购系统的实体及其联系图

2) 系统功能模块设计

对库存管理系统各项功能进行集中和分类,按照结构化程序设计的要求,可得出系统的功能模块图,如图 14-20 所示,而 Web 网上订购系统的功能模块如图 14-21 所示。

3) 数据库逻辑及物理结构设计

(1) 数据库关系模式

按照 E-R 图转化为关系模式的方法,本系统共使用到至少如下 23 个关系模式(含 4 个辅助关系)。

Web 订单表(weborders);

Web 订单明细表(weborderdetails);

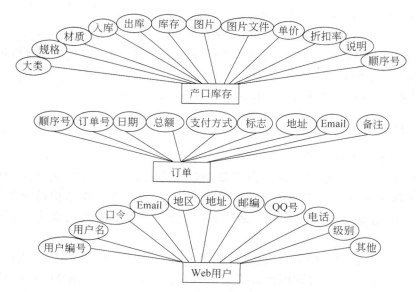

图 14-18　系统部分实体及其属性图

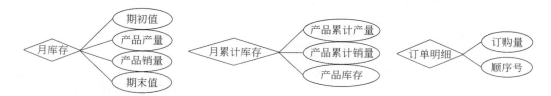

图 14-19　系统部分联系及其属性图

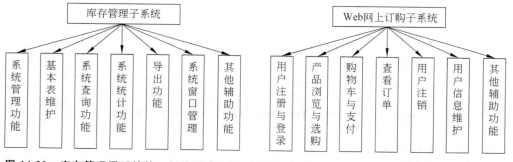

图 14-20　库存管理子系统的一级功能模块图　　图 14-21　Web 网上订购子系统的一级功能模块图

Web 用户表（webuser）；
Web 购买折扣表（webdiscount）；
Web 支付方式表（Webpaydefault）；
Web 即时信息表（webmessage）；
产品年月设置表（tccpny）；
产品入出库表（tccprck）；

产品实时库存表(tccpsskc);
月累计库存表(tccptj);
产品月区段库存表(tccpkctj);
月产品明细库存表(tccpkc200412);
坯料年月设置表(tcplny);
坯料入出库表(tcplrck);
坯料实时库存表(tcplsskc);
坯料累计库存表(tcpltj);
坯料月区段库存表(tcplkctj);
坯料月区段库存表2(tcplkctj2);
月坯料明细库存表(tcplkc200412);
模具库存表(tcmjkc);
系统用户表(users);
日志表(logs);
系统参数表(tcsyspara)。

转化与设计关系模式的说明如下。

① 对于实体"Web用户"与实体"订单"间的一对多"订购"联系,通过把"用户编号"加到"订单"实体中而合并到"订单"多方实体。

② 通用的把一对多联系合并到多方实体的联系还有:"订单"与"产品出库"间的"销售"联系、"产品库存"与"产品入库"间的"入库"联系、"产品库存"与"产品出库"间的"出库"联系、"月份"与"产品库存、产品入库或产品出库等"间的"月明细、月库存、月累计等"联系。

③ "产品入库单"与"产品出库单"两个实体的属性稍有区别,主要是入库单含生产车间与产品成本,而出库单上是发货去向与销售单价,从简单化以及使用单位处理习惯出发,把它们设计成同类属性。这样,可考虑把产品入库与产品出库合并起来形成一个关系模式,称为"产品入出库表",其中"入"与"出"主要通过"出入库值"的正负来体现,值为正是入库值,值为负是出库值。同样的情况还有"坯料入出库表"。

表名与中文属性名对应的英文名及各表主码属性参阅下面各表的 T-SQL 创建命令。

(2) 数据库及表结构的创建

设本系统使用的数据库名为 ORCL,用户名为 KCGL,根据已设计出的关系模式及各模式的完整性的要求,现在就可以在 Oracle 数据库系统中实现这些逻辑结构。下面是以产品相关为主的表及部分表的创建命令。

① Web 订单表(weborders)。其属性对应的含义为顺序号、用户编号、订单号、订单日期、订购总额、支付方式、确认标志、地址、Email 地址和备注。

```
CREATE TABLE "KCGL"."weborders" (
    ID int NOT NULL,
    userid int NOT NULL,
```

```
    orderid varchar2(20) NOT NULL,
    ordertime varchar2(20) NOT NULL,
    summoney varchar2(20) NULL,
    paymenttype varchar2(50) NULL,
    "validate" number(1,0) DEFAULT 0,
    address varchar2(50) NULL,
    email varchar2(20) NULL,
    bz varchar2(500) NULL,
    CONSTRAINT PK_weborders PRIMARY KEY(ID))
--触发器定义参见相关章节或系统数据库,此处略,下同
CREATE OR REPLACE TRIGGER tr_weborders_d AFTER DELETE ON on weborders For Each Row
……
CREATE OR REPLACE TRIGGER tr_weborders_i AFTER INSERT ON on weborders For Each Row
……
```

② Web 订单明细表(weborderdetails)。其属性对应的含义为：顺序号、订单号、产品编号和订购量。

③ Web 用户表(webuser)。其属性对应的含义为：用户编号、用户名、口令、Email 地址、地区、地址、邮编、QQ 号、电话、用户级别和其他。

④ Web 购买折扣表(webdiscount)。其属性对应的含义为：顺序号、折扣率、等级和累计金额。

⑤ Web 支付方式表(Webpaydefault)。其属性对应的含义为：顺序号、支付类型、支付信息、起用日期和联系人。

⑥ Web 即时信息表(webmessage)。其属性对应的含义为：顺序号、主题、内容、发表日期和发布人。

⑦ 产品年月设置表(tccpny)。其属性对应的含义为：年月、起始日期、终止日期、创建标志、生成次数、已结转和已删除。

```
CREATE TABLE "KCGL"."TCCPNY" (
    "NY" CHAR(6 BYTE) NOT NULL ENABLE,
    "QSRQ" DATE DEFAULT sysdate NOT NULL ENABLE,
    "ZZRQ" DATE DEFAULT sysdate NOT NULL ENABLE,
    "CJBZ" CHAR(2 BYTE) DEFAULT '否',
    "SCCS" NUMBER(10,0) DEFAULT 0,
    "WC" CHAR(2 BYTE) DEFAULT '否',
    "QC" CHAR(2 BYTE) DEFAULT '否',
    CONSTRAINT "TCCPNY_PK" PRIMARY KEY ("NY"))
```

⑧ 产品入出库表(tccprck)。其属性对应的含义为：顺序号、大类、规格、材质、单位、发货去向、单价、日期、出入库值、经办人和处理标记。

```
CREATE TABLE "KCGL"."TCCPRCK" (
    "ID" NUMBER(10,0) NOT NULL ENABLE,
    "DL" VARCHAR2(6 BYTE) DEFAULT '圆钢'
```

```
            NOT NULL ENABLE,
        "GG" VARCHAR2(30 BYTE) NOT NULL ENABLE,
        "CZ1" VARCHAR2(10 BYTE) NOT NULL ENABLE,
        "DW" VARCHAR2(4 BYTE),
        "FHQX" VARCHAR2(50 BYTE),
        "DJ" NUMBER(18,3),
        "RQ" DATE DEFAULT sysdate,
        "CRKZ" NUMBER(18,3),
        "JBR" VARCHAR2(8 BYTE),
        "CLBJ" CHAR(1 BYTE),
        CONSTRAINT "TCCPRCK_PK" PRIMARY KEY ("ID"))
CREATE OR REPLACE TRIGGER tr_tccprck_d AFTER DELETE ON on tccprck For Each Row …;
CREATE OR REPLACE TRIGGER tr_tccprck_i_instead_of before insert on tccprck For
Each Row …;
CREATE OR REPLACE TRIGGER tr_tccprck_i AFTER insert on tccprck For Each Row …;
CREATE OR REPLACE TRIGGER tr_tccprck_u AFTER update ON on tccprck For Each Row …
```

⑨ 产品实时库存表(tccpsskc)。其属性对应的含义为：大类、规格、材质、产品入库、产品出库、产品库存、图片、图片文件、单价、折扣率、产品说明和顺序号。

```
CREATE TABLE "KCGL"."TCCPSSKC" (
        "DL"   VARCHAR2(6 BYTE) NOT NULL ENABLE, "GG" VARCHAR2(30 BYTE) NOT NULL ENABLE,
        "CZ1" VARCHAR2(10 BYTE) NOT NULL ENABLE,
        "CPRK" NUMBER(38,3),
        "CPCK" NUMBER(38,3),
        "CPKC" NUMBER(38,3),
        "TP" BLOB,
        "TPWJ" NVARCHAR2(200),
        "DJ" NUMBER(19,4),
        "ZKL" NUMBER(18,2),
        "SM" NVARCHAR2(200),
        "ID" NUMBER(10,0),
        CONSTRAINT "TCCPSSKC_PK" PRIMARY KEY ("DL", "GG", "CZ1"))
```

⑩ 月累计库存表(tccptj)。其属性对应的含义为：年月、大类、规格、产量、销量和产品库存。

⑪ 产品月区段库存表(tccpkctj)。其属性对应的含义为：年月、大类、规格、期初值、产量、销量和期末值。

⑫ 月产品明细库存表(tccpkc200412)(不同年月表名不同,表属性个数也不同)。其属性对应含义为：年月、大类、规格、材质、单位、发货去向、期初值、期末值、1 号、2 号、…、31 号。

⑬ 模具库存表(tcmjkc)。

⑭ 系统用户表(users)(C/S 模式系统用户表)。其属性对应的含义为：用户编号、用户姓名、口令和等级。

⑮ 日志表(logs)。其属性对应的含义为：顺序号、用户编号、操作类型、操作内容和操作日期时间。

⑯ 系统参数表(tcsyspara)。其属性对应的含义为：显示所有、显示近若干天、库存表保存天数、库存最少生产次数、自动记录日志标记、在线人数、备注、备用1、备用2、备用3、备用4和备用5。

⑰ 联系表所需的参照完整性设定语句如下：

ALTER TABLE tccptj ADD CONSTRAINT FK_tccptj_tccpny FOREIGN KEY(ny) REFERENCES tccpny (ny)
ALTER TABLE tccpkc200412 ADD CONSTRAINT FK_tccpkc200412_tccpny FOREIGN KEY(ny) REFERENCES tccpny(ny)
ALTER TABLE tccpkctj ADD CONSTRAINT FK_tccpkctj_tccpny FOREIGN KEY(ny) REFERENCES tccpny(ny)
ALTER TABLE tccprck ADD CONSTRAINT FK_tccprck_tccpsskc FOREIGN KEY("DL","GG","CZ1") REFERENCES tccpsskc("DL","GG","CZ1")……(其他略)

(3) 数据库表关系图

创建至少23张用户表后，表间能形成如图14-22所示的关系图。

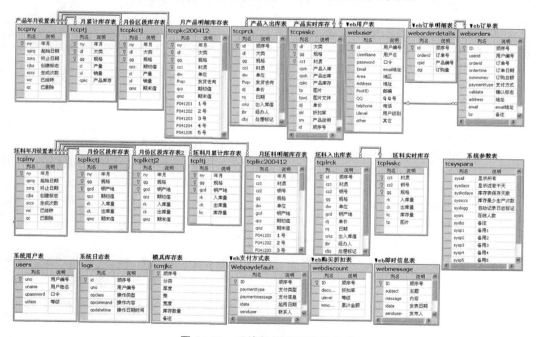

图 14-22　系统数据库库表关系图

(4) 基于数据库表的视图与索引

① 视图：基于该数据库的库表关系(图14-22)，可定义出各种常用的用户视图。如：

Grant create any view to kcgl;　　　　　　　　　　　　　/*先授权*/
Create view webuser_order as

```
SELECT u.id AS 序号,u.UserName AS 用户名,u.Email AS 邮箱,o.orderid AS 订单号,
o.ordertime AS 订单日期,o.summoney AS 订购总额
   FROM  webuser u ,weborders o where u.id=o.userid;          /*用户订单表*/
Create view weborders_details_product as                      /*订单产品明细表*/
SELECT o.orderid AS 订单号,o.ordertime AS 订单日期,o.summoney AS 订购总额,
p.dl AS 大类,p.gg AS 规格,p.cz1 AS 材质,d.dgl AS 订购量 FROM weborders o,
weborderdetails d,tccpsskc p where o.orderid=d.orderid and d.cpid=p.id;
Create view webuser_orderdetails as                           /*订单信息视图*/
Select wo.id,wo.userName,wo.orderid,tc.dl,tc.gg,tc.cz1,wo.dgl
From weborderdetails wo,tccpsskc tc where wo.cpid=tc.id and wo.clbj='1';
```

按需可以定义出不同视图,这里不再一一列出。

② 索引:从系统运行性能考虑,可以对系统数据库中记录数多、查询与统计等操作频繁的表(如成品入出库表 tccprck、坯料入出库表 tcplrck 等)创建适量索引。例如,在成品入出库表 tccprck 的 dl、gg 和 cz1 三个属性上创建非聚集非唯一索引:

```
CREATE INDEX IX_tccprck_dl_gg_cz ON tccprck(dl ASC,gg ASC,cz1 ASC)
```

在坯料入出库表 tccprck 的 cz1、cz2 和 gg 三个属性上创建非聚集非唯一索引:

```
CREATE INDEX IX_tcplrck_cz12gg ON tcplrck(cz1 ASC,cz2 ASC,gg ASC)
```

注意:表索引对性能的影响及是否采用表索引,是需要通过实际系统的运行来比较而判定的。

5. 数据库初始数据的加载

数据库创建后,要为下一阶段窗体模块和 Web 网页模块的设计与调试作好数据准备,需要整体加载数据。加载数据可以手工一条一条地在界面中录入,也可设计对各表的数据记录的 Insert 命令集,这样执行插入命令集后表数据就有了(一旦要重建数据则非常方便)。在准备数据过程中一般要注意以下几点。

(1) 尽可能使用真实数据,这样在录入数据中,能发现一些结构设计中可能的不足之处,并能及早更正;

(2) 由于表内或表之间已设置了系统所要的完整性约束规则,如外码、主码等,因此,加载数据时可能有时序问题,如在生成"产品月统计表"前,一定要先在"产品年月设置表"中录入该月的数据记录,因为"产品月统计表"中的年月属性值要参照"产品年月设置表"中的年月属性值;

(3) 加载数据应尽可能全面些,能反映各种表数据与表间数据的关系,这样便于模块设计时,程序的充分调试。

一般全部加载后,对数据库要及时做备份,因为测试中会频繁更改或无意损坏数据,而建立起完整的测试数据库数据是很费时的。

6. 库存管理系统的设计与实现

库存管理系统(C/S)使用 Visual C# 2008 语言在 Visual Studio 2008 开发平台中设计

实现。系统采用多项目共同组成系统解决方案来实现,其中除一个是输出类型为 Windows 应用程序的主启动项目外,其他都是输出类型为类型(dll 动态连接库型)的辅助项目。

创建系统解决方案及项目的过程如下。

(1) 在 Visual Studio 2008 中选择文件→新建→项目→其他项目类型→Visual Studio 解决方案,解决方案名称取为 KCGL,解决方案存放位置可按需浏览确定某文件夹。

(2) 在解决方案中添加主启动项目 KCGLWinForm,方法是选择文件→添加→新建项目,出现"添加新建项目"对话框,其中项目类型选"Visual C♯→Windows→Windows 应用程序",项目名称为 KCGLWinForm,位置为 KCGL 解决方案所在目录下的子目录,如 KCGL。

(3) 按需逐个添加其他辅助类型项目,方法类似于添加主启动项目 KCGLWinForm,不同处为项目类型为"Visual C♯→类型",项目名与项目位置不同。

本系统组织成多辅助类型项目构成,主要有公用类型项目 KCGLCommon、公共变量类 KCGLStatic、功能窗体接口类 KCGLInterFace、功能窗体方法实现类 KCGLMethod 等。这样的组织使得系统具有更好的维护性,更清晰的层次性。系统解决方案及其组成项目如图 14-23 所示。

1) 库存管理系统的主窗体设计

本系统主窗体还采用多文档界面窗体,其他功能界面设计成子窗体,为此文档界面主窗体 MainF 上可加入主菜单、工具栏与状态栏等。运行后,登录窗体如图 14-24 所示,顺利登录系统后,系统主窗体如图 14-25 所示。

图 14-23 系统解决方案及其组成项目

图 14-24 系统登录窗体

在主窗体上,功能菜单体现了系统的主要功能模块,如图 14-26 所示。

2) 创建公用模块

(1) 在系统中可以用公用类(在类型项目 KCGLStatic 中)来存放整个工程项目公共的全局变量等,这样便于管理与使用这些公共变量。具体如下:

```
using System;
using System.Collections.Generic;
using System.Text;
namespace KCGLStatic
{   public class StaticMember                    ///定义一组公共静态变量
```

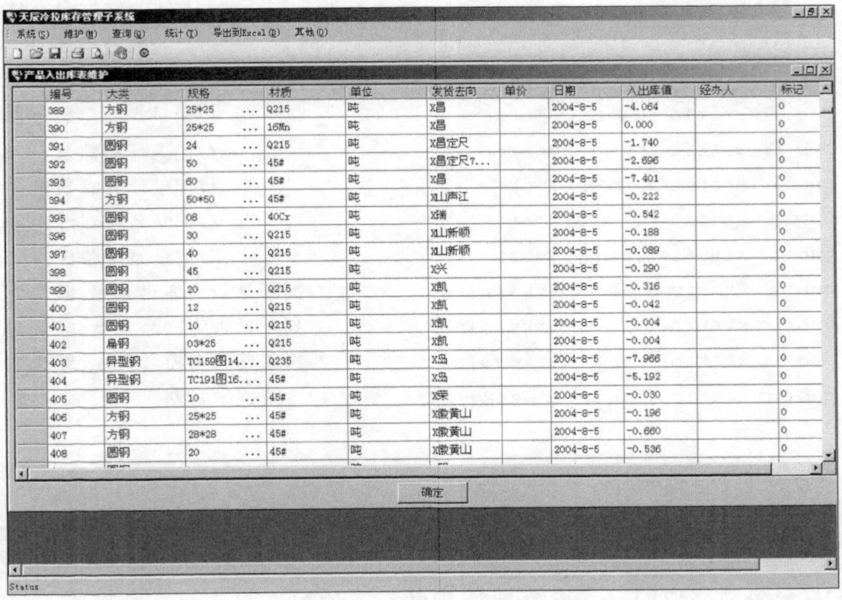

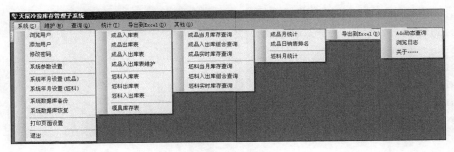

图 14-25 库存管理子系统的主界面

图 14-26 主菜单

```
{public static string connectString=null;      //记录当前的数据库连接字符串
 public static string userPassword=null;       //记录当前用户的登录密码
 public static string userName=null;           //记录当前的用户名
 public static int    userClass;               //记录当前用户的级别
 public static int icount;                     //记录系统的操作次数
 public static string YhSR;                    //记录用户输入的用于比较判断的密码
 public static bool showAll=true;              //显示所有的出入库值
 public static int sysdays;                    //记录系统参数的日期
 public static int sysKcdays;                  //记录库存日期
 public static int syssccs;                    //每月库存统计的次数
 public static string sysServerName=null;      //数据库服务器名
 public static string sysDatabaseName=null;    //系统数据库名
 public static string sysDbUserName=null;      //数据库用户名
 public static string sysDbPassword=null;      //数据库登录密码
```

```csharp
            public static bool sysLogg=true;                //是否自动记录系统日志
            public static bool sysdlggcz=true;              //是否修改大类,规格和材质表
            public static int cpNumber;                     //记录产品数量
            public static double cpTot;                     //记录产品总数量
            public static int plNumber;                     //记录坯料数量
            public static double plTot;                     //记录坯料总数量
            public static int sysrs;                        //记录系统在线人数
            public static string sysbz;                     //记录系统备注
            public static bool Isplrk=false;                //判断是否为坯料入库,默认为false
            public static bool IsCprk=false;                //判断是否为产品入库,默认为false
            public static bool IsMjrk=false;                //判断是否为模具入库,默认为false
            public static string selectRq="";               //系统选定日期
        }
    }
```

(2) 各功能模块对数据库中的数据的操作,主要是通过 ADO.NET 模型类 Command、DataAdapter、DataSet、DataTable、connection、SqlCommandBuilder 的对象递交执行 SQL 命令来完成的。本系统把这些最基本的数据操作函数放置在 Command.cs 类中(在类型项目 KCGLCommon 中)。下面给出一些最重要的类函数:

```csharp
using System;
using System.Collections.Generic;
using System.Text;
using System.Data;
using System.Data.Sql;
using System.Data.OracleClient;
using System.IO;
using KCGLStatic;
using Microsoft.Office.Core;
namespace KCGLCommon
{   ///定义一组方法,用来操作数据库,以便在后面的程序中直接调用
    public class Command
    {   //定义一组变量,表示各种操作的数据          //Command
        private OracleCommand SelectCommand=null;
        private OracleCommand UpdateCommand=null;
        private OracleCommand StoreCommand=null;
        private static OracleDataAdapter myDataAdapter=null;    //定义 DataAdapter
        private static DataSet myDataSet=null;                  //定义 DataSet
        private DataTable myDataTable=null;                     //定义 DataTable
        private static OracleConnection myConnection=null;      //定义 connection
        private string connectString=string.Empty;
        private static OracleCommandBuilder myCommandBuilder=null;
                                                                //定义 OracleCommandBuilder
        public Command()                                        //初始化类
```

```
        {  this.connectString=StaticMember.connectString;}
    public Command(string connectString)            //初始化类
        {  this.connectString=connectString;}
    public bool ConnectDB()                         ///建立与数据库的连接
        {  bool successFlag=false;
           try
             {  myConnection=new OracleConnection();
                myConnection.ConnectionString=connectString;
                myConnection.Open();
                successFlag=true;
             } catch (Exception ex) {throw ex;}
           return successFlag;
        }
    public void disConnect()
        {  try {myConnection.Close();}catch (OracleException ex){throw ex;}}
        //从数据库中查询数据,并将其填充到 dataset 中
    public DataSet selectMember(string sqlText, string DataSetName)
    {try
       {if (ConnectDB())
          {myDataSet=new DataSet(DataSetName);
           SelectCommand=new OracleCommand();
           SelectCommand.CommandText=sqlText;
           SelectCommand.CommandType=CommandType.Text;
           SelectCommand.Connection=myConnection;
           myDataAdapter=new OracleDataAdapter();
           myDataAdapter.SelectCommand=SelectCommand;
           myCommandBuilder=new OracleCommandBuilder(myDataAdapter);
           myDataAdapter.FillSchema(myDataSet, SchemaType.Source, DataSetName);
           myDataAdapter.Fill(myDataSet, DataSetName);}
       } catch (OracleException sqlex){throw sqlex;} finally{disConnect();}
       return myDataSet;
    }
    //从数据库中取得数据,并填充到 dataTable
    public DataTable selectMemberToTable (string sqlText, string datatablename)
    {  try
         {  if (ConnectDB())
              { myDataTable=new DataTable(datatablename);
                SelectCommand=new OracleCommand();
                SelectCommand.CommandText=sqlText;
                SelectCommand.CommandType=CommandType.Text;
                SelectCommand.Connection=myConnection;
                myDataAdapter=new OracleDataAdapter();
                myDataAdapter.SelectCommand=SelectCommand;
                myCommandBuilder=new OracleCommandBuilder(myDataAdapter);
```

```
                myDataAdapter.FillSchema(myDataTable, SchemaType.Source);
                myDataAdapter.Fill(myDataTable);}
        } catch (OracleException sqlex) {throw sqlex;} finally {disConnect();}
        return myDataTable;
    }
    //更新数据库中的信息
    public int updateMember(string sqlText)
    {   int count=0;
        if (ConnectDB())
        {   try{UpdateCommand=new OracleCommand();
                UpdateCommand.CommandText=sqlText;
                UpdateCommand.CommandType=CommandType.Text;
                UpdateCommand.Connection=myConnection;
                count=UpdateCommand.ExecuteNonQuery();
          }catch(OracleException sqlex){throw sqlex;} finally{disConnect();}
        }
        return count;
    }
    //……省略其他函数
    ///执行无参存储过程
    public bool execStore(string storeName, ref string errorMessage)
    {   bool successFlag=false;
        if (ConnectDB())
        {try
            {  StoreCommand=new OracleCommand();
                StoreCommand.CommandText=storeName;
                StoreCommand.CommandType=CommandType.StoredProcedure;
                StoreCommand.CommandTimeout=10;
                StoreCommand.Connection=myConnection;
                StoreCommand.ExecuteNonQuery();
                successFlag=true;
          }catch(Exception ex){errorMessage=ex.ToString();}
            finally{disConnect();}
        } return successFlag;
    }  //……省略其他函数
    }
}
```

3) 系统运行线路及连接字符串的配置

本系统的组织和组成显得复杂,然而其运行线路是唯一的。

(1) Windows 应用程序从如下 Main()开始运行。

```
///The main entry point for the application.
[STAThread]
static void Main()
```

```
{   Application.EnableVisualStyles();
    Application.SetCompatibleTextRenderingDefault(false);
    Application.Run(new ConnectDBF());
}
```

（2）"Application.Run(new ConnectDBF());"语句将运行转到连接字符串获取与选定功能窗体。ConnectDBF 窗体运行时，先从系统的 XML 配置文件 xml\connectStringX.xml 中读取预设置的连接字符串信息到可选数据源组合框中等待选取。

位于项目 KCGL 所在目录 KCGL 下的 bin\Release\xml 或 bin\Debug\xml 目录下的 connectStringX.xml 文件中的内容如下所示：

```
<?xml version="1.0" encoding="utf-8" ?>
<!--插入一些连接数据库字符串-->
<connectString>
  <connectStringIP>
      <value>Data Source=(DESCRIPTION=(ADDRESS_LIST=(ADDRESS=(PROTOCOL=TCP)
      (HOST=LENOVO-8D90977E)(PORT=1521)))
      (CONNECT_DATA=(SERVICE_NAME=orcl)));Initial Catalog=orcl;
      User Id=KCGL;
      Password=KCGL</value>
  </connectStringIP>
  <!--其他可选连接数据库字符串略-->
</connectString>
```

其中"Data Source＝(DESCRIPTION＝(ADDRESS_LIST＝(ADDRESS＝(PROTOCOL＝TCP)(HOST＝LENOVO-8D90977E)(PORT＝1521)))(CONNECT_DATA＝(SERVICE_NAME＝orcl)));Initial Catalog＝orcl;User Id＝KCGL;Password＝KCGL"指定了连接 Oracle 数据库的方式(其中主机名为 LENOVO－8D90977E，端口号为 1521，数据库服务名为 orcl)，用户名为"sa"，用户密码为"sasasasa"。

若默认取第一种连接字符串的话，可以在 ConnectDBF 窗体运行时自动选取获得连接数据库字符串。

（3）ConnectDBF 窗体运行并获得连接数据库字符串后，运行转到系统登录窗体。命令如下：

```
LoginF Login=new LoginF();
Login.Show();
this.Hide();
```

（4）LoginF 登录窗体运行时，在输入用户名与密码后，通过如下 MLogin 类来判断某用户是否能进入本系统：

```
using System;
using System.Collections.Generic;
using System.Text;
```

```csharp
using System.Data;
using System.Data.Sql;
using System.Data.OracleClient;
using KCGLStatic;
namespace KCGLMethod
{   public class MLogin
    {   protected string userName=null;
        protected string userPassword=null;
        protected bool successFlag=false;
        public MLogin(string userName, string userPassword)
        {   this.userName=userName; this.userPassword=userPassword;
        }
        public bool LoginTo()
        {   OracleConnection myConnection=
            new OracleConnection(StaticMember.connectString);
            OracleCommand myCommand=new OracleCommand();
            myCommand.CommandText="select uname,upassword,uclass from users
            where uname='"+this.userName+"' And upassword='"+
            this.userPassword+"'";
            myCommand.CommandType=CommandType.Text;
            myCommand.Connection=myConnection;
            myConnection.Open();
            try
            {   OracleDataAdapter myDataAdapter=new OracleDataAdapter();
                myDataAdapter.SelectCommand=myCommand;
                DataSet userDataset=new DataSet();
                myDataAdapter.Fill(userDataset, "user");
                if (userDataset.Tables["user"].Rows.Count==1)
                {   StaticMember.userClass=
                    Convert.ToInt32(userDataset.Tables[0].Rows[0][2]);
                    StaticMember.userPassword=
                    Convert.ToString(userDataset.Tables[0].Rows[0][1]);
                    successFlag=true;
                } else{successFlag=false;}
                myConnection.Close();
            } catch (Exception e) {throw e;}
            return successFlag;}
        }
    }
}
```

(5) 若验证通过，在 LoginF 登录窗体中运行如下命令，真正打开系统主界面窗体：

```csharp
Main.Show();
this.Hide();
```

4）成品出库或入库录入模块的实现

成品（即产品）出库或入库维护窗口的运行界面（只列出子窗口，下同）如图 14-27 所示。

图 14-27　成品入出库维护窗口

成品出入库维护窗口以网格形式提供了对入库或出库单的录入、修改和删除等维护原始单据数据的功能，操作简单直观。系统中除提供网格形式直观地维护成品出入库数据外，还提供单记录输入界面。

成品出入库数据录入后，除了能在维护窗口中查找到出入库原始数据外，还可以通过如图 14-28 所示的成品出库或入库组合查询窗口中更有效地进行查询与数据核对等。

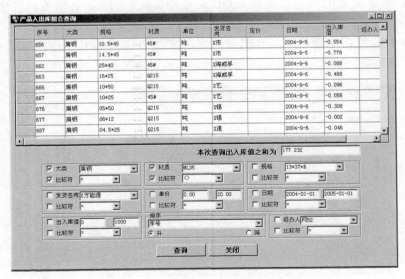

图 14-28　成品出库或入库组合查询窗口

5) 成品月明细库存生成与查询模块的实现

成品月明细库存生成与查询模块的运行界面如图 14-29 所示,该模块利用组合条件实现查询,能方便快速地查找到信息。本功能窗体被设计成上下两部分,上部分通过数据网格控件显示查到的记录;下部分组合 3 种条件,每个条件能指定独立的比较运算符以形成条件表达式,当单击"显示"按钮时,程序能组合用户的各选择条件形成最终组合条件以查询并显示记录;而"生成并显示"按钮能完成成品月明细库存的及时生成;选择网格数据的某行(代表某产品)与某列(代表某天等),再单击"详细"按钮,能弹出窗体显示相应数据对应的入出库原始记录,以便对原始数据进行查阅与核对。

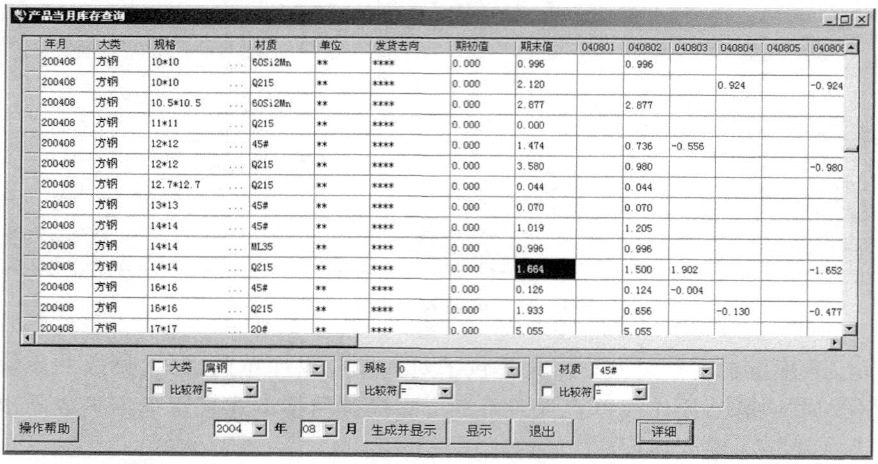

图 14-29 成品月明细库存生成与查询模块的运行界面

该模块的运行界面中的"生成并显示"与"显示"两个按钮实现功能的程序代码(特别注意 ADO.NET 对象的创建与使用、SQL 命令的使用)参阅本书相关内容中的相应程序,此略。

系统年月设置表控制着成品月明细库存的天数范围及对月明细库存表的创建、生成、结转和删除等管理功能,图 14-30 所示的窗口简明地实现了这些功能。

图 14-30 系统年月设置表的控制功能

6）成品实时库存计算与组合查询模块的实现

成品实时库存计算与组合查询模块的运行界面如图 14-31 所示，该模块的功能窗体被设计成上下两部分，上部分通过数据网格控件显示查到的库存记录；下部分可组合 6 种条件。当单击"显示"按钮时，程序能组合用户的各选择条件以查询并显示记录；而"计算库存"按钮能重新统计计算出库存（要说明的是，由于通过对成品出入库表设置添加、修改和删除触发器来自动更新成品实时库存，所以"计算库存"按钮很少用到）；选择网格数据的某行（代表某种产品），再单击"详细"按钮，能弹出窗体显示相应产品的入出库原始记录，以便对原始数据进行查阅与核对。

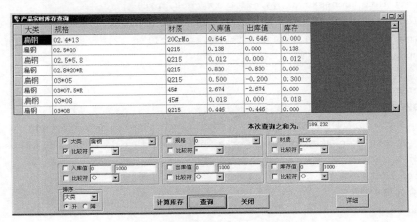

图 14-31　成品实时库存组合查询窗体

成品实时库存组合查询的实现方法与前面介绍的模块中"显示"按钮组合查询的实现方法相同，"计算库存"按钮的实现则采取调用数据库存储过程的方法实现，这样能充分利用存储过程的优点。"计算库存"按钮的单击事件代码（由于使用了存储过程代码而显得非常简单）如下：

```
///库存重新计算事件
private void Cmdjskc_Click(object sender, EventArgs e)
{   if (MessageBox.Show("正常情况下不需要重新统计库存,真的要重新统计库存吗",
        "Question", MessageBoxButtons.YesNo,
        MessageBoxIcon.Question)==DialogResult.Yes)
    {   try
        {   _ds_store=_Cpsskc.getByStore("p_refresh_tccpsskc2", ref ErrorMessage);
            this.cpView.DataSource=_ds_store.Tables[0];
            MessageBox.Show("库存已经重新统计完毕","Information",
            MessageBoxButtons.OK,MessageBoxIcon.Asterisk);
        } catch (Exception ex) {MessageBox.Show(ex.Message+ErrorMessage);}
    }
    else return;
}
```

其中存储过程 p_refresh_tccpsskc2 的内容为：

```sql
create or replace procedure p_refresh_tccpsskc2(p_Cur OUT sys_refcursor) as
  cursor cur1 is select dl,gg,cz1,sum(crkz) as kc from tccprck where crkz>=
0 group by dl,gg,cz1;
  cursor cur2 is select dl,gg,cz1,sum(crkz) as kc from tccprck where crkz<
0 group by dl,gg,cz1;
  sdl varchar(6);sgg varchar(30);scz1 varchar(10);scrkz NUMBER(18,3);
begin
  update tccpsskc set cprk=0,cpck=0,cpkc=0;            --置成0
  --添加新的
  insert into tccpsskc(dl,gg,cz1,cprk,cpck,cpkc)
  select tt.dl,tt.gg,tt.cz1,0,0,0 from (select dl,gg,cz1 from tccprck group by
  dl,gg,cz1) tt where (tt.dl, tt.gg, tt.cz1) not in (select dl,gg,cz1 from
  tccpsskc);
  --合计入库量
  open cur1;
  LOOP begin
      FETCH cur1 INTO sdl,sgg,scz1,scrkz; exit when cur1%notfound;
      update tccpsskc set cprk=scrkz where dl=sdl and gg=sgg and cz1=scz1;
  end; end LOOP;
  close cur1;
  --合计出库量
  open cur2;
  LOOP begin
      FETCH cur2 INTO sdl,sgg,scz1,scrkz; exit when cur2%notfound;
      update tccpsskc set cpck=scrkz where dl=sdl and gg=sgg and cz1=scz1;
  end; end LOOP;
  close cur2;
  update tccpsskc set cpkc=cprk+cpck;                  --计算库存
  OPEN p_Cur FOR select dl As 大类,gg as 规格,cz1 as 材质,cprk as 入库值,
  cpck as 出库值,cpkc as 库存 from tccpsskc where 1=1 order by dl;
end p_refresh_tccpsskc2;
```

7) 成品产量与销量月统计模块的实现

成品产量与销量月统计模块的运行界面如图14-32所示,该模块主要实现月产品结余统计(主要包含月产量、销量及结余等)与显示。

8) 系统用户表导出到Excel模块的实现

为便于熟悉Excel电子表格的用户对系统的表数据进行编辑、排版与打印,本系统设计实现了便捷的表记录导出到Excel的功能,这样极大方便了系统应用的灵活性与实用性。该功能窗体的运行界面如图14-33所示。左边的列表框中是所有系统用户表,需要时移到右边列表框中。选定要导出的表,单击"导出到Excel"按钮开始自动导出到某Excel文件的过程,导出时可以指定已有Excel文件,否则系统会新建一个默认的Excel文件。其具体实现代码略。

限于篇幅,其他功能模块及辅助功能等说明略。

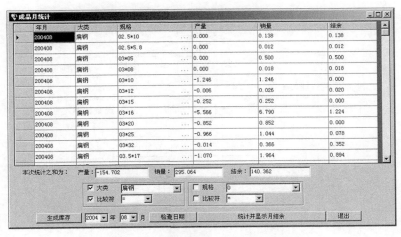

图 14-32　成品产量与销量月统计窗口

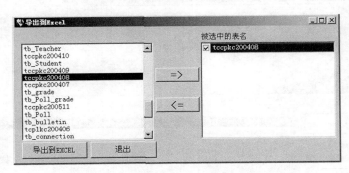

图 14-33　系统用户表导出到 Excel 的实现窗口

7. 系统的编译与发行

企业库存管理系统的各相关模块设计与调试完成后,接着要对整个系统进行编译和发布。选择"项目"→"属性",打开解决方案"KCGL"属性页,选中"配置属性"中的"配置"节点,在对话框首行"配置"组合框中选择"活动(Release)",单击"确定"按钮退出对话框。在解决方案资源管理器中,鼠标右击"解决方案'KCGL'",在弹出的菜单中单击"重新生成解决方案",系统重新生成解决方案后,即生成了系统可执行文件 kcgl.exe 及相关 DLL(动态连接库)。生成的相关文件在 KCGL\bin\Release 子目录中。Release 子目录中的这些系统文件即是可发布的应用系统程序。

8. 网上订购系统的设计与实现

1) 网站操作流程

网上订购系统运行时常常按图 14-34 所示的操作流程进行操作。

2) 网上订购的 Web 首页

利用 ASP.NET 设计的 Web 首页如图 14-35 所示。Web 首页(index.htm)由上、左、中、下 4 部分组成。

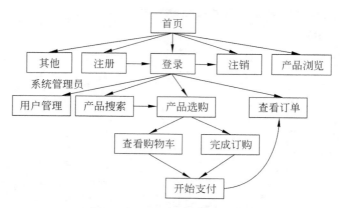

图 14-34　网站操作流程示意图

图 14-35　网上订购子系统的首页

首页上部是标识等显示区,主要显示企业标识和动态宣传图片等。

首页左部是带状功能展示区,主要有资源搜索功能,能实现订购产品的组合查询;操作链接区能显示常用功能链接及分用户等级显示的管理功能链接等。另外还有"登录"、"重置"和"退出"等链接。

中部是主显示区,产品的查阅、订阅、支付和 Web 信息页面的显示等都在该显示区进行,为此该区占据显示屏幕的大部分。

本系统涉及的产品种类较多,网页应设计成分页显示形式。

3) 产品选购的实现

操作界面如图 14-35 所示,为了快速选购需要的产品,可以在左上角的产品搜索区组合设定产品的品名、规格及材质等,单击"搜索"按钮,右边操作区即显示搜索到的产品,接着可以上下移动查阅产品、选定产品和指定订购量(不能超过库存量)。图 14-36 为订购界面。

图 14-36　产品订购界面

4) 查看购物车与支付的实现

产品分散选购完成后,单击"购物车"图标或"购物车"超链接均可以进入购物车来完成产品订购的步骤,如图 14-37 所示。此时单击"确定支付"按钮,则正式完成网上订购任务。

图 14-37　完成产品订购功能的实现窗口

5)查看订单的实现

查看用户订单功能由文件 LookOrder.aspx 来实现,如图 14-38 所示,页面中显示该用户的所有已完成的订单。至此网上订购系统的主要功能全部介绍完了。

图 14-38 查看订单功能的实现窗口

9. 小结

限于篇幅,本实验没有给出系统完整的模块和程序代码,但已能展示出一个完整的基于 C/S 结构与基于 B/S 结构相结合的数据库应用系统的全貌了。本书介绍这一真实企业的小系统,是希望学习者能领略到以下几点:

(1)数据库应用系统的开发设计是一个规范化的过程,需要遵循一定方式、方法与开发设计步骤;

(2)数据库关系模式设计非常重要,是整个系统设计的中心,其设计合理与否,将全面影响整个系统的成功实现;

(3)应用系统中数据库操作的实质是设计、组织和提交 SQL 命令,并根据 SQL 命令的执行状态,决定后续的数据处理与操作。不同的开发工具各具特色,只有利用 SQL 命令实现数据的存取这一点是共同的。在本系统的功能设计、实现与代码介绍中,本书力求呈现这一特色。为此,大家在学习中应透过表面看本质,关注 SQL 命令的操作特色,这样,换成其他开发工具,在数据操作方面将仍然得心应手;

(4)本书介绍的系统,其实现方法及功能并非无懈可击,更不是最优或最完美。在实现中也没有去特意挖掘 Visual C# 2008 与 ASP.NET 网页设计语言的开发技巧。本例的目的只是起到抛砖引玉的作用。

实验内容与要求

实验总体内容

从应用出发,分析用户需求,设计数据库概念模型、逻辑模型和物理模型,并创建数据库,优化系统参数,了解数据库管理系统提供的性能监控机制,设计数据库的维护计划,了解并实践 C/S 或 B/S 结构应用系统开发。

实验具体要求

1. 结合某一具体应用,调查分析用户需求,画出组织机构图、数据流图、判定表或判定树,编制数据字典。
2. 设计数据库概念模型及应用系统应具有的功能模块。
3. 选择一个数据库管理系统,根据其所支持的数据模型,设计数据库的逻辑模型(即数据库模式),并针对系统中的各类用户设计用户视图。
4. 在所选数据库管理系统的功能范围内设计数据库的物理模型。
5. 根据所设计的数据库的物理模型创建数据库,并加载若干初始数据。
6. 了解所选数据库管理系统允许设计人员对哪些系统配置参数进行设置,以及这些参数值对系统的性能有何影响,再针对具体应用选择合适的参数值。
7. 了解数据库管理系统提供的性能监控机制。
8. 在所选数据库管理系统的功能范围内设计数据库的维护计划。
9. 利用某 C/S 或 B/S 结构开发平台或开发工具进行开发设计,实现某数据库应用系统。

实验报告主要内容

1. 数据库设计各阶段的书面文档,说明设计的理由。
2. 各系统配置参数的功能及参数值的确定。
3. 描述数据库系统实现的软件、硬件环境,说明采用这样环境的原因。
4. 说明在数据库设计过程中遇到的主要困难,说明所使用的数据库系统在哪些方面还有待改进;
5. 应用系统试运行情况与系统维护计划。

实验系统(或课程设计)参考题目(时间约两周)

一、邮局订报管理子系统

设计本系统模拟客户在邮局订购报纸的管理内容,包括查询报纸、订报纸、开票、付钱结算、订购后的查询和统计等的处理情况,简化的系统需要管理的情况如下。

(1) 可随时查询出可订购报纸的详细情况,如报纸编号(pno)、报纸名称(pna)、报纸单价(ppr)、版面规格(psi)和出版单位(pdw)等,这样便于客户选订。

(2) 客户查询报纸情况后即可订购所需报纸,可订购多种报纸,每种报纸可订若干份,交清所需金额后,就算订购处理完成。

(3) 为便于邮局投递报纸,客户需写明如下信息:客户姓名(gna)、电话(gte)、地址(gad)及邮政编码(gpo),邮局将即时为每一客户编制唯一代码(gno)。

(4) 邮局对每种报纸的订购人数不加限制,每个客户可多次订购报纸,所订报纸也可以重复。

根据以上信息完成如下要求。

(1) 请认真做系统需求分析,设计出反映本系统的 E-R 图(需求分析和概念设计)。

(2) 写出与自己设计的 E-R 图相应的关系模式,根据设计需要也可以增加关系模式,并找出各关系模式的关键字(逻辑设计)。

(3) 在自己设计的关系模式基础上利用 C♯/Java/VB.NET/VB+Oracle/SQL Server(或其他开发设计平台)开发设计该子系统,要求子系统能完成如下功能要求(物理设计、实施与试运行):

① 在 Oracle/SQL Server 中建立各关系模式对应的库表,并确定索引等;

② 能对各库表进行输入、修改、删除、添加、查询和打印等基本操作;

③ 能根据订报要求订购各报纸,并完成一次订购任务后汇总总金额、模拟付钱、开票操作;

④ 能明细查询某客户的订报情况及某报纸的订出情况;

⑤ 能统计出某报纸的总订购数量与总金额及某客户订购报纸种数、报纸份数与总订购金额等;

⑥ 子系统应有的其他查询和统计功能;

⑦ 要求子系统设计界面友好,功能操作方便合理,并适当考虑子系统在安全性、完整性、备份和恢复等方面的功能要求。

(4) 子系统设计完成后,撰写课程设计报告,设计报告要围绕数据库应用系统开发设计的步骤来写,力求清晰流畅。最后根据所设计的子系统与课程设计报告(报告按数据库开发设计的 6 个步骤的顺序逐个说明,并说明课程设计体会等)的质量评定成绩。

二、图书借阅管理子系统

设计本系统模拟学生在图书馆借阅图书的管理内容,包括查询图书、借书、借阅后的查询、统计以及超期罚款等的处理情况,简化的系统需要管理的情况如下。

(1) 可随时查询出可借阅图书的详细情况,如图书编号(bno)、图书名称(bna)、出版日期(bda)、图书出版社(bpu)、图书存放位置(bpl)和图书总数量(bnu)等,这样便于学生选借。

(2) 学生查询图书情况后即可借阅所需图书,可借阅多种图书,每种图书一般只借一本。若已有图书超期,则应在交清罚金后才能开始本次借阅。

(3) 为了唯一标识每一学生,图书室办借书证需如下信息:学生姓名(sna)、学生系别(sde)、学生所学专业(ssp)、借书上限数(sup)及唯一的借书证号(sno)。

(4) 每位学生一次可借多本书,但不能超出该生允许借阅的上限数(上限数自定),每位学生可多次借阅,允许重复借阅同一本书。规定借书期限为二个月,超期每天罚二分。

根据以上信息完成如下要求。

(1) 请认真做系统需求分析,设计出反映本系统的 E-R 图(需求分析和概念设计)。

(2) 写出与自己设计的 E-R 图相应的关系模式,根据设计需要也可增加关系模式,并找出各关系模式的关键字(逻辑设计)。

(3) 在自己设计的关系模式基础上利用 C♯/Java/VB.NET/VB + Oracle/SQL Server(或其他开发设计平台)开发设计该子系统,要求子系统能完成如下功能要求(物理设计、实施与试运行):

① 在 Oracle/SQL Server 中建立各关系模式对应的库表,并确定索引等;

② 能对各库表进行输入、修改、删除、添加、查询和打印等基本操作;

③ 能根据学生要求借阅书库中有的书,并完成一次借阅任务后汇总已借书的总数,报告还可借书量,已超期的需付清罚款金额后才可借书;

④ 能明细查询某学生的借书情况及图书的借出情况;

⑤ 能统计出某图书的总借出数量、库存量、某学生借书总数以及当天为止总罚金等;

⑥ 子系统应有的其他查询和统计功能;

⑦ 要求子系统设计界面友好,功能操作方便合理,并适当考虑子系统在安全性、完整性、备份和恢复等方面的功能要求。

(4) 子系统设计完成后,撰写课程设计报告,设计报告要围绕数据库应用系统开发设计的步骤来写,力求清晰流畅。最后根据所设计的子系统与课程设计报告(报告按数据库开发设计的 6 个步骤的顺序逐个说明,并说明课程设计体会等)的质量评定成绩。

三、其他可选子系统

1. 图书销售管理系统

调查新华书店图书销售业务,设计的图书销售点系统主要包括进货、退货、统计和销售功能,具体内容如下。

(1) 进货:根据某种书籍的库存量及销售情况确定进货数量,根据供应商报价选择供应商。输出一份进货单并自动修改库存量,把本次进货的信息添加到进货库中;

(2) 退货:顾客把已买的书籍退还给书店。输出一份退货单并自动修改库存量,把本次退货的信息添加到退货库中;

(3) 统计:根据销售情况输出统计的报表。一般内容为每月的销售总额、销售总量及排行榜;

(4) 销售:输入顾客要买书籍的信息,自动显示此书的库存量,如果可以销售,打印销售单并修改库存,同时把此次销售的有关信息添加到日销售库中。

2. 人事工资管理系统

考察某中小型企业,要求设计一套企业工资管理系统,其中应具有一定的人事档案管理功能。工资管理系统是企业进行管理的不可缺少的一部分,它是建立在人事档案系统之上的,其职能部门是财务处和会计室。通过对职工建立人事档案,根据其考勤情况以及相应的工资级别算出其相应的工资。为了减少输入账目时的错误,可以根据职工的考勤、职务、部门和各种税费自动求出工资。

为了便于企业领导掌握本企业的工资信息,在系统中应加入各种查询功能,包括个人信息、职工工资、本企业内某一个月或某一部门的工资情况查询,系统应能输出各类统计报表。

3. 医药销售管理系统

调查从事医药产品的零售、批发等工作的企业,根据其具体情况设计医药销售管理系统。主要功能包括:

(1) 基础信息管理:药品信息、员工信息、客户信息和供应商信息等;
(2) 进货管理:入库登记、入库登记查询和入库报表等;
(3) 库房管理:库存查询、库存盘点、退货处理和库存报表等;
(4) 销售管理:销售登记、销售退货、销售报表及相应的查询等;
(5) 财务统计:当日统计、当月统计及相应报表等;
(6) 系统维护。

4. 宾馆客房管理系统

具体考察本市的宾馆,设计客房管理系统,要求如下:

(1) 具有方便的登记、结账功能,以及预订客房的功能,能够支持团体登记和团体结账;
(2) 能快速、准确地了解宾馆内的客房状态,以便管理者决策;
(3) 提供多种手段查询客人的信息;
(4) 具备一定的维护手段,有一定权利的操作员在密码的支持下才可以更改房价、房间类型以及增减客房;
(5) 完善的结账报表系统。

5. 车站售票管理系统

考察本市长途汽车站和火车站售票业务,设计车站售票管理系统。要求如下:

(1) 具有方便、快速的售票功能,包括车票的预订和退票功能,能够支持团体的预订票和退票;
(2) 能准确地了解售票情况,提供多种查询和统计功能,如车次的查询、时刻表的查询;
(3) 能按情况所需实现对车次的更改、票价的变动及调度功能;
(4) 完善的报表系统。

6. 汽车销售管理系统

调查本地从事汽车销售的企业,根据该企业的具体情况,设计用于汽车销售的管理系统。主要功能如下:

(1) 基础信息管理:厂商信息、车型信息和客户信息等;
(2) 进货管理:车辆采购和车辆入库等;
(3) 销售管理:车辆销售、收益统计等;

(4) 仓库管理：库存车辆、仓库明细和进销存统计；
(5) 系统维护：操作员管理和权限设置等。

7. 仓储物资管理系统

经过调查，对仓库管理的业务流程进行分析。库存的变化通常是通过入库和出库操作来进行。系统对每个入库操作均要求用户填写入库单，对每个出库操作均要求用户填写出库单。在出入库操作同时可以进行增加、删除和修改等操作。用户可以随时进行各种查询、统计、报表打印和账目核对等工作。另外，也可以用图表形式来反映查询结果。

8. 企业人事管理系统

调查本地的企业，根据企业的具体情况设计企业人事管理系统。主要功能如下：
(1) 人事档案管理：户口状况、政治面貌、生理状况和合同管理等；
(2) 考勤加班出差管理；
(3) 人事变动：新进员工登记、员工离职登记和人事变更记录；
(4) 考核奖惩；
(5) 员工培训；
(6) 系统维护：操作员管理和权限设置等。

参 考 文 献

[1] 萨师煊,王珊.数据库系统概论.3版.北京:高等教育出版社,2000.
[2] 施伯乐,丁宝康.数据库技术.北京:科学出版社,2002.
[3] 徐洁磬.现代数据库系统教程.北京:北京希望电子出版社,2003.
[4] 钱雪忠,罗海驰,钱鹏江.数据库系统原理学习辅导.北京:清华大学出版社,2004.
[5] 钱雪忠,陶向东.数据库原理及应用实验指导.北京:北京邮电大学出版社,2005.
[6] 钱雪忠,周黎,钱瑛,等.新编Visual Basic程序设计实用教程.北京:机械工业出版社,2004.
[7] 钱雪忠,黄学光,刘肃平.数据库原理及应用.北京:北京邮电大学出版社,2005.
[8] 钱雪忠,黄建华.数据库原理及应用.2版.北京:北京邮电大学出版社,2007.
[9] 钱雪忠,罗海驰,钱鹏江.SQL Server 2005实用技术及案例系统开发.北京:清华大学出版社,2007.
[10] 钱雪忠.数据库与SQL Server 2005教程.北京:清华大学出版社,2007.
[11] 钱雪忠,罗海驰,陈国俊.数据库原理及技术课程设计.北京:清华大学出版社,2009.
[12] 钱雪忠,李京.数据库原理及应用.3版.北京:北京邮电大学出版社,2010.
[13] 钱雪忠,陈国俊.数据库原理及应用实验指导.2版.北京:北京邮电大学出版社,2010.
[14] 单建魁,赵启升.数据库系统实验指导.北京:清华大学出版社,2004.
[15] 张晓林,吴斌.Oracle数据库开发基础教程.北京:清华大学出版社,2009..
[16] 林慧余潜,龚涛,张兴明.Oracle 10g入门与实践.北京:铁道工业出版社,2005..
[17] Kevin Owens.Oracle触发器与存储过程高级编程.3版.欧阳宇,译.北京:清华大学出版社,2004..
[18] 王海亮,于三禄,王海凤,等.精通Oracle 10g系统管理.北京:中国水利水电出版社,2005..
[19] http://www.oracle.com/index.html

附录 A

PL/SQL 编程简介

标准化的 SQL 语言对数据库进行各种操作，每次只能执行一条语句，语句以英文的分号";"为结束标识，这样使用起来很不方便，同时效率较低。这是因为 Oracle 数据库系统不像 Visual Basic 和 Visual C++ 这样的程序设计语言，它侧重于后台数据库的管理，因此提供的编程能力较弱，而结构化编程语言对数据库的支持能力又较弱，如果稍微复杂一点的管理任务都要借助于编程语言来实现的话，对管理员来讲是很大的负担。

正是在这种需求的驱使下，从 Oracle 6 开始，Oracle 公司在标准 SQL 语言的基础上发展了自己的 PL/SQL 语言（Procedural Language/SQL，过程化 SQL 语言），将变量、控制结构、过程和函数等结构化程序设计的要素引入了 SQL 语言中，这样就能够编制比较复杂的 SQL 程序了，利用 PL/SQL 语言编写的程序也称为 PL/SQL 程序块。

PL/SQL 是一种过程化语言，属于第三代语言，专门设计用于 Oracle 中无缝处理 SQL 命令。它与 C、C++ 和 Java 等语言一样关注于处理细节，可以用来实现比较复杂的业务逻辑。PL/SQL 程序块的主要特点是：具有模块化的结构，使用过程化语言控制结构，能够进行错误处理。PL/SQL 程序块一般在 SQL Plus 和 SQL Plus Worksheet 等工具的支持下以解释型方式执行。

本附录主要介绍 PL/SQL 的编程基础，以使初学者对 PL/SQL 语言有一个总体认识和基本把握。

A.1 编程基础知识

1. PL/SQL 程序结构

完整的 PL/SQL 程序结构可以分为 3 个部分，如图 A-1 所示。

（1）定义部分：以 declare 为标识，在该部分中定义程序中要使用的常量、变量、游标和例外处理名称。PL/SQL 程序中使用的所有定义必须集中在该部分，而在有的高级语言里变量可以在程序执行的过程中定义。

（2）执行部分：以 begin 为开始标识，以 end 为结

```
declare
    定义语句段；
begin
    执行语句段；
exception
    异常处理语句段；
end
```

图 A-1　PL/SQL 程序的总体结构

束标识。该部分是每个 PL/SQL 程序所必备的,包含了对数据库的操作语句和各种流程控制语句。

(3) 异常处理部分:该部分包含在执行部分中,以 exception 为标识,对程序执行中产生的异常情况进行处理。

其中执行部分是必须的,其他两个部分可选。无论 PL/SQL 程序段的代码量有多大,其基本结构均由这 3 部分组成。如下所示为一段完整的 PL/SQL 块:

```
set serveroutput on                          /* 信息显示到屏幕,以后的程序中均省略本语句 */
declare v_id integer;                        /* 声明部分,以 declare 开头 */
        v_name varchar(20);                  /* 下句定义游标 */
        cursor c_emp is select EMPNO,ENAME from SCOTT.EMP where EMPNO>=7788;
begin                                        /* 执行部分,以 begin 开头 */
    open c_emp;                              /* 打开游标 */
    loop
        fetch c_emp into v_id,v_name;        /* 从游标取数据 */
        exit when c_emp%notfound;
        dbms_output.PUT_LINE(v_name);        /* 输出 v_name */
    end loop;
    close c_emp;                             /* 关闭游标 */
exception                                    /* 异常处理部分,以 exception 开始 */
    when no_data_found then dbms_output.PUT_LINE('没有数据');
end;
```

说明:EMP 是 SCOTT 用户中的一个默认表,SCOTT.EMP 数据表可通过如下 CREATE TABLE 语句创建:

```
CREATE TABLE SCOTT.EMP(
EMPNO NUMBER(4) NOT NULL, ENAME VARCHAR2(10 byte),
JOB VARCHAR2(9 byte),
MGR NUMBER(4),
HIREDATE DATE,
SAL NUMBER(7, 2),
COMM NUMBER(7, 2),
DEPTNO NUMBER(2),
CONSTRAINT FK_DEPTNO FOREIGN KEY(DEPTNO) REFERENCES SCOTT.DEPT(DEPTNO),
CONSTRAINT PK_EMP PRIMARY KEY(EMPNO));
```

PL/SQL 程序可以在 Oracle SQL Developer 或 SQL Plus 等程序环境中运行,图 A-2 是以上 PL/SQL 程序在 Oracle SQL Developer 中的运行情况,图 A-3 是该程序在 SQL Plus 中的运行情况。

以下举例的 PL/SQL 程序均将在 Oracle SQL Developer 中运行,限于篇幅,下面的程序的运行状况将不再给出。

2. SQL 基本命令

PL/SQL 使用的数据库操作语言还是基于 SQL 的,所以熟悉 SQL 是进行 PL/SQL

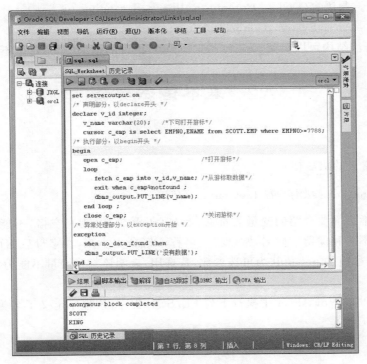

图 A-2　PL/SQL 程序在 Oracle SQL Developer 中的运行

图 A-3　PL/SQL 程序在 Oracle SQL Plus 中的运行情况

编程的基础。SQL 语言的分类情况大致如下。

（1）数据定义语言（DDL）：Create，Drop，Grant，Revoke，…

（2）数据操纵语言（DML）：Update，Insert，Delete，…

(3) 数据控制语言(DCL)：Commit，Rollback，Savapoint，…

(4) 其他：Alter System，Connect，Allocate，…

具体的语法结构可以参阅 Oracle 的 PL/SQL 语言的帮助资料，这里不再赘述。

A.2 基本语法要素

1. 常量

1) 定义常量的语法格式

常量名 constant 类型标识符 [not null]:=值;

常量，包括后面要介绍的变量名都必须以字母开头，不能有空格，不能超过 30 个字符长度，同时不能和保留字同名，常（变）量名称不区分大小写，在字母后面可以带数字或特殊字符。括号内的 not null 为可选参数，若选用，表明该常（变）量不能为空值。

2) 实例

在 SQL Plus Worksheet 中执行下列 PL/SQL 程序，该程序定义了名为 pi 的数字型常量，长度为 9。

```
declare
    pi constant number(9):=3.1415926;
begin
    commit;
end;
```

2. 基本数据类型变量

PL/SQL 主要用于数据库编程，所以其所有的数据类型与 Oracle 数据库中的字段类型是一一对应的，可分为数字型、布尔型、字符型和日期型。

1) 基本数据类型

PL/SQL 中常用的基本数据类型如下：

（1）number 数字型；

（2）int 整数型；

（3）pls_integer 整数型，产生溢出时出现错误；

（4）binary_integer 整数型，表示带符号的整数；

（5）char 定长字符型，最大 255 个字符；

（6）varchar2 变长字符型，最大 2000 个字符；

（7）long 变长字符型，最长为 2GB；

（8）date 日期型；

（9）boolean 布尔型(TRUE、FALSE 和 NULL 三者取一)。

在 PL/SQL 中使用的数据类型和 Oracle 数据库中使用的数据类型，有的含义是完全一致的,有的是有不同的含义的。这里简单介绍两种常用数据类型:number 和 varchar2。

(1) Number 用来存储整数和浮点数。范围为 $1e^{-130} \sim 10e^{125}$,其使用语法为:

number[(precision, scale)]

其中(precision, scale)是可选的,precision 表示所有数字的个数,scale 表示小数点右边数字的个数。

(2) varchar2 用来存储变长的字符串,其使用语法为:

varchar2[(size)]

其中 size 为可选,表示该字符串所能存储的最大长度。

2) 基本数据类型变量的定义方法

在 PL/SQL 中声明变量与其他语言不太一样,它采用从右往左的方式声明,格式为:

变量名 类型标识符 [not null]:=值;

例如,声明一个 number 类型的变量 v_id,其形式为:

`v_id number;`

如果给上面的 v_id 变量赋值,不能用"=",而应该用":=",即形式为:

`v_id :=5;`

3) 实例

在 SQL Plus Worksheet 中执行下列 PL/SQL 程序,该程序定义了名为 age 的数字型变量,长度为 3,初始值为 26。

```
declare
   age number(3):=26;
begin
   commit;
end;
```

3. 复合数据类型变量

下面介绍常见的几种复合数据类型变量的定义。

1) 使用%type 定义变量

为了让 PL/SQL 中变量的类型和数据表中的字段的数据类型一致,Oracle 9i 提供了%type 定义方法。这样当数据表的字段类型修改后,PL/SQL 程序中相应变量的类型也自动修改。

在 SQL Plus Worksheet 中执行下列 PL/SQL 程序,该程序定义了名为 mydata 的变量,其类型和 SCOTT.EMP 数据表中的 SAL 字段类型是一致的。

```
declare
```

```
    mydata SCOTT.EMP.SAL%type;
begin
    mydata:=23.3; commit;
end;
```

2) 定义记录类型变量

很多结构化程序设计语言都提供了记录类型的数据类型，在 PL/SQL 中，也支持将多个基本数据类型捆绑在一起的记录数据类型。

下面的程序代码定义了名为 myrecord 的记录类型，该记录类型由整数型的 empno 和日期型的 hiredate 基本类型变量组成。srecord 是该记录类型的变量，引用记录型变量的方法是"记录变量名.基本类型变量名"。

程序的执行部分从 SCOTT.EMP 数据表中提取 empno 字段为 7788 的记录的内容，存放在 srecord 复合变量里，然后输出 srecord.hiredate 的值，实际上就是数据表中相应记录的 currentdate 的值。

在 SQL Plus Worksheet 中执行下列 PL/SQL 程序，执行结果略。

```
declare
    type myrecord is record(empno int,hiredate date);srecord myrecord;
begin
    select empno,hiredate into srecord from SCOTT.EMP where empno=7788;
    dbms_output.put_line(srecord.hiredate);
end;
```

在 PL/SQL 程序中，select 语句总是和 into 配合使用，into 子句后面就是要被赋值的变量。

3) 使用%rowtype 定义变量

使用%type 可以使变量获得字段的数据类型，使用%rowtype 可以使变量获得整个记录的数据类型。比较两者定义的不同：

变量名 数据表.列名%type
变量名 数据表%rowtype。

在 SQL Plus Worksheet 中执行下列 PL/SQL 程序，该程序定义了名为 mytable 的复合类型变量，与 SCOTT.EMP 数据表结构相同。

```
Declare
    mytable EMP%rowtype;
begin
    select * into mytable from SCOTT.EMP where empno=7788;
    dbms_output.put_line(mytable.hiredate);
end;
```

4) 定义一维表类型变量

表类型变量和数据表是有区别的，定义表类型变量的语法如下：

```
type 表类型 is table of 类型 index by binary_integer;
表变量名 表类型;
```

类型可以是前面定义的类型,index by binary_integer 子句代表以符号整数为索引,这样访问表类型变量中的数据方法就是"表变量名(索引符号整数)"。

在 SQL Plus Worksheet 中执行下列 PL/SQL 程序,该程序定义了名为 tabletype1 和 tabletype2 的两个一维表类型,相当于一维数组。table1 和 table2 分别是两种表类型变量。

```
Declare
    type tabletype1 is table of varchar2(4) index by binary_integer;
    type tabletype2 is table of SCOTT.EMP.EMPNO%type index by binary_integer;
    table1 tabletype1;
    table2 tabletype2;
begin
    table1(1):='大学';table1(2):='大专';
    table2(1):=88;table2(2):=55;
    dbms_output.put_line(table1(1)||table2(1));        /* ||是连接字符串运算符 */
    dbms_output.put_line(table1(2)||table2(2));
end;
```

5) 定义多维表类型变量

在 SQL Plus Worksheet 中执行下列 PL/SQL 程序,该程序定义了名为 tabletype1 的多维表类型,相当于多维数组,table1 是多维表类型变量,将数据表 SCOTT.EMP 中 empno 为 7788 的记录提取出来存放在 table1 中并显示,运行情况略。

```
Declare
    type tabletype1 is table of SCOTT.EMP%rowtype index by binary_integer;
    table1 tabletype1;
begin
    select * into table1(60) from SCOTT.EMP where empno=7788;
    dbms_output.put_line(table1(60).empno||table1(60).hiredate);
end;
```

在定义好的表类型变量中可以使用 count、delete、first、last、next、exists 和 prior 等属性进行操作,使用方法为"表变量名.属性",返回的是数字。

在 SQL Plus Worksheet 中执行下列 PL/SQL 程序,该程序定义了名为 tabletype1 的一维表类型,table1 是一维表类型变量,变量中插入 3 个数据,综合使用了表变量属性。

```
Declare
    type tabletype1 is table of varchar2(9) index by binary_integer;
    table1 tabletype1;
begin
    table1(1):='成都市';table1(2):='北京市';table1(3):='青岛市';
```

```
        dbms_output.put_line('总记录数：'||to_char(table1.count));
        dbms_output.put_line('第一条记录：'||table1.first);
        dbms_output.put_line('最后条记录：'||table1.last);
        dbms_output.put_line('第二条的前一条记录：'||table1.prior(2));
        dbms_output.put_line('第二条的后一条记录：'||table1.next(2));
    end;
```

4. 表达式

变量和常量经常需要组成各种表达式来进行运算，下面介绍在 PL/SQL 中常见表达式的运算规则。

(1) 数值表达式：由数值型常数、变量、函数和算术运算符组成，可以使用的算术运算符包括＋(加法)、－(减法)、*(乘法)、/(除法)和**(乘方)等。

在 SQL Plus Worksheet 中执行下列 PL/SQL 程序，该程序定义了名为 result 的整数型变量，计算的是 10＋3*4－20＋5**2 的值，理论结果应该是 27。

```
Declare
    result integer;
begin
    result:=10+3*4-20+5**2;
    dbms_output.put_line('运算结果是：'||to_char(result));
end;
```

dbms_output.put_line 函数输出的只能是字符串，因此要利用 to_char 函数将数值型结果转换为字符型。

(2) 字符表达式：由字符型常数、变量、函数和字符运算符组成，唯一可以使用的字符运算符就是连接运算符"||"。

(3) 关系表达式：由字符表达式或数值表达式与关系运算符组成，可以使用的关系运算符包括以下 9 种：＜(小于)、＞(大于)、＝(等于，不是赋值运算符：＝)、like(类似于)、in(在…之中)、＜＝(小于等于)、＞＝(大于等于)、!＝(不等于)和 between(在…之间)。关系表达式运算符两边的表达式的数据类型必须一致。

(4) 逻辑表达式：由逻辑常数、变量、函数和逻辑运算符组成，常见的逻辑运算符包括以下 3 种：NOT(逻辑非)、OR(逻辑或)、AND(逻辑与)。运算的优先次序为 NOT、AND 和 OR。

5. 函数

PL/SQL 程序中提供了很多函数的扩展功能，主要有如下 4 类函数。

(1) 字符串函数

ASCII：返回与指定的字符对应的十进制数。

CHR：给出整数，返回对应的字符。

CONCAT：连接两个字符串。

INITCAP：返回字符串并将字符串的第一个字母变为大写。

INSTR(C1,C2,I,J)：在一个字符串中搜索指定的字符,返回发现指定的字符的位置。C1 为被搜索的字符串,C2 为希望搜索的字符串,I 为搜索的开始位置,默认为 1,J 为出现的位置,默认为 1。

LENGTH：返回字符串的长度。

LOWER：返回字符串,并将所有的字符小写。

UPPER：返回字符串,并将所有的字符大写。

RPAD 和 LPAD(粘贴字符)：RPAD 在列的右边粘贴字符,LPAD 在列的左边粘贴字符,如：

select lpad(rpad('gao',10,'*'),17,'*') from dual

LTRIM 和 RTRIM：LTRIM 删除左边出现的字符串,RTRIM 删除右边出现的字符串。

SUBSTR(string,start,count)：取子字符串,从 start 开始,取 count 个。

REPLACE('string','s1','s2')：string 为希望被替换的字符或变量,s1 为被替换的字符串,s2 为要替换的字符串。

SOUNDEX：返回一个与给定的字符串读音相同的字符串。

TRIM('s' from 'string')：LEADING 为剪掉前面的字符,TRAILING 为剪掉后面的字符,如果不指定,默认为空格符。

(2) 数学函数

ABS：返回指定值的绝对值。

ASIN 和 ACOS：ASIN 返回反正弦值,ACOS 返回反余弦值。

TAN 和 ATAN：TAN 返回正切值,ATAN 返回反正切值。

CEIL：返回大于或等于给出数字的最小整数。

SIN 和 COS：SIN 返回正弦值,COS 返回余弦值。

SINH 和 COSH：SINH 返回双曲正弦值,COSH 返回双曲余弦值。

EXP：返回 e 的 n 次方根。

FLOOR：对给定的数字取整数。

LN：返回对数值。

LOG(n1,n2)：返回以 n1 为底的 n2 的对数。

MOD(n1,n2)：返回 n1 除以 n2 的余数。

POWER：返回 n1 的 n2 次方。

ROUND：按照指定的精度进行舍入。

SIGN：取数字 n 的符号,大于 0 返回 1,小于 0 返回 -1,等于 0 返回 0。

SQRT：返回数字 n 的根。

TANH：返回数字 n 的双曲正切值。

TRUNC：按照指定的精度截取一个数。

(3) 日期函数

ADD_MONTHS：增加或减去月份。

LAST_DAY：返回日期的最后一天。

MONTHS_BETWEEN(date2,date1)：给出 date2 与 date1 之间间隔的月数。

NEW_TIME(date,'this','that')：给出在 this 时区的日期 date 在 that 时区的日期。

NEXT_DAY(date,'day')：给出日期 date 和星期 day 之后计算下一个星期的日期。

SYSDATE：用来得到系统的当前日期。

(4) 其他函数

CHARTOROWID：将字符类型转换为 ROWID 类型。

CONVERT(c,dset,sset)：将源字符串 c 从源字符集 sset 转换为目的字符集 dset。

HEXTORAW：将十六进制构成的字符串转换为二进制。

RAWTOHEXT：将二进制构成的字符串转换为十六进制。

ROWIDTOCHAR：将 ROWID 类型转换为字符类型。

TO_CHAR(date,'format')：将日期转化为字符串。

TO_DATE(string,'format')：将字符串转化为 Oracle 中的一个日期。

TO_MULTI_BYTE：将字符串中的单字节字符转化为多字节字符。

TO_NUMBER：将字符转换为数字。

BFILENAME(dir,file)：指定一个外部二进制文件。

CONVERT('x','desc','source')：将 x 字段或变量的源 source 转换为 desc。

DUMP(s,fmt,start,length)：以 fmt 指定的内部数字格式返回一个 VARCHAR2 类型的值。

EMPTY_BLOB()和 EMPTY_CLOB()：这两个函数都是用来对大数据类型字段进行初始化操作的函数。

GREATEST：返回一组表达式中的最大值,即比较字符的编码大小。

LEAST：返回一组表达式中的最小值。

UID：返回标识当前用户的唯一整数。

USER：返回当前用户的名字。

USEREVN：返回当前用户环境的信息。

AVG(DISTINCT|ALL)：all 表示对所有的值求平均值,distinct 只对不同的值求平均值。

MAX(DISTINCT|ALL)：求最大值,ALL 表示对所有的值求最大值,DISTINCT 表示对不同的值求最大值,相同的只取一次。

MIN(DISTINCT|ALL)：求最小值,ALL 表示对所有的值求最小值,DISTINCT 表示对不同的值求最小值,相同的只取一次。

STDDEV(distinct|all)：求标准差,ALL 表示对所有的值求标准差,DISTINCT 表示只对不同的值求标准差。

VARIANCE(DISTINCT|ALL)：求协方差。

函数详细说明或举例请参阅如下网址：http://database.51cto.com/art/200512/15914_3.htm 或 http://docs.oracle.com/cd/E11882_01/server.112/e26088/toc.htm。

以上介绍了 PL/SQL 中最基本的语法要素，下面介绍体现 PL/SQL 过程化编程思想的流程控制语句。

A.3 流 程 控 制

PL/SQL 程序中的流程控制语句借鉴了许多高级语言的流程控制思想，但又有自己的特点。PL/SQL 程序段中也有 3 类流程控制语句：条件控制、循环控制和顺序控制。

1. 条件控制

下面通过实例介绍条件控制语句的使用。

(1) if…then…end if 条件控制

采用 if…then…end if 条件控制的语法结构如图 A-4 所示。

在 SQL Plus Worksheet 中执行下列 PL/SQL 程序，该程序判断两个整数变量的大小。

```
declare
    number1 integer:=90;number2 integer:=60;
begin
    if number1>=number2 then
        dbms_output.put_line('number1 大于等于 number2');
    end if;
end;
```

(2) if…then…else…end if 条件控制

采用 if…then…else…end if 条件控制的语法结构如图 A-5 所示。

```
if 条件 then
    语句段;
end if;
```

```
if 条件 then
    语句段 1;
else
    语句段 2;
end if;
```

图 A-4　if…then…end if 条件控制语法结构　　图 A-5　if…then…else…end if 条件控制语法结构

在 SQL Plus Worksheet 中执行下列 PL/SQL 程序，该程序判断两个整数变量的大小，输出不同的结果。

```
declare
    number1 integer:=80; number2 integer:=90;
```

```
begin
    if number1>=number2 then
        dbms_output.put_line('number1 大于等于 number2');
    else
        dbms_output.put_line('number1 小于 number2');
    end if;
end;
```

(3) if 嵌套条件控制

采用 if 嵌套条件控制的语法结构如图 A-6 所示。

```
if   条件1  then
     if  条件2  then
         语句段 1;
     else
         语句段 2;
     end if;
else
     语句段 3;
end if;
```

图 A-6 if 嵌套条件控制语法结构

在 SQL Plus Worksheet 中执行下列 PL/SQL 程序,该程序判断两个整数变量的大小,输出不同的结果。执行结果如图 A-7 所示。

```
declare
    number1 integer:=80;
    number2 integer:=90;
begin
    if number1<=number2 then
      if number1=number2 then
          dbms_output.put_line('number1 等于 number2');
      else
          dbms_output.put_line('number1 小于 number2');
      end if;
    else
        dbms_output.put_line('number1 大于 number2');
    end if;
end;
```

2. 循环控制

循环结构是按照一定逻辑条件执行一组命令。PL/SQL 中有 4 种基本循环结构,在

图 A-7　if 嵌套条件控制使用情况

它们基础上又可以演变出许多嵌套循环控制,这里介绍最基本的循环控制语句。

(1) loop…exit…end loop 循环控制

采用 loop…exit…end loop 循环控制的语法结构如图 A-8 所示。

在 SQL Plus Worksheet 中执行下列 PL/SQL 程序,该程序将 number1 变量每次加 1,一直到等于 number2 为止,统计输出循环次数。

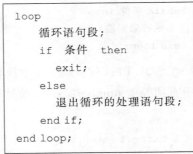

图 A-8　loop…exit…end loop 循环控制语法结构

```
declare
    number1 integer:=80;
    number2 integer:=90;
    i integer:=0;
begin
  loop
      number1:=number1+1;
      if number1=number2 then  exit;
      else  i:=i+1; end if;
  end loop;
  dbms_output.put_line('共循环次数:'||to_char(i));
end;
```

(2) loop…exit when…end loop 循环控制

采用 loop…exit when…end loop 循环控制的语法结构与图 A-8 所示结构类似。

```
exit when 实际上就相当于
if 条件 then
    exit;
end if;
```

在 SQL Plus Worksheet 中执行下列 PL/SQL 程序,该程序将 number1 变量每次加 1,一直到等于 number2 为止,统计输出循环次数。

```
declare
    number1 integer:=80;
    number2 integer:=90;
    i integer:=0;
begin
    loop
        number1:=number1+1; i:=i+1; exit when number1=number2;
    end loop;
    dbms_output.put_line('共循环次数:'||to_char(i));
end;
```

when 循环控制结束条件比采用 if 的条件控制结束循环次数多 1 次。

(3) while…loop…end loop 循环控制

采用 loop…exit…when…end loop 循环控制的语法如下。

```
while 条件 loop
    执行语句段;
end loop;
```

在 SQL Plus Worksheet 中执行下列 PL/SQL 程序,该程序将 number1 变量每次加 1,一直到等于 number2 为止,统计输出循环次数。

```
declare
    number1 integer:=80;
    number2 integer:=90;
    i integer:=0;
begin
    while number1<number2 loop number1:=number1+1; i:=i+1; end loop;
    dbms_output.put_line('共循环次数:'||to_char(i));
end;
```

(4) for…in…loop…end 循环控制

采用 for…in…loop…end 循环控制的语法如下。

```
for 循环变量 in [reverse] 循环下界..循环上界 loop
    循环处理语句段;
end loop;
```

在 SQL Plus Worksheet 中执行下列 PL/SQL 程序,该程序通过循环变量 i 来控制

number1 增加的次数,输出结果。

```
declare
    number1 integer:=80; number2 integer:=90; i integer:=0;
begin
    for i in 1..10 loop number1:=number1+1; end loop;
    dbms_output.put_line('number1 的值:'||to_char(number1));
end;
```

3. 顺序控制

实际就是 goto 的运用,不过从程序控制的角度来看,尽量少用 goto 可以使得程序结构更加的清晰。

A.4 过程与函数

PL/SQL 中的过程和函数与其他语言的过程和函数一样,都是为了执行一定的任务而组合在一起的语句。过程无返回值,函数有返回值。其语法结构为:

过程:

`Create or replace procedure procname(参数列表) as PL/SQL 语句块`

函数:

`Create or replace function funcname(参数列表) return 返回值 as PL/SQL 语句块`

为便于理解,举例如下。

假设有一张表 T1,有 F1 和 F2 两个字段,F1 为 number 类型,F2 为 varchar2 类型,创建表的命令为:

```
CREATE TABLE "SYSTEM"."T1"("F1" NUMBER NOT NULL ENABLE,"F2" VARCHAR2(20 BYTE),
CONSTRAINT "T1_PK" PRIMARY KEY("F1"));
```

创建过程 test_procedure,要实现向 T1 表中添加两条记录:

```
Create or replace procedure test_procedure as
    V_f11 number:=1;                              /*声明变量并赋初值*/
    V_f12 number:=2;
    V_f21 varchar2(20):='first';
    V_f22 varchar2(20):='second';
Begin
    Insert into T1 values(V_f11,V_f21);
    Insert into T1 values(V_f12,V_f22);
End test_procedure;                               /*test_procedure 可以省略*/
```

至此,test_procedure 存储过程已经完成,经过编译后就可以在其他 PL/SQL 块或过程中调用了。该存储过程的创建和执行情况如图 A-9 所示。调用命令形式如下：

```
Execute test_procedure;
```

图 A-9　创建与执行存储过程

函数与过程具有很大的相似性，此处不再详述。

A.5　游　　标

游标可以用来指代一个 DML SQL 操作返回的结果集。即当一个对数据库的查询操作返回一组结果集时，用游标来标注这组结果集，以后通过对游标的操作来获取结果集中的数据信息。这里特别提出游标的概念，是因为它在 PL/SQL 的编程中非常的重要。定义游标的语法结构如下：

```
cursor cursor_name is SQL 语句；
```

在本附录的第一段代码中有一行如下：

```
cursor c_emp is select * from SCOTT.EMP where empno>=7788;
```

其含义是定义一个游标 c_emp，代表 SCOTT.EMP 表中所有 empno 字段为大于等于 7788 的结果集。当需要操作该结果集时，必须完成 3 步：打开游标，使用 fetch 语句将游标里的数据取出，关闭游标。请参照本附录的第一段代码的注释理解游标操作的步骤。

A.6 其他概念

在 PL/SQL 中,包的概念很重要,包主要是对一组功能相近的过程和函数进行封装,类似于面向对象中的名字空间的概念。

触发器是一种特殊的存储过程,其调用者比较特殊,是当发生特定的事件才被调用,主要用于多表之间的消息通知。

A.7 操作示例

为 JXGL 用户建立一个名为 testtable 的数据表,设在该表中有 recordnum 整数型字段和 currentdate 时间型字段,编制一个 PL/SQL 程序完成向该表中自动输入 100 条记录,要求 recordnum 字段为 1~100,currentdate 字段为当前系统时间。操作步骤如下。

（1）在 Oracle SQL Developer 中以 system 或 sys 数据库管理员用户身份连接登录。如图 A-10 所示。

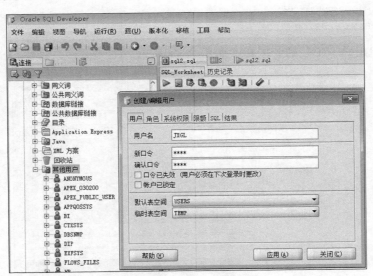

图 A-10　创建用户 JXGL

（2）创建数据库用户 JXGL。创建命令为:

```
CREATE USER JXGL IDENTIFIED BY JXGL DEFAULT TABLESPACE USERS TEMPORARY
TABLESPACE TEMP;
```

（3）修改用户 JXGL 的权限,如图 A-11 所示。

对用户 JXGL 授予 RESOURCE 角色,使其能创建用户表;授予 CREATE SESSION 权限,使用户能创建新连接连接到数据库。授权命令为:

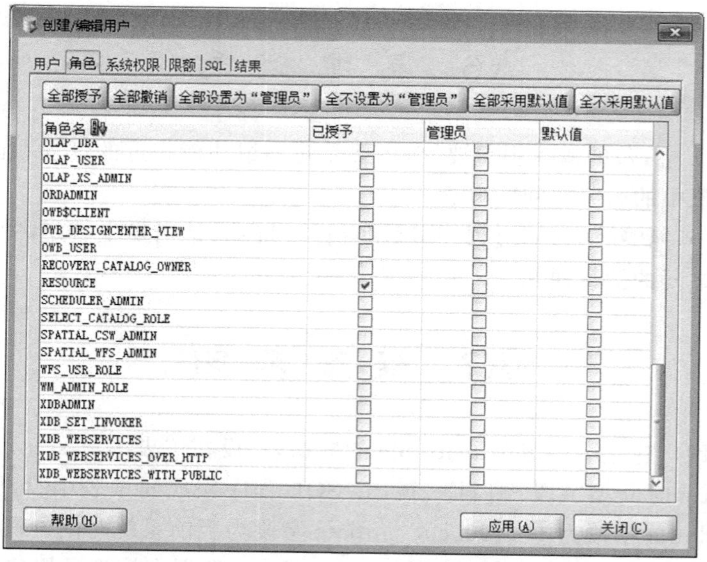

图 A-11 添加用户权限

```
GRANT "RESOURCE" TO JXGL;
GRANT CREATE SESSION TO JXGL;
```

（4）创建用户 JXGL 的新连接。如图 A-12 所示。

图 A-12 创建用户 JXGL 的新连接

（5）用户 JXGL 以新连接名 JXGLUSER 连接，以 JXGL 身份登录到数据库。展开表节点，在表节点上右击鼠标，在快捷菜单中单击"新建表"，在创建表对话框中交互式创建表 TESTTABLE。如图 A-13 所示。

注意：在 PL/SQL 中执行 DDL 语句要加上 execute immediate，例如：

```
execute immediate 'create table ttt(name varchar2(20) default ''Army'')';
```

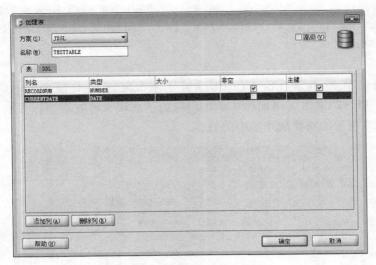

图 A-13 创建表 TESTTABLE

以上命令中两个单引号代表一个单引号。

（6）单击"确定"按钮创建 TESTTABLE 表后，打开 SQL 工作表，如图 A-14 所示，输入如下 PL/SQL 代码来自动向表中添加 100 条记录。

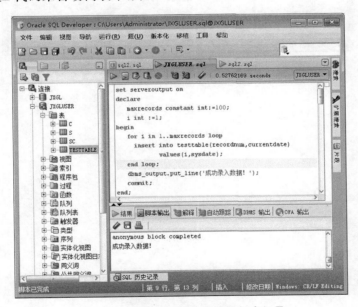

图 A-14 利用 PL/SQL 自动添加表记录

```
set serveroutput on
declare maxrecords constant int:=100;i int :=1;
begin
    for i in 1..maxrecords loop
        insert into testtable(recordnum,currentdate) values(i,sysdate);
```

```
        end loop;                                    /*上句中 sysdate 为系统时间函数*/
        dbms_output.put_line('成功录入数据!');        /*dbms_output 为默认程序包*/
        commit;                                      /*提交所有添加操作*/
    end;
```

(7) 展开表节点,在表 TESTTABL 节点上右击鼠标,在快捷菜单中单击"打开"按钮,在打开的 TESTTABLE 页面框中单击相应的子选项卡可查看到该表的一系列信息,包括如图 A-15 所示的刚添加到表中的数据。

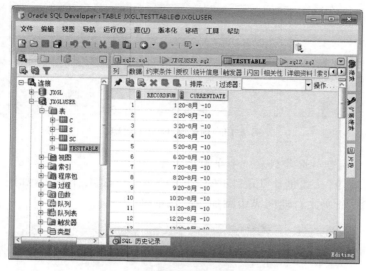

图 A-15 查看表记录等表信息

附录 B 数据库常用系统信息与基本操作

(1) 查询函数值：

```
select chr(65) from dual;                                      --结果为 A
select ascii('A') from dual;                                   --结果为 65
select round(23.652,1)+1 from dual;                            --结果为 24.7
select to_char(sysdate,'YYYY-MM-DD HH24:MI:SS') from dual;     --HH24 可改为 HH12
```

(2) 查询当前用户下所有对象：

```
select * from tab;
```

(3) 查看表空间名称、大小和文件位置等信息：

```
select b.file_id 文件 ID, b.tablespace_name 表空间,b.file_name 物理文件名,
b.bytes 总字节数, (b.bytes-sum(nvl(a.bytes,0))) 已使用,
sum(nvl(a.bytes,0)) 剩余, sum(nvl(a.bytes,0))/(b.bytes)*100 剩余百分比
from dba_free_space a,dba_data_files b where a.file_id=b.file_id group
by b.tablespace_name,b.file_name,b.file_id,b.bytes order by b.tablespace_name;
Select * from dba_free_space;                    --表空间剩余空间状况
Select * from dba_data_files;                    --数据文件空间占用情况
select tablespace_name,file_id,bytes/1024/1024,file_name from dba_data_files
order by file_id;
```

(4) 查看现有回滚段及其状态：

```
SELECT SEGMENT_NAME,OWNER,TABLESPACE_NAME,SEGMENT_ID,
    FILE_ID,STATUS FROM DBA_ROLLBACK_SEGS;
```

(5) 查出当前用户拥有的所有表名：

```
select unique tname from col;
```

(6) 以 ALL_开始的数据字典视图包含 Oracle 用户所拥有的信息，查询用户拥有或有权访问的所有表信息：

```
select * from all_tables;
```

(7) 以 DBA_开始的视图一般只有 Oracle 数据库管理员可以访问:

select * from dba_tables;

(8) 查询 Oracle 数据库中的用户信息:

conn sys/change_on_install;
select * from dba_users;
conn system/manager;
select * from all_users;

(9) 以 USER_开始的数据字典视图包含当前用户所拥有的信息,查询当前用户所拥有的表信息:

SELECT table_name FROM user_tables;   --确认用户拥有的表
SELECT DISTINCT object_type FROM user_objects;   --确认用户拥有的对象的种类
SELECT * FROM user_catalog;   --确认用户拥有的对象修改表
desc   desc scott.dept;   --显示表结构信息

(10) 查询某表含有的约束信息:

SELECT constraint_name,constraint_type,search_condition
FROM user_constraints WHERE table_name='EMPLOYEES';

或

SELECT constraint_name,column_name
FROM user_cons_columns WHERE table_name='EMPLOYEES';

(11) 在 DOS 窗口以数据库管理员身份登录:

sqlplus sys/orcl as sysdba

(12) 建一个和原表结构一样的空表:

create table sc_bf as select * from sc where 1=2;
create table sc_bf2(xh,kch,cj) as select * from sc where 1=2;

(13) 把 SQL * Plus 当做计算器:

select 100 * 20 from dual;